岩土工程勘察设计与施工技术丛书

U0813917

基坑工程

蒋国盛　李红民　管典志　李汉旭　编著

中国地质大学出版社

图书在版编目(CIP)数据

基坑工程/蒋国盛,李红民、管典志、李汉旭编著.—武汉:中国地质大学出版社有限责任公司,2000.11(2015.7 重印)

(岩土工程勘察设计施工技术丛书)

ISBN 978-7-5625-1578-4

Ⅰ.基…
Ⅱ.①蒋…
Ⅲ.①基坑工程—高等学校—教材
Ⅳ.TU46

中国版本图书馆 CIP 数据核字(2015)第 185503 号

基坑工程　　蒋国盛　李红民　管典志　李汉旭　编著

责任编辑:梁涤坚　　责任校对:杨　霖

出版发行:中国地质大学出版社(武汉市洪山区鲁磨路 31 号)　　邮编:430074
电话:(027)67883511　传真:67883580　**E-mail**:cbo@cug.edu.cn
经　销:全国新华书店

开本:787×1092　1/16　　字数:250 千字　印张:10.125
版次:2000 年 11 月第 1 版　　印次:2015 年 7 月第 3 次印刷
印刷:荆州市鸿盛印务有限公司　　印数:6001—7000 册

ISBN 978-7-5625-1578-4　　定价:19.00 元

《岩土工程勘察设计与施工技术丛书》参编单位

中国地质大学　　　　国土资源部中国地质调查局
广东省工程勘察院　　水利部长江水利委员会综合勘测局
山东省冶金勘察总局　湖北省鄂东北地质基础工程公司

《岩土工程勘察设计与施工技术丛书》编委会

此分册得到国土资源部高校青年教师基金资助

前　言

随着我国国民经济的发展，高层和超高层建筑、水利水电、路桥、地质灾害治理等工程建设项目蒸蒸日上。岩土工程作为上述各种建设工程的前期和基础性工作，其从业人员和单位（包括科研、教学、生产）空前增多，技术力量日益壮大，已成为规模庞大的产业。在国家有关部门的大力倡导和推动下，经过广大科研和工程技术人员的努力，目前我国在勘察、设计、施工、监理、监测技术和方法方面已达到了一定水平，并不断完善和发展。

为了进一步推动我国岩土工程事业的蓬勃发展，中国地质大学组织有关单位及专家认真编写了《岩土工程勘察设计与施工技术丛书》。丛书共分五册：《岩土工程勘察与评价》、《岩土工程钻进原理》、《桩基工程》、《地基处理与托换技术》、《基坑工程》。该丛书较全面地介绍了岩土工程的勘察设计和施工技术，及时总结和推广岩土工程方面的科研成果、新技术新方法和先进的工程经验。该丛书具有较高的学术价值和重要的实践意义，特别适合于从事岩土工程勘察、设计、施工、监理和监测的工程技术人员，也可作为相关专业科研人员和大专院校师生的参考书或教材。

编写《岩土工程勘察设计与施工技术丛书》的指导思想和丛书的特色：

（1）以我国现行的国家、行业和地区的规范、标准及规程为依据，归纳和总结了有代表性的科研成果、新技术新方法和先进的工程经验，如灌注桩后压浆技术、加固防渗薄壁墙技术等，做到学术性和实用性的统一。

（2）在内容上结合工程实际，力求做到全面、完整、透彻、精练，清晰地把原理、方法、工程应用融为一体，可读性及参考性强。

（3）丛书的总体体系和结构科学、合理。例如，绝大多数岩土工程的建设需要通过钻进施工来完成，而钻进施工的工艺方法很多，并有其使用条件。丛书则将此部分内容单独编写成《岩土工程钻进原理》集中介绍，避免了以往类似书籍在介绍此部分内容时的重复、不全面和杂乱等现象。

（4）丛书紧密结合工程建设的科学理论与实际需要。例如，随着基坑深度的加大及环境条件的复杂化，对支护结构的变形控制提出了更高的要求，当前，支护结构设计正从维护本工程自身安全稳定的单一目标，向按变形控制进行设计转变。分册《基坑工程》则以此为指导思想，组织、安排全书内容，并对按变形控制进行支护结构设计的思路和方法作了较深入探索。

该套丛书在编写过程中得到了众多专家、学者、工程技术人员及博士、硕士研究生的帮助，同时也得到了参编单位有关部门和领导的大力支持，中国地质大学出版社及其有关人员也为丛书的出版花费了大量心血。谨此，丛书编委会向他们表示衷心的感谢！

分册《基坑工程》的第 1 章、第 2 章、第 3 章、第 4 章由蒋国盛同志编写，第 5 章、第 6 章由李红民同志编写，第 7 章由管典志同志编写，李汉旭同志编写第 8 章。

由于作者水平有限，丛书难免有不妥甚至错误之处，敬请读者批评指正。

《岩土工程勘察设计与施工技术丛书》编委会

2000 年 7 月

目　　录

1 绪 论

1.1 基坑工程的基本概念

1.1.1 基坑工程常用术语解释

1. 建筑基坑

为进行建筑物（包括构筑物）基础与地下室的施工所开挖的地面以下之空间。

2. 基坑侧壁

构成建筑物基坑围体的某一侧面。

3. 基坑周边环境

基坑开挖影响范围内包括既有建（构）筑物、道路、地下设施、地下管线、岩土体及地下水体等的总称。

4. 支护结构

为保证基坑边坡并控制其变形而设置的桩、墙、锚杆、内支撑、防渗帷幕等结构体系的总称。

5. 基坑工程

为保证基坑施工、主体地下结构的安全和周边环境不受损害而采取的支护结构、加固、降水和土方开挖与回填等工程总称，包括勘察、设计、施工、监测等。

6. 基坑支护

为保证地下室施工及周边环境的安全，对基坑侧壁及周边环境采用的支挡、加固保证措施等。

7. 排桩

以某种桩型按队列式布置组成的基坑支护结构。

8. 地下连续墙

用机械施工方法成槽浇灌钢筋混凝土形成的墙体。

9. 内支撑

用钢件或钢筋混凝土构件（在基坑内设置的水平向、斜向杆件或桁架）支撑基坑侧壁的结构体系。

10. 锚杆

由设置于钻孔内、端部伸入稳定土层或岩体中的钢筋或钢绞线与孔内注浆体组成的受拉杆体。

11. 水泥土墙

由水泥土桩相互搭接形成的格栅状、壁状等形式的重力式支护结构。

12. 土钉墙

对基坑侧壁土体采用土钉（密集的土体加筋材料，可采用钢筋、型钢、钢管或全孔注浆锚杆）或锚杆、钢筋网及混凝土护面的支护结构。

13. 冠梁

设置在支护结构顶部的钢筋混凝土连梁。

14. 腰梁

设置在支护结构顶部以下传递支护结构与锚杆或内支撑支点力的钢筋混凝土梁或钢梁。

15. 支点

锚杆或内支撑对支护结构的水平约束点。

16. 支点刚度

锚杆或内支撑对支护结构的水平作用力与其相应位移的比值。

17. 嵌固深度

桩或墙结构在基坑开挖底面以下的埋置深度。

18. 嵌固深度计算值

根据支护结构计算确定的最小嵌固深度。

19. 嵌固深度设计值

根据基坑侧壁安全等级及嵌固深度分项系数确定的支护结构嵌固深度的实际设计值。

20. 地下水控制

为保证支护结构施工、基坑挖土、地下室施工及基坑周边环境安全而采取的排水、降水、截水或回灌等措施。

21. 止水帷幕

用于阻止或减少基坑侧壁及基坑底地下水流入基坑而采取的连续止水体。

22. 止水（隔渗）

人为地采取措施以阻止地下水流入基坑内。

23. 降水

采用抽水井降低地下水位，以防止地下水对基坑的危害。

24. 疏干降水

当坑底进入含水层，需将水位降低至基坑底面以下的降水。

25. 减压降水

如坑底有一定厚度的隔水层（天然隔水岩土层或人工水平封底帷幕），通过降水后水头控制在不发生管涌的高度。

26. 流土（流砂）

在地下水渗流作用下，土体颗粒随地下水渗流而发生的移动现象。

27. 管涌

在地下水渗流作用下，土体中的细小颗粒随渗流水通过粗大土颗粒的孔隙，发生移动或被带走的现象。

28. 组合支护

排桩、地下连续墙、土钉墙、重力式挡墙或放坡等组合而成的支护结构。

29. 悬臂支护

采用桩或墙支护基坑侧壁土体，基坑底面以上无支点，仅靠嵌入段的土抗力保持平衡的支护方式。

30. 信息化施工法

基坑工程设计时所考虑的地质情况、岩土性参数和环境条件具有一定的不确定性，因此要求施工过程加强监测，及时反馈信息，根据监测信息对原设计进行必要的调整或修改，指导后续施工。

1.1.2 基坑工程分类

1. 按开挖深度分类

基坑工程界一般把深度等于或大于 7 m 的基坑称为深基坑。

2. 按开挖方式分类

按照土方开挖方式可以将基坑分作放坡开挖基坑和支护开挖基坑两大类。目前，在城市建设中，由于受周边环境条件所限，以支护开挖为主要形式。支护开挖包括围护结构、支撑(或锚固)系统、土体开挖、土体加固、地下水控制、工程监测、环境保护等几个主要组成部分。

3. 按功能用途分类

基坑按照其功能用途可分为：楼宇基坑、地铁站深基坑、市政工程地下设施深基坑、工业深基坑。

4. 按安全等级分类

根据基坑的开挖深度 H、邻近建（构）筑物及管线至坑口的距离 a、工程地质水文地质条件，按破坏后的严重程度将基坑工程分为三个安全等级，并分别对应于三个级别的重要性系数，如表 1-1、表 1-2 所示。因此，根据基坑工程的安全等级，基坑可分为一级基坑、二级基坑和三级基坑。

表 1-1 基坑侧壁安全等级及重要性系数

安全等级	重要性系数 γ_0	破坏后果	基坑分类
一级	1.10	支护结构破坏对基坑周边环境及地下结构施工影响很严重	一级基坑
二级	1.00	支护结构破坏对基坑周边环境及地下结构施工影响一般	二级基坑
三级	0.90	支护结构破坏对基坑周边环境及地下结构施工影响不严重	三级基坑

表 1-2 基坑和环境条件与基坑工程安全等级

安全等级	中华人民共和国行业标准 JGJ120-99	上海市标准 DBJ 08-61-97	广州市标准 GJB 02-98	武汉市标准 WBJ 1-7-95
一级	无规定	符合下列条件之一：(1) 支护结构作为主体结构的一部分；(2) $H \geqslant 10$ m；(3) $a<2H$ 内有历史文物、近代优秀建筑、重要管线需严加保护	符合下列条件之一：(1)$H \geqslant 14$ m，且 $a<3H$ 内有重要建（构）筑物、重要管线和道路等市政设施或 $a<H$ 内有非嵌岩桩基础（埋深小于基坑深度）的建筑物；(2) 基坑位于地铁、隧道等大型地下设施安全保护区范围内	符合下列条件之一：(1) $H>10$ m；(2) $a<H$；(3) 邻房层数等于、高于 6 m（且为浅基础），或虽不到 6 层，但属重要建筑物
二级		除一级和三级以外		
三级		$H<7$ m，且周围无环境特别要求	$H<6$ m，且 $a<3H$ 内无特殊要求保护的建（构）筑物、管线和道路等市政设施	$H<7$ m，且 $a>2H$，邻房低于 3 层且不重要

1.1.3 基坑支护结构类型及适用范围

支护结构一般由支挡结构（挡土墙）和支撑（或拉锚）两部分组成。支护结构设计必须根据基坑开挖深度、地质情况、场地条件、环境条件以及施工条件，通过多方案对比选择，确定安全可靠、技术可行、施工方便、经济合理的支护结构方案，以保证工程的顺利进行。目前广泛使用的基坑支护结构类型和适用范围见表 1-3。

表 1-3 基坑支护结构类型和适用范围

结构类型		适用范围		
		中华人民共和国行业标准 JGJ 120-99	广州市标准 GJB 02-98	湖北省地方标准 DB 42/159-1998
放坡		(1) 基坑侧壁安全等级为三级；(2) 可独立或与其他结构配合使用；(3) 当地下水高于坡脚以上时，应采取降水措施	(1) 基坑周边开阔，满足放坡条件；(2) 允许基坑土体有较大水平位移；(3) 开挖面以上一定范围内无地下水或已经降水处理；(4)可独立或与其他结构配合使用	基坑周边开阔，相邻建（构）筑物距离较远，无地下管线或地下管线不重要，可以迁移改道。
排桩	悬臂	(1)基坑可开挖深度根据计算确定，悬臂式支护结构软土中不宜大于 5 m；(2) 地下水位高于基坑底面时，宜采用降水、桩间加止水帷幕或地下连续墙	开挖深度不宜大于 8 m	悬臂高度不宜超过 6 m，使用双排桩时高度可稍大，对深度大于 6 m 的基坑可结合顶上放坡使用，坑底以下软土层厚度很大时不宜采用
	桩锚		(1) 场地狭小且需要深开挖；(2)周边环境对基坑土体的水平位移控制要求严格	可用于不同深度的基坑，支护体系不占用基坑范围内空间，但锚杆需伸入邻地，有障碍时不能设置。锚杆的锚固段不宜设在灵敏度高的淤泥层内；在软土中及含承压水的粉土、粉细砂层中也要慎用
	内支撑		(1) 场地狭小且需要深开挖；(2)周边环境对基坑土体的水平位移控制要求更严格；(3) 基坑周边不允许锚杆施工	可用于不同深度的基坑和不同土质条件，变形控制要求严格时宜选用，基坑面积较小或形状狭长时尤为适用。支护体系需占用基坑范围内空间，其布置应考虑后续施工的方便
地下连续墙	悬臂		适用于所有止水要求严格以及各类复杂土层的支护工程；适用于任何复杂周边环境的基坑支护工程	可用于多层地下室的超深基坑，宜配合逆作法施工使用，利用地下室梁板柱作为内支撑；钢筋混凝土连续墙可作为地下结构墙体
	拉锚			
	内支撑			
土钉墙		(1)基坑侧壁安全等级为二三级的非软土场地；(2) 开挖深度不宜大于 12 m；(3) 当地下水位高于基坑底面时，应采取降水或截水措施	(1)允许土体有较大位移；(2)岩土条件较好；(3) 地下水位以上为粘土、粉质粘土、粉土、砂土；(4)已经降水或经止水处理的岩土；(5) 开挖深度不宜大于 12 m	适用于填土、粘性土，支护深度不宜超过 6 m，坡底有软弱土层影响整体稳定时慎用。不适用于深厚淤泥、淤泥质土层和地下水位以下的粉土、粉砂层
水泥土墙		(1)基坑侧壁安全等级为二三级；(2) 开挖深度不宜大于 6 m	(1) 开挖深度不宜大于 7 m，允许坑边土体有较大的位移；(2) 填土、可塑-流塑粘性土、粉土、粉细砂及松散的中、细砂	适用于包括软弱土层在内的多种土质，支护深度不宜超过 6 m（加扶壁可加大支护深度），可兼作隔水帷幕。基坑周边需有一定的施工场地
拱圈		(1) 基坑侧壁安全等级为二、三级；(2) 基坑侧壁拱圈矢跨比大于 1/8；(3) 基坑开挖深度视土质而定，不宜大于 12 m；(4) 地下水位高于基坑底面时，应采取降水或截水措施		基坑形状接近圆形或椭圆形，或局部有弧形拱段，可充分利用结构受力特点，径向位移小，筒壁弯矩小

1.2 基坑工程岩土勘察

建筑基坑工程的岩土勘察，应同时考虑主体结构设计和基坑工程的需要，基坑工程勘察宜与建筑地基岩土勘察同步进行，也可在建筑地基岩土勘察后，对基坑支护设计所需的重点项目进行补充岩土勘察。

1.2.1 勘探点的设置

1. 基坑工程岩土勘察范围应根据开挖深度及场地的岩土工程条件确定，一般要在开挖边界外按开挖深度的1～3倍范围内（包括基坑内）均匀布置勘探点。当开挖边界外无法布置勘探点时，应通过调查取得相应资料。对于软土，勘察范围应予扩大；对支护结构体系可能采用锚杆时，应查明锚杆施工范围内的岩土条件。

2. 勘探深度应满足基坑支护结构设计的要求，勘探深度不应小于基坑开挖深度的若干倍（广州市标准GJB 02-98和湖北省地方标准DB 42/159-1998规定为2倍，上海市标准DBJ 08-61-97规定为2.5倍），或进入基坑底以下中风化或微风化岩层一定深度。当有较厚软土层或降水设计需要时，勘探深度应穿过软土层或含水层。

3. 勘探点布置间距应根据地层复杂程度和基坑侧壁安全等级而定，每剖面一般不少于3个勘探点，地层变化较大时，应增加勘探点，以查明地层分布规律。

1.2.2 岩土勘察的目的和任务

1. 查明场地的地层结构与成因类型、岩土层性质及夹砂情况。

2. 提供各有关岩土层的物理力学性质指标及基坑支护设计施工所需要的有关参数。

3. 查明地下水的类型、埋藏条件、水位及土层的渗透性，提供基坑地下水治理设计所需的有关资料。

4. 查明基坑周边环境情况：

（1）查明基坑四周一定范围内的建（构）筑物分布情况、层数、结构和基础类型与埋深以及使用现状和质量情况等；

（2）查明基坑周边一定范围内的给排水、供电供气和通讯等管线系统的分布、走向及其与基坑边线的距离，管线系统的材质、接头类型、管内流体压力大小、埋设时间等；

（3）查明场地周围地表和地下水体的分布、水位标高、距基坑距离、补给与排泄关系，估计其对基坑工程可能造成的影响等；

（4）查明基坑四周道路的距离、路宽、车流量及载重情况；

（5）查明土坡、河渠情况及其与基坑的平面位置关系。

5. 在取得勘察资料的基础上，针对基坑特点，提出解决下述问题的建议：

（1）分析场地的地层结构和岩土的物理力学性质，提出对计算参数取值及支护方式的选型；

（2）地下水的控制方法及计算参数；

（3）施工中应进行的具体现场监测项目；

（4）基坑开挖过程中应注意的问题及其防治措施。

1.2.3 测试参数

基坑工程岩土测试参数包括：

1. 土的常规物理力学试验指标；
2. 固结快剪指标 C、φ；
3. 室内或原位试验测试渗透系数 k；
4. 三轴固结不排水试验测试 C_{cu}、φ_{cu}；
5. 部分地区还要求测试土体变形模量；
6. 特殊情况下，根据实际情况选择适宜的试验方法。

1.3 基坑开挖支护设计施工技术概述

基坑开挖支护包括支护结构、支撑（或锚固）系统、土体开挖、土体加固、地下水控制、工程监测、环境保护等几个主要组成部分，其基本功能包括：①提供地下工程安全施工的空间；②保证主体工程地基及桩基安全；③保证环境安全，包括相邻地铁、隧道、管线、房屋建筑、地下公用设施等安全。

1.3.1 造成基坑工程事故的原因分析

基坑工程涉及领域广，技术难度大，工程事故多，造成的损失严重。查明各种深基坑工程事故的原因，是把我国基坑开挖与支护技术提高到一个新水平的必要条件。通过对我国各地百余起深基坑事故的调查分析，造成基坑工程事故的原因可以概括为以下几个方面。

1. 支护结构选型不当

深基坑支护结构形式的选择，取决于基坑实际开挖深度、土体的物理力学性质、地下水位、周围环境、设计变形要求以及施工条件等因素。一些施工单位由于对深基坑知识知之甚少，轻率地套用一种支护结构，结果问题百出，事故隐患极大。

2. 实际的主动土压力大于设计值

土压力的计算是支护结构设计的核心，但是，实际的土压力在从基坑开挖到地下结构完工的过程中是变化的。

（1）雨季、涨潮期、周围地下管道漏水等都会使地下水位上升，土的粘聚力和内摩擦角则降低，基坑的侧土压力增大，造成基坑支护结构严重变形甚至破坏。

（2）由于施工场地有限，挖出的土方以及大量的钢筋、水泥等建筑材料堆放在基坑边，造成基坑周围地面严重超载，侧土压力增大，使基坑支护结构变形。

（3）不按正确规程作业，如大型挖土机工作时离支护桩太近，并反铲挖土，使支护桩承受很大的侧向力，引起严重变形。

3. 防水、排水、降水措施不当

水是深基坑工程的大患。我国 90%以上的深基坑工程事故是在大雨后发生的。深基坑的防水、排水和降水关系重大。

（1）基坑开挖、支护以及地下结构施工的时间跨度大，却不做坡顶护面及坡顶排水沟，遇到大雨时，轻者冲刷桩间土，威胁周围建筑物，重则冲垮支护结构。

（2）高水位地区的基坑开挖，未做止水帷幕，在基坑内大量降水，引起基坑周围一定范围内的地基土随着降水漏斗曲线的形成而产生不均匀沉降，使周围建筑物、道路及地下管线等设施下沉、开裂甚至破坏。

(3) 基坑周围的地下水管年久失修，基坑的开挖很可能造成水管的渗漏，如不提前妥善处理，会给基坑工程造成很大的麻烦。

(4) 止水帷幕的设计未考虑基坑的地质条件和不同的开挖深度，采用同一长度单排水泥搅拌桩止水，并且搅拌桩未穿透粉细砂层，造成基坑内严重漏水。

4. 锚杆失效

(1) 锚杆设计的位置不当，使支护结构的抗力不足，引起支护结构大变形。

(2) 锚杆的长度不足，不能阻挡基坑的整体滑移。

(3) 由于地面排水措施不完善，大量雨水下渗；或地下水管渗漏，使地基土的粘聚力和内摩擦角下降，锚杆的锚固力降低，导致锚杆失效。

(4) 由于地基土的冻胀作用，使锚杆的锚固力下降。

(5) 由于机械振动使地基土内孔隙水压力上升，有效应力下降，从而使砂土液化，粘土产生触变，降低锚固力。

5. 支撑结构不合理

支撑式支护结构是应用较广的一种支护形式，其整个支撑体系基本呈受压状态，杆件和体系的稳定，不容忽视。

(1) 基坑平面尺寸较大时，采用钢管内支撑，由于钢管压弯变形，使支护结构产生位移。

(2) 支撑的支点数少，联结不牢固，使支撑杆下挠，产生弯曲变形，达到一定程度后，丧失支撑作用。

(3) 首道支撑位置太低，使支护结构顶部位移过大。

(4) 支撑间距过疏，使支撑杆件产生过大的弯曲变形。

6. 基坑土体稳定性不足

(1) 支护结构插入坑底土体的深度不够，被动土压力不足，使支护结构的稳定性差，甚至基坑坡角滑动，坑底土体大面积隆起，引起整体滑动。

(2) 在饱和粉细砂场地的基坑内降水，土体会因坑底的管涌而失稳。

7. 淤泥地基发生触变

(1) 在淤泥或饱和软粘土场地，采用锤击式预制钢筋混凝土桩作为工程桩及支护桩，布桩密，锤击数多，使地基土严重扰动，孔隙水压力急剧上升，短时间内不能消散，土体产生触变，强度迅速下降，桩体挠曲，甚至断裂。

(2) 在淤泥或饱和软粘土场地，不降水开挖基坑，由于挖土、运土设备的扰动，土体抗剪强度下降，使基坑周围土体产生滑动，导致支护结构向坑内移动。

8. 设计的安全储备过小

(1) 设计时为了节约，过大地折减主动土压力，减少支护结构的配筋，在基坑周围土质发生不利变化时，导致支护结构较大的变形。

(2) 设计人员缺乏经验，许多必要的经验作法如联梁、护面等被忽略，从而埋下隐患。

9. 施工管理水平低且施工质量差

(1) 施工单位监测技术落后，或根本未进行施工监测，支护结构由小位移发展到大位移。

(2) 施工单位对监测数据分析不够，出现危情时，不能及时作出正确处理对策，采取合适的应急措施，从而招致灾难。

（3）施工时，随意改变设计意图，不严格遵守施工程序，从而造成事故。

（4）施工质量差，灌注桩强度达不到设计要求，止水桩起不到止水作用，基坑开挖后，到处流泥漏水，事故隐患极大。

当然，上述每个原因，只是造成某个深基坑事故的一个主要方面。一般来说，每起深基坑事故都是由许多不利因素共同引发的，这与深基坑工程的设计、施工、工程监测及工程管理密切相关。因此，不能以简单的方式处理复杂的深基坑事故，这是十分重要的！

1.3.2 基坑工程设计施工的一般原则

为了保证基坑工程的安全，必须具备严谨的科学态度，既要重视工程经验，同时又要十分注意理论指导，以便防患于未然。

1. 重视基本理论的指导作用

尽管土力学理论与计算方法尚远不能解决基坑工程中出现的所有问题，也不能时常提供“精确”的计算结果，唯有结合实际工程经验加以应用才是上策。但是，所有成功的工程与土力学、结构力学所揭示的基本理论是一致的，并可能是对其理论和计算的补充、完善。当前，以研究软土流变性质与工程经验相结合的“时空效应”理论及其对工程的指导作用就是成功的例证之一。相反，一些失败的例子，总是在某些方面违反了基本理论所确定的规则。

2. 设计中计算分析全面，避免“漏项”，并且应考虑各种不利条件下的“工况”

土质指标及抗力系数的选用要把理论与当地工程经验相结合。对可能遇到的雨季等自然条件变化，尚应考虑强度降低的可能性。对于基坑通过不同方法加固之后的计算指标，目前只能根据试验和当地经验加以确定。

3. 做好基坑工程总体方案的选择

鉴于基坑工程的复杂性和风险性，要求决策者掌握本地区或类似条件下成功的经验和失败的教训，根据自身工程要求和条件综合考虑，作出安全、可靠、经济的整体方案（包括支护结构、支护体系、土方开挖、降水、地基加固、监测和环保等）。

4. 做好地下水和地表水的控制

在地下水位高和透水性强的地层中，务必确定可靠的隔水或降水方案。在建造隔水帷幕（或墙）时，需要选用与土层相适应的地基加固方法，确保形成连续的隔水帷幕。

5. 软土地区基坑开挖和支撑工作中，应用“时空效应”的概念，精心安排挖土和支撑方案，对保证基坑安全，减少位移有重要作用。

6. 认真做好施工期监测，发现异常情况，及时采取措施以防止恶化。而一旦出现大的变形或滑动，应立即分析主要原因，做出可靠的加固设计和施工方案，使加固工作快速而有效，防止变形或滑动继续发展。

7. 研究和应用已有的基坑工程行业的和地区性规范以及当地的工程经验。对于重大复杂的基坑工程目前国内采用专家论证的形式，对保证工程安全、降低造价是有效和现实的一种方法。

1.3.3 基坑变形控制设计和稳定性

传统的基坑计算均以稳定性为主，而并未研究解决在失稳之前的变形过程。但在当前的基坑工程中，由于对周边环境保护的要求，基坑变形控制已成为重要的设计内容。基坑的允许变形和水平、垂直位移的计算既是一个较建筑自身允许沉降和沉降计算更为复杂的课题，又是基坑工程，尤其是在软土地区和工程地质、水文地质复杂地区无法回避的问题。

基坑稳定性是基坑工程设计中重要组成部分，实践证明，稳定性验算应全面考虑到下列几个方面：

1. 支护结构的稳定入土深度

支护结构的稳定入土深度通常采用极限平衡法计算确定。基坑外侧取主动土压力，开挖侧取被动土压力。

2. 基坑底隆起稳定性

当基坑底为软土时，需验算坑底土隆起稳定性。

3. 坑底渗流稳定性

基坑底抗渗流稳定性验算，在有承压水时是必不可少的。

4. 基坑整体稳定性

基坑的整体稳定计算有时也可能成为基坑稳定性的控制条件，计算时可按平面问题考虑，并采用圆弧滑动面计算。

1.3.4 基坑土体加固

对软土基坑，特别是深大而环境恶劣的基坑，在基坑内外一定范围进行土体加固，可以起到防止隆起、稳定坑壁、减少位移、保护环境的效果。现在工程界已普遍认识到，基坑支护设计只有把挡墙、撑锚及土体加固三项技术综合运用，方可达到安全、经济的目的。土体加固除利用常规的地基处理技术外（上海经验以劈裂注浆效果特佳），还常利用降水技术。例如，上海新世界商城在基坑内设置深井泵结合真空泵降水装置，进行变流量间断性抽汲地下水，降水后实测坑底土（原为流塑性粘性土夹薄砂）现场不排水抗剪强度平均达到 30.0kPa，比降水前提高 36.4%，使土抗力显著提高。实践证明，在一般情况下，加固坑内被动区的效果比加固坑外主动区的效果更好。

1.3.5 地下水控制

基坑工程中地下水“控制”较之通常所述的“降低”地下水有更广泛的含意，它包括降水和“截水”。在高水位地区或表层滞水丰富的地区，地下水控制的成败是基坑工程成败的关键之一。“降水”的目的在于通过降低水位，消除来自基坑侧壁的地下水、基坑底部向上的涌水以及用于基坑内部土体含水的疏干。“截水”是在基坑四周形成截水帷幕（或墙）或在基坑底部形成不透水封底层达到与“降水”同样的目的。由于降水过程可能导致四周地面的下沉和相邻建筑物不均匀沉降，因此，在建筑物密集的地区常需采用“截水”方案。

井点、管井、渗井、明排仍然是当前降低地下水位的主要方法。基坑降水应满足下列基本要求：①基坑开挖及地下结构施工期间，地下水保持在基底以下；②深部承压水不引起坑底隆起；③降水期间临近建筑和地下管线正常使用；④基坑的稳定性。成功的降水需要结合复杂多变的水文地质条件，选择降水的范围、方法和时间安排，因地制宜地采用一种或几种方法的组合。

隔离地下水包括地下连续墙、连续排列的排桩墙、隔水帷幕、坑底水平封底隔水等。隔水帷幕主要采用深层搅拌法和高压喷射注浆法（旋喷法），基坑水平封底通常采用高压喷射注浆法。对于渗透系数大于 10～2 cm/s 的粗颗粒土可采用注浆法止水加固。在孔隙大、地下水流速高的土层中采用喷射注浆时，应防止由于水泥的流失而形不成连续的帷幕，导致漏水。即使在细颗粒的透水土层中，保证隔水帷幕的连续性或者不连续相邻排桩之间不透水幕的连续性也是十分重要的。

在地下水控制中，详细和较准确地掌握工程地质、水文地质资料，了解地下水的分布（分层）、性质（是否属承压水及其水头等）是正确确定降水或隔水方案的基础。隔水帷幕的质量检验一方面可通过钻孔取心和触探法进行判定；另一方面也可通过施工过程的工程监测，根据“隔水”的整体效果，即在防止漏水、管涌或减小基坑位移方面的效果加以评定。由于深层搅拌、旋喷和注浆形成的帷幕的强度和均匀性受到被加固土层特性的直接影响，因而有较大的离散性，并且也还没有更直接的方法看到深层加固的情况。因此，在某些土层（包括软土和强度变化大的不均匀土层）中，通过现场检验判断加固质量方法尚有待进一步完善和积累资料。在目前情况下，基坑的监测不仅对判断加固效果具有作用，同时，也为积累不同土层条件下，不同加固方法、加固形式的经验具有重要作用。

1.3.6 施工监测

1. 施工监测是指在基坑开挖和地下工程施工过程中对基坑土层性状、支护结构变位和周围环境条件的变化进行各种观测及分析工作，并将观测结果及时反馈，以掌握支护结构和基坑内外土体移动，随时调整施工参数、优化设计或采取相应措施，以确保施工安全、顺利进行。施工监测一方面检验设计的正确性，另一方面有利于积累资料为改进设计理论和施工技术提供依据。根据对基坑工程事故的调查表明，基坑工程发生重大事故前或多或少都有预兆，如果能够切实作好监测工作，及时发现事故预兆并采取适当措施，则可避免不少重大基坑事故的发生，减少基坑事故所带来的经济损失和社会影响，这一点已为工程实践所证实。在基坑监测中存在一个“临界状态报警值”的问题，也就是确定在位移达到多大时作为必须采取措施的控制值，类似于建筑允许沉降性质的课题。基坑工程的监界状态报警值与各个工程的具体情况有密切关系，例如相邻建筑物距基坑远近、基础类型、结构形式、周围地铁或地下管线的埋设情况等，目前尚无统一标准，只能根据基坑工程实际条件和当地经验确定。

2. 基坑支护开挖施工监测的内容通常包括：

（1）支护结构的位移和内力（弯矩）；

（2）支撑轴力变化、立柱的水平位移与沉降或隆起；

（3）坑周土体位移及土压力变化；

（4）坑底土体隆起；

（5）地下水位及孔隙水压力变化；

（6）相邻建（构）筑物、地下管线、地下工程等保护对象的沉降、水平位移与异常现象。

3. 监测手段主要有水准仪、经纬仪、测斜仪、分层沉降仪、土压力盒，孔隙水压力仪、水位观测仪、钢筋应力计等。目前在实际工作中，以水准仪量测墙顶和地面位移以及以测斜仪量测墙体和土体深部位移较为可靠而且特别重要。其他监测手段常被用来进行综合分析。

用钢筋应力计测支撑轴力时，尚应配以温度计埋设在支撑中，以便计算温度变化引起的应力。实测表明，由于温度变化，支撑往往产生较大的附加轴力，对钢筋混凝土支撑可达15%～20%。因此，设计时不能忽视。钢支撑的温变应力还会更大。

监测报警是一个极其严肃的问题。做好了，可化险为夷，避免损失；否则，留下隐患，酿成事故。实践中不乏经验和教训。沈阳故宫附近某工程处于回填土和含水量高的粘性土地层，基坑开挖过程中意外地测得了锚杆拉力（它反映土压力）随基坑暴露时间而明显增长的现象。

由于及时报警，避免了一起事故。

1.4 我国基坑工程的发展概况

我国基坑工程近20年来，尤其是近10年来得到迅猛发展，大量的工程实践大大丰富和提高了我国在基坑工程领域内的技术水平。但是，基坑工程是实用性、经验性极强的学科，是随着工程实践不断提高的学科。近10余年的工程实践既有大量成功的经验，也有失败的教训，更有一系列有待进一步解决的问题。目前，我国基坑越来越深，环保要求更加严格，这就需要工程技术人员以更加严谨的科学态度，在工程实践中不断总结、创新，提高技术水平，为我国基坑工程技术的发展作出贡献。

1.4.1 工程规模

近十年来，我国万幢高楼拔地而起（10层以上的建筑物已逾1亿 m^2），其中高度逾百米者已有约200座。尤其是上海金茂大厦高达420m，深圳地王大厦高达325m，广州中天大厦高达322m，它们已跻身于世界百座超级巨厦之列，而且分别排名第三、第十二和第十三。一些大城市，如北京、上海、广州地铁工程也相继全面展开。各大中城市大型市政地下设施也屡见不鲜。因此，深基坑工程的深度也随之迅速增加。约至20世纪70年代末，国内只有少数开挖深度达10 m以上基坑工程，而目前深度超过20 m基坑已为数不少，一些工业基坑深度已超过30 m。它们主要分布如下几方面。

1. 高楼、超高楼深基坑

我国已建和在建的高楼超高楼基坑深度已由6 m、8 m，发展至10 m、20 m以上。在沿海软土地区和北方好土地区，最深的基坑已达到24m（如福州新世纪大厦）。基坑平面尺寸最大的达到275 m×182 m，上海港汇广场大厦单项开挖面积达5万余 m^2。

2. 地铁站深基坑

北京、上海、广州、天津、青岛、南京均有地铁在建，这些地铁沿线地下车站百余座，其基坑最大深度达26.4 m（广州地铁2号线海珠广场站）。上海徐家汇地铁车站为亚洲最大地铁车站，开挖宽23 m，长660余m。

3. 市政工程地下设施深基坑

近年来各地兴建了许多大型市政地下设施，例如：上海人民广场地下车库和商场，建筑面积5万 m^2，上海合流污水治理工程彭越浦泵站是目前世界最大的污水治理泵站，基坑深达26.45 m，哈尔滨奋斗路地下街长300 m，宽16 m；屹立在黄浦江畔的亚洲第一电视塔“东方明珠”，其基坑深12.5 m，基底面积约2700 m^2；石家庄站前地下商场建筑面积4万 m^2。正在筹建的北京王府井大型三层地下商业街长780 m，宽40 m，与地铁四个车站及东安商场、东方广场的地下层分别相通。

4. 工业深基坑

我国目前已有不少的规模较大的工业深基坑，例如，宝钢热轧厂铁皮坑深达32 m，浦东耀华皮尔金顿浮法玻璃熔窑坑，亚洲最高烟囱北仑港电厂240 m的高烟囱深基坑，等等。

1.4.2 支护结构类型

基坑开挖可以分作放坡开挖和支护开挖两大类。目前，在城市建设中，由于受周边环境条件所限，以支护开挖为主要形式。十多年来，我国深基坑支护结构的类型有了很大发展，已形成了我国的支护结构体系。

1. 水泥土挡墙

对于基坑开挖深度较浅，一般小于 7 m 时，可用此支护结构，它既可挡土又可挡水，常用于沿海和南方地区。图 1-1 列举了常用的水泥土挡墙支护结构的布置形式。可以通过在墙体中插入钢管、钢筋、型钢、木棒、竹筋等方法来提高水泥土挡墙支护结构的刚度（抗弯强度），有时也可用砂、碎石等置换格栅式结构中的土，以增加结构的稳定性。

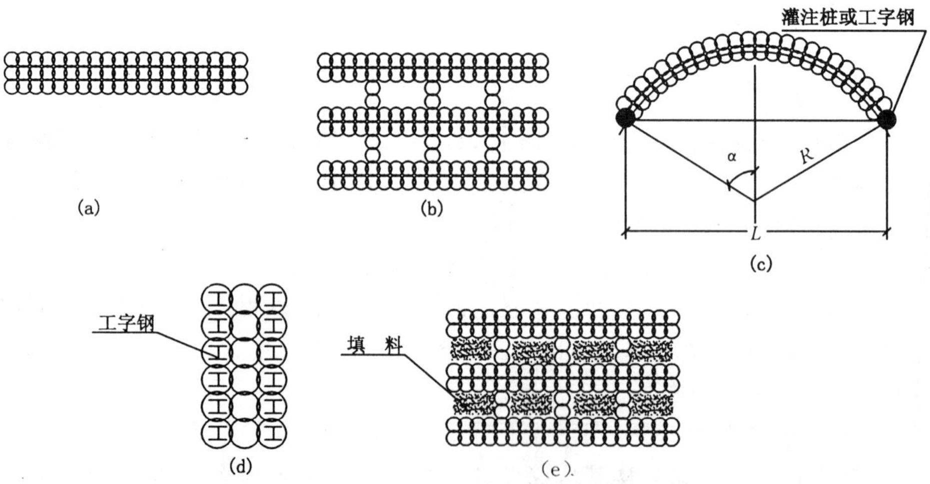

图 1-1 水泥土挡墙的结构形式

(a) 壁式；(b) 格栅式；(c) 拱式；(d) 设置型钢式；(e) 填料式

2. 土钉墙

土钉墙亦称喷锚支护、土钉支护，如图 1-2。此结构一般在地下水位较低的地区使用，如果地下水位高或有上部滞水，则往往需要采取截水措施。目前，我国土钉墙支护基坑深度已达 18 m，但如果土层较差，则随着深度的增加必须采用其他辅助措施，以确保基坑安全。

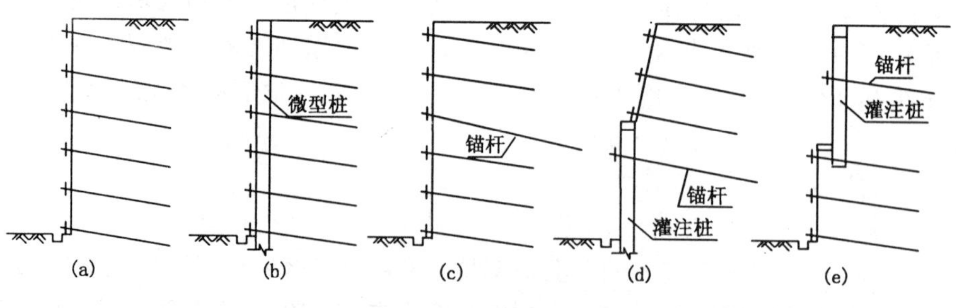

图 1-2 土钉墙支护的结构形式

3. 灌注桩桩排

作为基坑支护结构的灌注桩一般指钻、冲、人工挖孔桩。根据不同工程要求，可以选择密排形式，也可选择疏排形式，可能使用单排桩，也可能使用双排桩，可以采用悬壁式，也可采用桩-撑锚体系，如图 1-3。如需防渗止水，则可采用深层搅拌桩、高压喷射注浆或化学注浆形成的止水帷幕，实际工程中也有采用联体人工挖孔桩来达到挡土和止水的目的。如果人工挖孔桩桩排作为主体结构的一部分或作为主体结构的外模板使用时，在满足承载力及变形要求的前提下，排桩的基坑底面以上部分可采用变截面，使基坑内侧形成一个平面，如图 1-4。

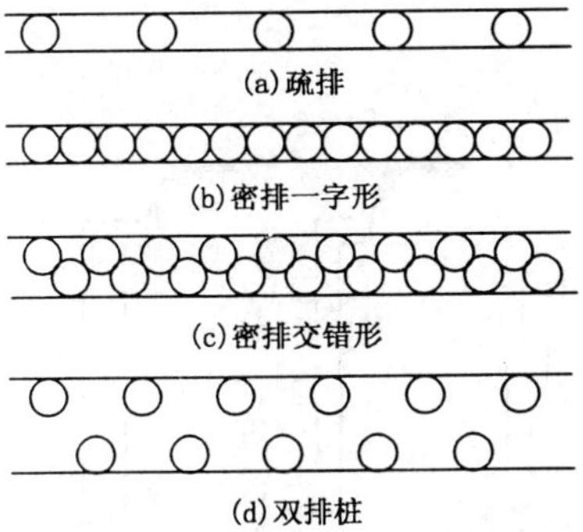

图 1-3　灌注桩桩排支护的结构形式

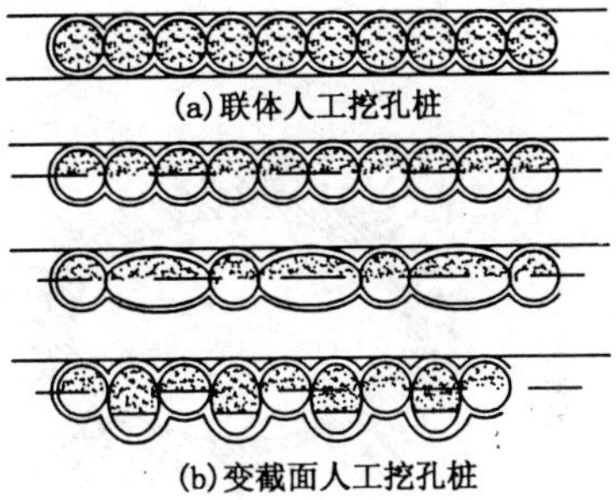

图 1-4　异形人工挖孔桩桩排支护的结构形式

4. 钢板桩、“H”型（或“工”字形）钢桩或钢筋混凝土预制桩桩排

此类桩是通过锤击或冲击将成型桩体打入地下而形成挡土或挡土止水支护结构。对于 H 型钢桩（如图 1-5）或钢筋混凝土预制桩桩排，如果地下水位高或有上层滞水，则应采取降水或截水措施。钢筋混凝土预制桩可以是方桩，也可以是圆桩。钢板桩有“U”型、“Z”型和直腹型等，常用的是“U”型咬口式，如图 1-6。

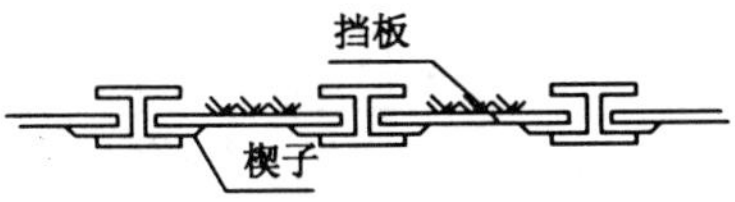

图 1-5　“H”型钢桩

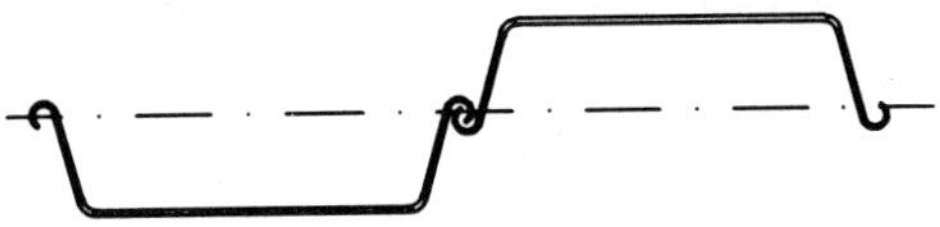

图 1-6　“U”型咬口式钢板桩

5. 地下连续墙

地下连续墙除在基坑开挖时起挡土隔水作用外，还可兼作地下室外墙，也可作为主体结构的承重墙。地下连续墙的优越性早已为世界公认，在大深度基坑和复杂的工程环境下，采用地下连续墙似乎是唯一经济可行的方法。根据工程需要，可以设计支撑或锚杆。近年来 SMW 工法地下连续墙也得到应用，显示了良好的性能和经济性。

6. 沉井沉箱

在遇到特殊结构物（如地铁的工作井、排水泵站、取水构筑物等）则多采用沉井沉箱。在建筑基坑中也有用沉箱的。

7. 闭合（或非闭合）挡土拱圈

根据基坑周边的场地条件可选择闭合挡土拱圈或非闭合挡土拱圈。闭合挡土拱圈用钢筋混凝土就地浇筑，且不需要深入至基坑地面以下，也不需要按基坑全深度配置。它只需在基坑深度范围内的部分高度内配置，并可分若干道施工，每道高 2 m 左右，如图 1-7 所示。拱墙一般做成 Z 型，拱圈可由若干条不连续的二次曲线组成，也可是一个完整的椭圆形。拱圈结构一般不作为防水体系使用。这种结构的支护特点是拱圈上的土压力大部分由拱圈自身平衡。当基坑因局部场地限制不能采用闭合挡土拱圈时，可采用非闭合挡土拱圈，即一部分采用排桩或其他支护结构，而组成混合型支护体系。

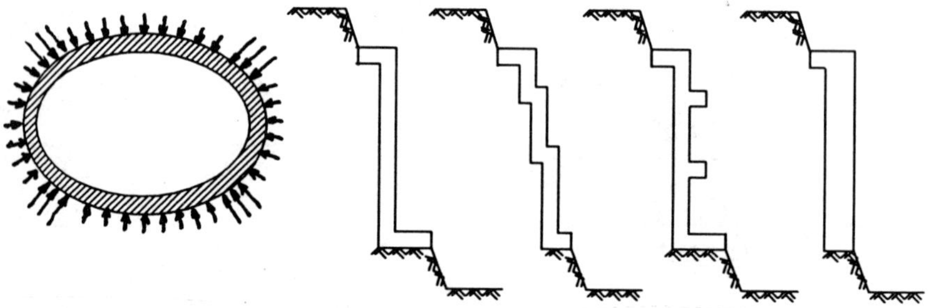

(a) 平面图 (b) 剖面图

图 1-7 拱圈支护示意图

该支护结构已在广州、珠海、深圳等地 6～12 m 的深基坑中得到成功应用。

1.4.3 逆作法施工技术

当地下室层数较多，基坑深度较大、周围环境条件要求严格且支护结构不允许有较大位移时，可采用逆作法。逆作法施工可利用地下室的楼盖结构（梁、板）作支护结构的水平支撑体系，主体结构的立柱作为楼盖的竖向支承体系，由上而下进行地下室结构的施工，同时可进行上部结构的施工，如图 1-8。

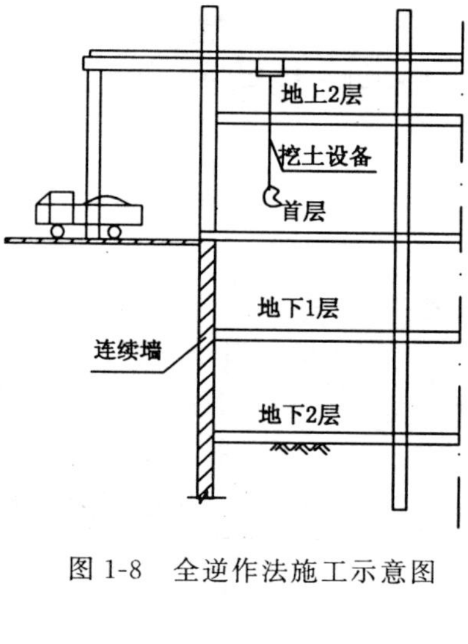

图 1-8 全逆作法施工示意图

根据工程的实际情况，也可选择部分逆作法（半逆作法），如图 1-9。即由上而下用逆作法进行地下室各层梁系施工，形成水平框格式支撑，地下室封底后再向上逐层浇筑楼板；或按支护结构的刚度，分段（二至三层）开挖土方，每段由下而上完成结构后再进行下段施工。在大面积地下室施工中，也可采用中心岛半逆作法。逆作法施工在我国已有很多成功的实例。

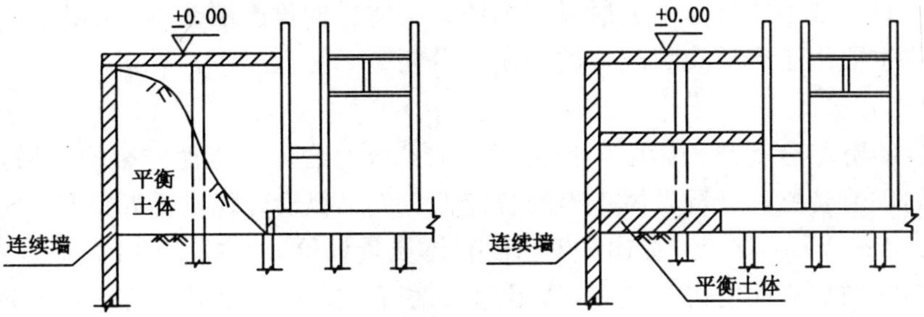

图 1-9　半逆作法施工状态

1.4.4　设计分析理论研究与应用

从基坑工程研究发展历程可以看出，基坑稳定性研究发展的过程，同时又是一个基坑稳定性分析方法不断发展的过程（从单纯验算强度和稳定性向以变形控制为目标的稳定性分析发展）。在边坡稳定性分析方法的基础上，新的基坑稳定性分析方法不断出现，古老的方法又不断得到改进，且逐步由定性向定量、半定量的方向发展。

基坑稳定性评价方法大致可以分为两大类，即定性分析方法和定量分析方法。此外，近年来，人们在前面两种分析方法的基础上，又引进了一些新的学科、理论等，逐渐发展起非确定性分析方法。另外，还有地质力学模型等物理模型方法和现场监测分析方法等。

1. 定性分析方法

定性分析方法主要是通过工程地质水文地质勘察，对影响基坑稳定性的主要因素、可能的变形破坏方式及失稳的力学机制等的分析，从而给出被评价基坑稳定性状况及其可能发展趋势的定性说明和解释。其优点是能综合考虑影响基坑稳定性的多种因素，快速地对基坑的稳定状况及其发展趋势作出评价。常用的方法主要有下面几种：

（1）工程类比法

该方法实质上就是利用已有的基坑的稳定性状况及其影响因素、有关设计等方面的经验，并把这些经验应用到类似的所要研究基坑的稳定性分析和设计中的一种方法。它需要对已有的基坑和目前的研究对象进行广泛的调查分析，全面研究工程地质水文地质因素等的相似性和差异性，分析影响基坑变形破坏的各主导因素及发展阶段的相似性和差异性，分析它们可能的变形破坏机制、方式等的相似性和差异性，兼顾工程的等级、类别等的特殊要求。通过这些分析，来类比分析和判断研究对象的稳定性状况、发展趋势、支护与加固处理设计等，它是目前应用较广泛的一种基坑稳定性分析方法。

（2）图解法

图解法可以分为诺模图法和赤平投影图法：

①诺模图法是利用一定的诺模图或关系曲线来表征与基坑稳定有关参数间的关系，并由此求出稳定安全系数，或根据要求的安全系数及一些参数来反分析其他参数（φ、c、结构面倾角、坡角、坡高等）的方法。它实际上是数理分析方法的一种简化方法，如 Taylor 图解等，它目前主要用于土质或全强风化的具弧形破坏面的基坑稳定性分析。

②投影图法是利用赤平极射投影的原理，通过作图来直观地表示出变形破坏的边界条件，

分析不连续面的组合关系，可能失稳岩土体形态及其滑动方向等，进而评价稳定性，并为力学计算提供信息。常用的有赤平极射投影图法、实体比例投影图法、Markland，J. J. 投影图法等。它目前主要用于岩质边坡岩体的稳定性分析。

（3）SMR 方法

岩体质量能够综合反映岩体中各种主要特征参数对岩体稳定性的影响效果，它有助于我们认识岩体的固有特性，分析岩体工程的稳定性，为工程设计提供重要信息。SMR 法是 Romana，M. 在 Biniawski，Z. T. 提出的 RMR 岩体质量评价方法的基础上，综合考虑边坡工程中不连续面产状与坡面间的组合关系，以及边坡的开挖方式等而提出的。利用 SMR 方法来评价边坡岩体质量的稳定性，方便快捷，且能够综合反映各种因素对边坡稳定性的影响。但它没能考虑边坡坡高等因素，对大型的岩质边坡的整体稳定性的状况还不能够作出有效的分析，各个参数的具体取值过程中，还会带有很大的经验性，常会因人而异。

2. *定量分析方法*

严格地讲，基坑稳定性分析还远远没有走到完全定量这一步，它只能算是一种半定量的分析方法。常用的基坑稳定性分析方法主要有下述几种：

（1）极限平衡分析法

该方法是工程实践中应用最早、也是目前最普遍使用的一种定量分析方法。当前已有了多种极限平衡分析方法，如：Fellenius 法、Bishop 法、Jaubu 法、Morgenstern Prince 法、余推力法、Sarma 法、楔体极限平衡分析法等等。其中 Sarma 法既可用于滑面呈圆弧形的滑体，又可用于滑面呈一般折线形滑面的滑体极限平衡分析；楔体极限平衡分析则主要用于岩质边坡中由不连续面切割的各种形状楔形体的极限平衡分析。

近年来，人们都已经把这些方法程序化了，有的还把有限元方法引入到极限平衡分析法中，先通过有限元方法计算出可能滑面上各点的应力，然后再利用极限平衡原理计算滑面上点的安全系数及沿整个滑面滑动破坏的安全系数。与其他方法相比，极限平衡法的缺点是在力学上作了一些简化假设。其优点是该方法抓住了问题的主要方面，且简易直观，并有多年的实用经验，若使用得当，将得到比较满意的结果。它是目前应用最多的一种分析方法。

在基坑工程中，极限平衡法假定作用在结构前后墙上的土压力分别达到被动土压力和主动土压力，在此基础上再作简化，把超静定的问题作为静定问题求解。国内多采用等值梁法和静力平衡法。这种方法的缺点在于假定支撑为不动支点，不考虑施工过程支撑设置前后支撑力的变化。在使用中需凭经验判断和结合工程经验对土压力和计算结果进行修正，但这种方法简单快捷，已为我国许多工程技术人员所习用。

（2）土抗力法

土抗力法又称竖向弹性地基梁的基床系数法等。这种方法能较好地反映基坑开挖和回填过程各种因素和复杂情况对围护结构受力的影响。对于重要基坑，地层软弱、环保要求高的基坑、多支点支护结构或空间效应明显的围护结构，宜采用土抗力法。土抗力法的计算精度主要取决于计算参数的取值，如基床系数、土压力分布、支撑的松弛系数等，尚需根据地区经验加以完善。此外，在淤泥质地层中，由于难以反映土的流变性，计算的水平位移可能偏小。

（3）有限元（FEM）法

该方法在边坡岩土体的稳定性分析中得到最早（1967）应用，也是当前最广泛使用的一种数值分析方法。目前，已经开发的二维及三维有限元分析程序，可以用来求解弹性、弹塑性、粘弹塑性、粘塑性等问题。有限元法的优点是部分地考虑了基坑和边坡岩土体的非均质和不连续性，可以给出岩体的应力、应变大小与分布，避免了极限平衡分析法中将滑体视为刚体而过于简化的缺点，能近似地从应力应变去分析基坑的变形破坏机制，分析最先、最容易发生屈服破坏的部位和需要首先进行加固的部位等。它还不能很好地求解大变形和位移不连续等问题，对于无限域、应力集中问题等的求解还不理想。

3. 非确定性分析方法

(1) 可靠性分析法

理论与实践均证明，影响基坑工程稳定性的诸多因素常常都具有一定的随机性，它们多是具有一定概率分布的随机变量。20 世纪 70 年代中后期，加拿大能源与矿业中心和美国亚利桑那大学等开始把概率统计理论引用到边坡岩体的稳定性分析中来。该方法的原理是首先通过现场调查，以获得影响基坑稳性影响因素的多个样本，然后进行统计分析，求出它们各自的概率分布及其特征参数，再利用某种可靠性分析方法，如 Monte Carlo 法、可靠指标法、统计矩法、随机有限元法等来求解基坑岩体的破坏概率，即可靠度。只要求出的可靠度足够大，也即破坏概率足够小，小到人们可以接受的程度，就认为基坑工程的设计是可靠的。近年来，该方法在岩土工程中的研究与应用发展很快，为基坑稳定性评价指明了一个新的方向。但该方法的缺点是：计算前所需的大量统计资料难以获取，各因素的概率模型及其数字特征等的合理选取问题还没有得到很好的解决。另外，其计算通常也较一般的极限平衡方法显得困难和复杂。

(2) 模糊分级评判方法

影响基坑稳定性的诸因素除了具有前述的随机不确定性外，还具有一定的模糊不确定性。采用模糊分级评判或模糊聚类方法对基坑的稳定性作出分级评判，其具体做法通常是先找出影响基坑稳定性的各个因素，并赋予它们不同的权值，然后根据最大隶属度原则来判定基坑的稳定性。边坡工程的实践证明，模糊分级评判方法为多变量、多因素影响的基坑稳定性分析提供了一种行之有效的手段。这一方法主要应用于大型边坡的整体稳定性评价。

目前，除了以上两种常用的非确定性分析方法外，系统工程分析方法、灰色系统理论方法、突变理论方法、神经元方法、损伤断裂力学理论、分叉与混沌理论等也在基坑稳定性方向上得到了不同程度的应用，为基坑稳定性分析及预测提供了新的途径。

4. 物理模型方法

物理模型方法是一种发展较早、应用广泛、形象直观的边坡稳定性分析方法。它主要包括光弹模型、底摩擦试验、地质力学模型试验、离心模型试验等。这些方法通常能够形象地模拟边坡岩土体中的应力大小及其分布，边坡岩土体的变形破坏机制及其发展过程、加固措施的加固效果等。离心模型试验是以离心机作为加载工具，把 $1/n$ 缩尺的模型放在以“ng”离心加速度运转的离心机中进行试验，测量其中的应力、变形，观察模型的变形破坏发展过程及加固措施的加固效果。

由于离心力与重力保持等效，且加速度不会改变材料的性质，从而使模型与原型的应力应变相等、变形相似、破坏机理相同，能够再现原型的特性。该方法可以在同一模型上，完成弹性、弹塑性乃至破坏失稳各个阶段（整个过程）的模拟，展示边坡岩土体变形破坏的机制与过程，且可以测量全过程的应力和位移，还可求得超载安全系数等。与其他模拟方法相比，离心模型要求模型材料具有弹模、容重多样，且要求模型与原型材料的本构关系完全相似，对模型尺寸的大小和精度要求较高，测量方法及其技术要求严格，费用较高等。

5. 现场监测分析法

岩土流变力学认为岩土体的变形破坏是一个过程。基坑工程由稳定状态向不稳定状态的突变也必然具有某种前兆。捕捉这些前兆信息并对其进行分析和解释，将可更好地认识基坑岩土体变形的发展过程和失稳的征兆及其判据。人们在生产实践的过程中早已认识到这个问题，并对之越来越重视。在发展其他基坑稳定性分析理论与方法的同时，又开展了现场监测技术方法、监测结果分析方法等的研究，力图通过现场监测所获得的信息如位移、位移速度、应力、声发射率、氡气α、脉冲频率、地下水等有关特征，来对基坑岩土体稳定性作出评价和预测，辅以反演分析，为支护和加固处理设计提供服务，同时，又能对加固措施的加固效果进行检验，为施工的安全保护等提供信息。由于现场监测结果直观可靠，因而利用监测结果对基坑过程的稳定性进行分析，已成为目前基坑工程中稳定性评价极其重要的一种方法。

1.4.5 基坑开挖中的“时空效应”理论

“时空效应”理论是基坑土方开挖的新概念。该理论是刘建航院士在总结上海地区软土流变特性和深基坑工程经验的基础上提出的。根据软土流变特性，在软土基坑开挖中，要求适当减小每步开挖土方的空间尺寸，并尽量减少每步开挖中一部分基坑未支撑前的暴露时间，即在施工时应按基坑的规模、几何尺寸、支撑形式、开挖深度和地基加固条件，提出详细的开挖和支撑的施工顺序，做到分层、分块、对称、随挖随撑。利用土体自身强度控制地层位移，作为解决软土深基坑稳定和变形，满足保护环境，达到安全、经济的目的的重要手段之一。

现在，在上海地铁站深基坑、高层建筑地下室深基坑工程中，凡对基坑变形控制要求较高者，采用上述方法，均取得良好的效果。事实上，无论在流塑、软塑粘性土的软弱地层，或者在地下水位以上较密实砂性土或可塑、硬塑粘性土等地层，基坑挖土因地基卸荷而引起基坑稳定和变形问题，总是在不同程度上存在的，合理的控制开挖程序和施工参数对确保不同土层中基坑稳定和控制变形都是重要的环节。

2 支护结构上的作用荷载

一般情况下，作用在基坑支护结构上的外荷载有：土压力、水压力、地面超载、施工荷载、结构自重、支撑预压力和温度应力等。被动土压力作为抗力对待。支撑反力取决于支护结构的静力特性，不作为独立的荷载对待。因此，支护结构设计时主要考虑的作用荷载为：①土压力及水压力；②地面堆积荷载及大型车辆的动、静荷载；③周边建（构）筑物的作用荷载；④施工荷载；⑤支护结构作为主体一部分时，上部结构的作用；⑥支撑体系的温度应力。本章将主要讨论土压力、水压力和地面超载的有关问题。

2.1 土压力理论

不论哪种形式的支护结构，都要承受来自围护墙体后侧填土的侧向压力——土压力，它是围护墙体断面和验算其稳定性的主要荷载。土压力的大小和分布，对支护结构体系的内力、变形和稳定性验算有着重要的影响。土压力的大小和分布除了与土的性质有关外，还与围护墙体的位移方向、位移量、土体与围护墙体间的相互作用以及围护墙体类型有关。

2.1.1 土压力的类型

土压力的性质、大小和分布主要取决于围护墙体的变位方式、方向和大小。

1. 静止土压力

当围护墙体有足够的截面，并且建立在坚实的地基上（如基岩），墙在墙后土的推力作用下，不产生任何移动或转动，如图 2-1（a），墙后土体没有破坏，处于弹性平衡状态，这时，作用在围护墙背上的土压力称为静止土压力 E_0。

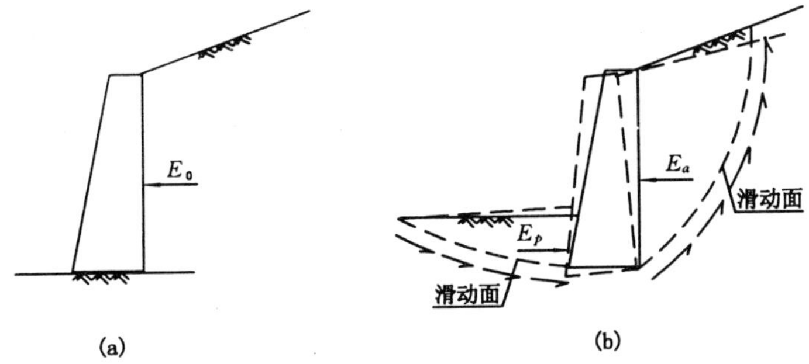

图 2-1 围护墙上的土压力

2. 主动土压力

当墙在土压力作用下产生向着离开土体方向的移动或绕墙跟的转动时，墙后土体因侧面所受限制的放松而有下滑趋势，如图 2-1 (b)。为阻止其下滑，土体内潜在滑动面上的剪应力增加，从而使作用在墙背上的土压力减少。当墙的移动或转动达到某一数量时，滑动面上的剪应力等于土的抗剪强度，墙后土体达到主动极限平衡状态，发生一般为曲线形的滑动面，这时作用在墙上的土推力达到最小值，称为主动土压力 E_a。

3. 被动土压力

当墙在土压力作用下产生向着土体方向移动或绕墙跟转动时，墙后土体受到挤压，有上滑趋势。为阻止其上滑，土体内剪应力反向增加，使作用在墙背上的土压力加大。直到墙的移动量足够大时，滑动面上的剪应力等于抗剪强度，墙后土体达到被动极限平衡状态，土体向上滑动，滑动面为曲面，如图 2-1 (b)，这时作用在墙上的土抗力达到最大值，称为被动土压力 E_p。

当围护墙离开土体方向的位移小于发挥主动土压力所需的位移时，作用在围护墙上的土压力大于主动土压力而小于静止土压力。当围护墙想着土体方向的位移小于发挥被动土压力所需的位移时，作用在围护墙上的土压力小于主动土压力而大于静止土压力。三种土压力与位移的关系如图 2-2。图中 Δ/H 表示墙体的位移量（或转动量）与墙高的比值，$-\Delta/H$ 表示墙体向土体方向移动，$+\Delta/H$ 表示墙体向离开土体方向移动。由图可以看出，产生主动土压力所需的墙体位移量很小，Δ/H 只需 0.1～0.5%，这样大小的位移在一般情况下是容易发生的。而产生被动土压力所需的墙体位移量 Δ/H 为 1～5%，是达到主动土压力状态的位移量的 10 倍，这么大的位移在基坑工程中是不容易发生的，因为，在达到这么大位移前，支护结构可能已先发生破坏，也就是说，在进行基坑支护结构设计和稳定性验算时，只能利用部分被动土压力。主动土压力、被动土压力、静止土压力三者之间的关系有：$E_p > E_0 > E_a$。

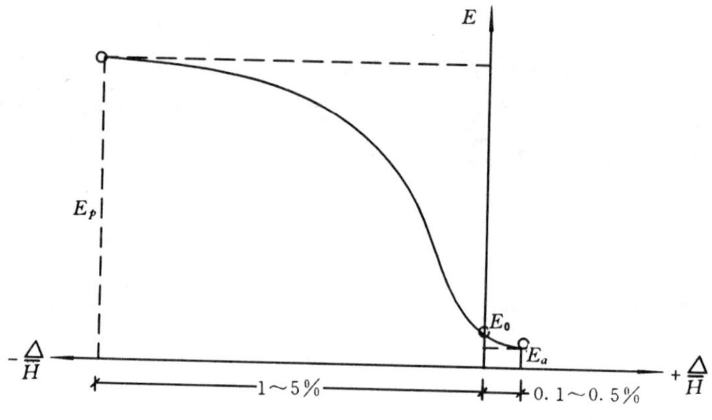

图 2-2　土压力与位移的关系

2.1.2　基坑土压力的分布模式

土压力的分布模式是一个复杂的问题。工程经验表明，支护结构的刚度、支撑的刚度、施工的时空效应、土体性质对土压力的分布和变化起作控制作用。但是土压力的计算不是由精确的理论来保证其正确可靠，而应通过现场测试和室内模型试验为基础，提出简单实用而尽可能合理的土压力计算模式。一般情况下，目前还是采用古典朗肯或库仑土压力理论的土压力分布模式，如图 2-3、图 2-4。由图 2-4 可以看出，实测值与根据古典理论计算的土压力存在差异，这主要是由于理论假定和变形引起的。

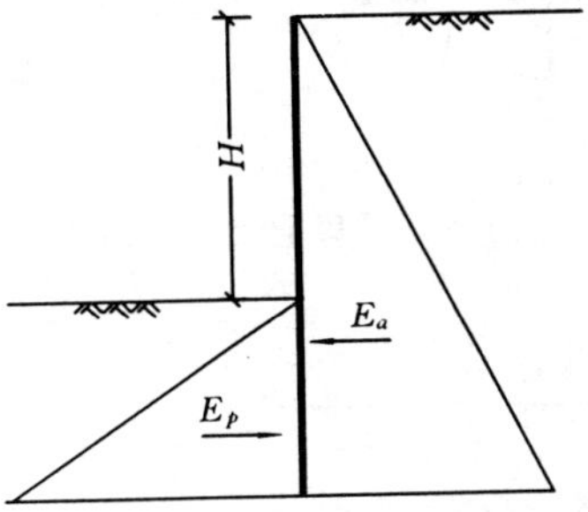

图 2-3　古典土压力分布模式

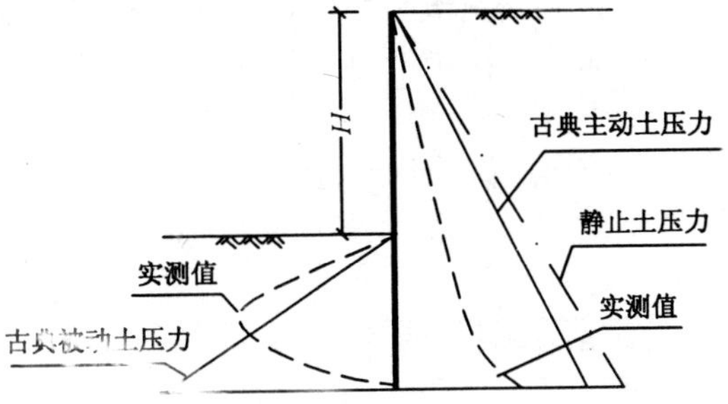

图 2-4　古典理论土压力与实测值的对比

2.1.3　朗肯、库仑土压力理论

朗肯、库仑土压力理论都是研究土压力问题的简化方法，均属于极限状态土压力理论。朗肯、库仑土压力的分布如图 2-5、图 2-6、图 2-7、图 2-8、图 2-9、图 2-10。表 2-1 描述了朗肯、库仑土压力理论的基本情况。

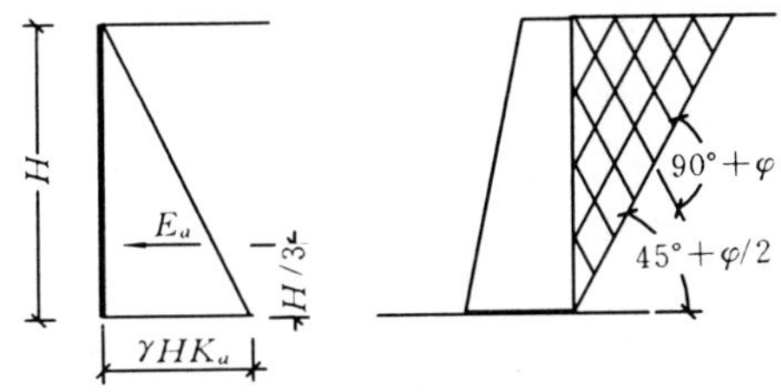

(a) 主动土压力分布　(b) 墙后破裂面形状

图 2-5　朗肯无粘性土主动土压力

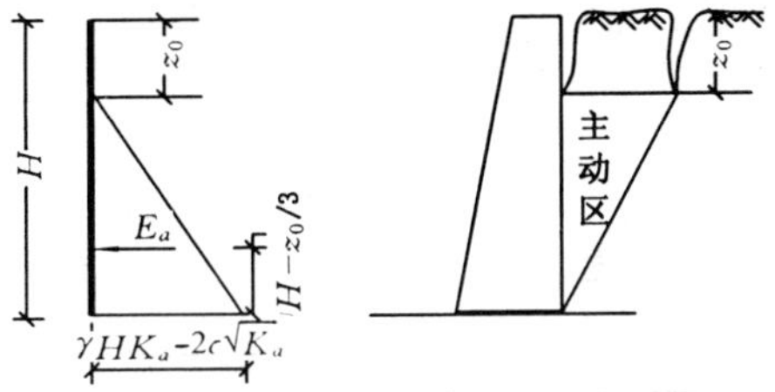

(a) 主动土压力分布　(b) 墙后破裂面形状

图 2-6　朗肯粘性土主动土压力分布

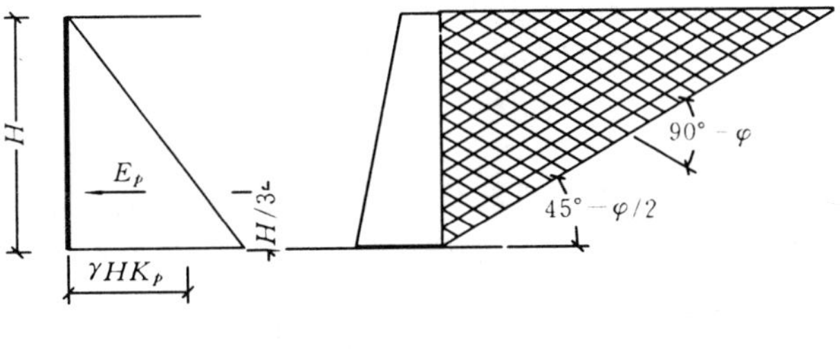

(a) 被动土压力分布　(b) 墙后破裂面形状

图 2-7　朗肯无粘性土被动土压力

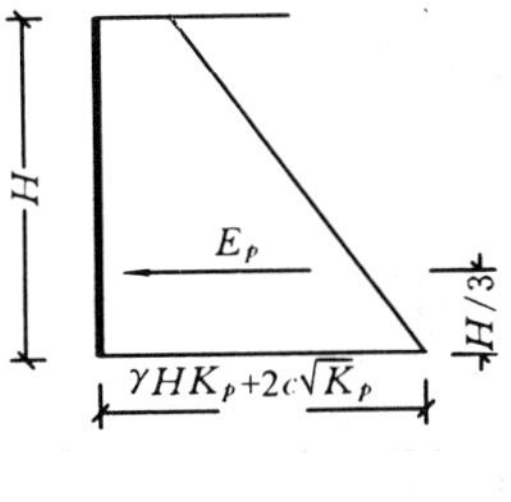

图 2-8　朗肯粘性土被动土压力分布

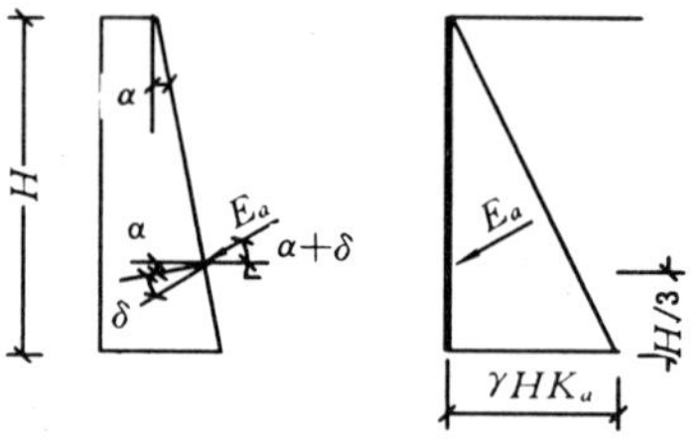

图 2-9 库仑主动土压力

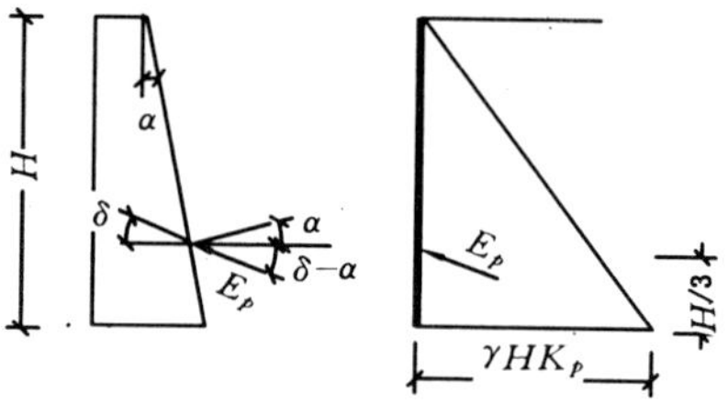

图 2-10 库仑被动土压力

表 2-1 朗肯、库仑土压力理论

土压力理论描述			朗肯土压力理论	库仑土压力理论
假定			(1)墙背竖直;(2)光滑,即墙背和土体之间没有摩擦力;(3)墙后土体为半无限体	(1)墙后土为无粘性土;(2)墙体是刚性的;(3)滑动楔体处于极限平衡状态;(4)滑动楔体为刚体;(5)滑动面为通过墙踵的平面
土压力系数	主动土压力系数		$K_a=\tan^2(45°-\frac{\varphi}{2})$	$K_a=\frac{\cos^2(\varphi-\alpha)}{\cos^2\alpha\cdot\cos(\alpha+\beta)\left[1+\sqrt{\frac{\sin(\varphi+\delta)\cdot\sin(\varphi-\beta)}{\cos(\alpha+\delta)\cdot\cos(\alpha-\beta)}}\right]^2}$
	被动土压力系数		$K_p=\tan^2(45°+\frac{\varphi}{2})$	$K_p=\frac{\cos^2(\varphi+\alpha)}{\cos^2\alpha\cdot\cos(\alpha-\beta)\left[1-\sqrt{\frac{\sin(\varphi+\delta)\cdot\sin(\varphi+\beta)}{\cos(\alpha-\delta)\cdot\cos(\alpha-\beta)}}\right]^2}$
土压力强度	主动土压力强度	无粘性土	$e_a=\gamma zK_a$	
		粘性土	$e_a=\gamma zK_a-2C\sqrt{K_a}$	
	被动土压力强度	无粘性土	$e_p=\gamma zK_p$	
		粘性土	$e_p=\gamma zK_p+2C\sqrt{K_p}$	
土压力	主动土压力	无粘性土	$E_a=\frac{1}{2}\gamma H^2K_a$	
		粘性土	$E_a=\frac{1}{2}\gamma H^2K_a-2C\sqrt{K_a}+\frac{2C^2}{\gamma}$	
	被动土压力	无粘性土	$E_p=\frac{1}{2}\gamma H^2K_p$	
		粘性土	$E_p=\frac{1}{2}\gamma H^2K_p+2C\sqrt{K_p}$	

表中：γ、C、φ——分别为土的重度（kN/m³）、粘聚力（kPa）、内摩擦角（°）；

H——挡土墙的高度，m；

z——计算点的深度，m；

α——墙背与垂直方向的夹角，以垂直方向为准，逆时针为正，如图 2-9、图 2-10 称为俯斜墙背，顺时针为负，称为仰斜墙背（°）；

β——填土面与水平面之间的夹角，水平面以上为正，水平面以下为负（°）；

δ——墙背与填土之间的摩擦角，其值可由试验确定，无实验资料时，一般取(1/3～1/2)φ,也可参照表 2-2 中的数值（°）。

对于粘性土，主动土压力强度和被动土压力强度由两部分组成，如图 2-6、图 2-8。粘性土主动土压力强度的第一项为土重产生的土压力 γzK_a，是正值，随深度呈三角形分布；第二项为粘聚力 C 引起的土压力 $2C\sqrt{K_a}$，是负值，为常量。两项叠加后，墙后土压力在 z_0 深度以上出现负值，即产生拉应力，但实际上墙背与填土之间没有抗拉强度，所以拉应力的存在会使填土与墙背脱开，出现 z_0 深度的裂缝，如图 2-6(b)。因此，可以认为 z_0 以上土压力为零。

表 2-2　土对挡土墙墙背的摩擦角

挡土墙情况	摩擦角 δ
墙背平滑，排水不良	$(0\sim0.33)\varphi$
墙背粗糙，排水良好	$(0.33\sim0.5)\varphi$
墙背很粗糙，排水良好	$(0.5\sim0.67)\varphi$
墙背与填土间不可能滑动	$(0.67\sim1.0)\varphi$

朗肯、库仑土压力理论应用于基坑支护的设计计算与实际情况存在着差异，其原因在于：

（1）库仑理论假定滑动面为一通过墙踵的平面，而实际为不规则曲面；

（2）朗肯土压力理论假定墙背和土体之间没有摩擦力，而摩擦力实际是存在的；

（3）朗肯、库仑土压力理论都假定土压力强度随深度呈线性分布，它实际与墙体位移和变形有关，多呈曲线分布；

（4）朗肯、库仑土压力理论所指的墙体是先筑墙后填土，而基坑支护一般是先作支护结构，再开始开挖土体，对支护结构先产生静止土压力，再产生主动土压力和被动土压力；

（5）朗肯、库仑土压力理论墙体后土体为无粘性土，或有粘性土也被看成是散体，而基坑支护的土体一般为经过多年自动压实的土，粘聚力有很大差别；

（6）朗肯、库仑土压力理论挡土墙支护是个平面问题，而基坑支护存在时空效应。

因此，在基坑支护设计计算中应用朗肯、库仑土压力理论，计算出的土压力为近似值。

2.1.4　土压力参数 C、φ 值的讨论

土的粘聚力 C 和内摩擦角 φ 是反映土的抗剪强度性质的指标，通常称为抗剪强度指标，是基坑支护设计与施工中必须认真考虑的重要参数，其取值的正确与否和合理程度将会在很大程度上影响基坑工程的安全和经济效益。

土的抗剪强度取决于土的种类和性质以及土颗粒之间的有效法向应力，工程中一般采用有效应力法和总应力法来测定它，只有在有效应力法的实验条件下求得的抗剪强度指标才是有效的。土的抗剪强度指标有三种标准试验方法：①快剪，即不排水剪切试验（C_c，φ_c）；②固结快剪，即固结不排水剪切试验（C_{cu}，φ_{cu}）；③慢剪，即排水剪切试验（C_d，φ_d）。做排水剪切试验时，试件土颗粒上不存在超静水压力，此时，C_d、φ_d 即为有效应力抗剪强度指标（C'，ϕ'）。由于慢剪花费的时间很长，所以一般不通过排水剪切试验求有效应力抗剪强度（C'，ϕ'），而用三轴压缩仪做固结快剪试验，同时量测土颗粒上的超静水压力，再求（C'，ϕ'）。

由于控制试件的排水条件不同，所以不同的试验方法得出的抗剪强度指标也不同。在实际工程中应根据具体情况选用最接近实际的试验方法。对于基坑工程，在计算土压力时，一般采用在原位自重压力下固结的快剪峰值强度指标；在验算稳定性时一般也采用这一指标，但有时也采用快剪指标；当要考虑不同固结程度下的有效应力强度时，应采用有效应力指标。同时，由于直剪仪得出的强度指标离散性较大，而三轴仪得出的指标相对比较稳定，因此，对于重要的基坑工程一般采用三轴压缩仪测定抗剪强度指标。

另外，在基坑开挖过程中，由于坑内卸载（自重应力变化）和超孔隙水压力的变化，坑底和支挡结构后侧土体的 C、φ 值将会随之变化。所以，采用信息化施工法和土性参数的反分析进行支护。结构的跟踪设计是十分必要的。

2.2 水压力

当基坑内外存在水位差时，如果围护墙插入至坑底的不透水土层中，且可确定基坑内外的地下水不会发生渗流时，则可不考虑渗流的影响，反之则应考虑地下水渗流对侧压力的影响。

2.2.1 地下水无渗流时的水压力

对于无渗流的情况，水压力按静水压力分布，主动区与被动区静水压力抵消后，在主动区，基坑内地下水位以上，水压力呈三角形分布，以下呈矩形分布，如图 2-11。此时，对于粘性土一般采用水土合算，对于砂性土宜按水土分算。

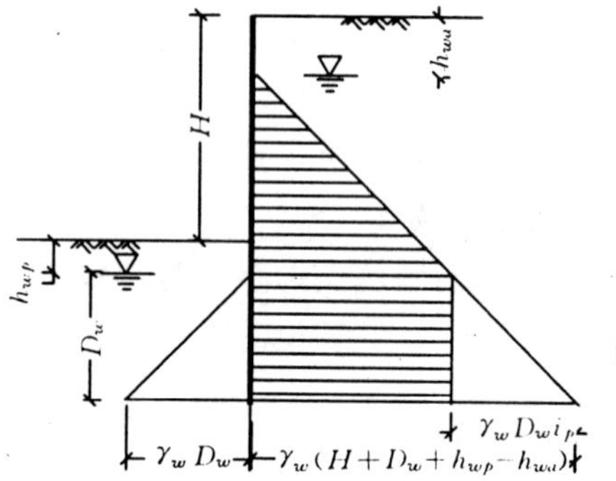

图 2-11 无渗流情况下的水压力分布模式

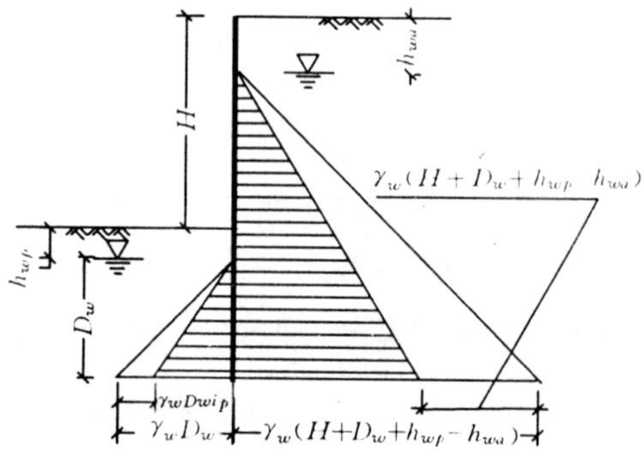

图 2-12 有渗流情况下的水压力分布模式

2.2.2 地下水有渗流时的水压力

对于地下水有渗流的情况，应按动水压力考虑。现场测试表明，主动区的水压力低于静水压力，而被动区的水压力高于静水压力。在渗流情况下，基坑外的水绕过墙的下端向坑内流动，可以认为这种流动为稳态渗流（即流动是缓慢、连续的）。显然，水在流动过程中对土颗粒有作用力，则称单位体积土体受到水流动的作用力的总和为动水力。根据作用力和反作用力原理，流动的水也同样受到与动水力大小相等的阻力，此时，作用在围护墙上的水压力为静水压力减去动水压力，其分布形式如图 2-12。图中 i_a、i_p 为主动区和被动区的水力梯度，可用流网分析法计算。式（2-1）、式（2-2）为水力梯度的近似计算式。

$$i_p=\frac{0.7(H-h_{wa}+h_{wp})}{(H-h_{wa}+h_{wp}+D_w)+\sqrt{(H-h_{wa}+h_{wp}+D_w)\cdot D_w}} \tag{2-1}$$

$$i_p=\frac{0.7(H-h_{wa}+h_{wp})}{D_w+\sqrt{(H-h_{wa}+h_{wp}+D_w)\cdot D_w}} \tag{2-2}$$

2.3 静止土压力计算

按三角形分布土压力的公式，静止土压力强度 e_0：

$$e_0 = (\gamma H + q)K_0 \tag{2-3}$$

静止土压力 E_0：

$$E_0 = \frac{1}{2}(\gamma H^2 + 2qH)K_0 \tag{2-4}$$

式中：K_0——计算点处静止土压力系数，一般取 0.5；

q——地面均布荷载，kPa。

K_0 通常采用 Jaky 公式计算：

$$K_0 = 1 - \sin\varphi \tag{2-5}$$

式中：φ——土的有效内摩擦角（°）。

2.4 超载作用下土水压力计算

超载是指当支护结构附近地面上的堆载、大型车辆的荷载、吊车等的集中荷载、邻近建（构）筑物荷载等，这些荷载对支护结构产生水平压力，在设计计算时应予以考虑。

支护结构地面超载应按实际产生的超载分布情况和强度分别计算。考虑随机发生的施工堆载、车辆行驶动载等因素，对无固定超载的邻近坑边的空场地，地面可变荷载的强度可取 $q = 10 \sim 20$ kPa，分布范围应根据现场实际情况确定，并应在施工中加以控制。

图 2-13 为目前较常用的两种土压力计算模式。图 2-13（a）为古典式（传统式），图 2-13（b）为我国部分地区和《建筑基坑支护技术规程》（JGJ120-99）采用的模式。

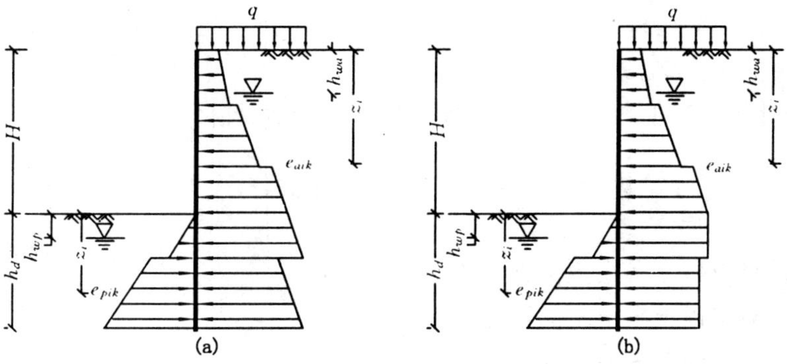

图 2-13　土压力计算模式

2.4.1　主动土压力强度计算

1. 主动土压力强度的计算公式

（1）碎石土、砂土主动土压力计算公式，碎石土、砂土主动土压力的计算一般按水土分算法进行。

①当计算点位于地下水位以上时：

$$e_{aik} = \sigma_{aik}K_{ai} - 2C_i\sqrt{K_{ai}} \tag{2-6}$$

②当计算点位于地下水位以下时：

$$e_{aik}=\sigma_{aik}K_{ai}-2C_i\sqrt{K_{ai}}+(z_i-h_{wa})(1-K_{ai})\gamma_w \tag{2-7}$$

式中：K_{ai}——第 i 层土的主动土压力系数；

$$K_{ai}=\tan^2(45°-\frac{\varphi_i}{2})$$

φ_i——第 i 层土的内摩擦角（°）；

C_i——第 i 层土的粘聚力，kPa；

σ_{aik}——计算点处的竖向应力，kPa；

z_i——计算点深度，m；

h_{wa}——基坑外侧水位深度，m；

γ_w——水的重度，kN/m^3。

（2）粘性土、粉土、淤泥及淤泥质土主动土压力计算公式。粘性土、粉土、淤泥及淤泥质土主动土压力计算一般按水土合算法进行，公式形式同式（2-6）。

当按式（2-6）、（2-7）计算的基坑开挖面以上的土压力小于零时，应取零。

2. 竖向应力 σ_{aik}的确定

竖向应力 σ_{aik}可按下式计算：

$$\sigma_{aik}=\sigma_{rk}+\sigma_{0k}+\sigma_{lk} \tag{2-8}$$

式中：σ_{rk}——土体自重在计算点处产生的竖向应力，kPa；

σ_{0k}——地面均布荷载在计算点土中产生的竖向应力，kPa；

σ_{lk}——地面局部荷载在计算点土中产生的竖向应力，kPa。

3. 竖向应力 σ_{rk}的确定

（1）对于图 2-13（a）：

$$\sigma_{rk}=\gamma_{mi}z_i \tag{2-9}$$

式中：γ_{mi}——计算点以上各层土天然重度的加权平均值，kN/m^3；

$$\gamma_{mi}=\frac{\sum_{j=1}^{i}\gamma_j h_j}{z_i}$$

γ_j——计算点以上各层土天然重度，kN/m^3；

h_j——计算点以上各层土的厚度，m；

z_j——计算点的深度度，m。

（2）对于图 2-13（b）：

有图可知，当计算点位于基坑开挖面以上时，按三角形分布模式计算，即可按式（2-9）进行计算。当计算点位于基坑开挖面以下时，按矩形分布模式计算，即按式（2-10）计算。

$$\sigma_{rk}=\gamma_{mH}z_h \tag{2-10}$$

式中：γ_{mH}——基坑开挖面以上各层土天然重度的加权平均值，kN/m^3；

$$\gamma_{mH}=\frac{\sum\gamma_H h_H}{H}$$

γ_H——基坑开挖面以上各层土天然重度，kN/m^3；

h_H——基坑开挖面以上各层土的厚度，m。

4. 竖向应力 σ_{0k}的确定

如图 2-14。

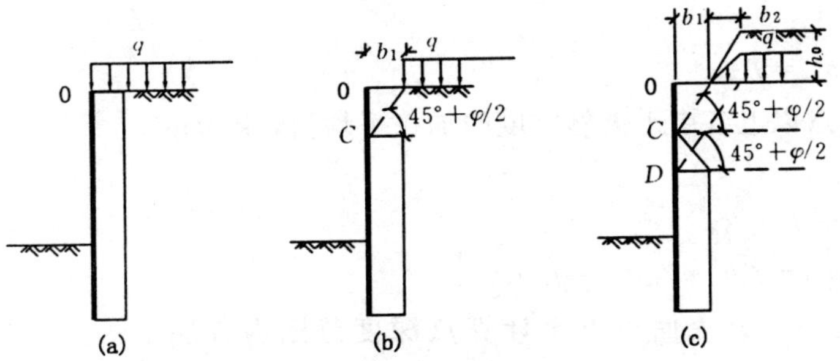

图 2-14　地面均布荷载作用下竖向应力计算图

（1）当支护结构外侧地面有均布载荷 q 时，如图 2-14（a），$\sigma_{0k}=q$。

（2）当距支护结构 b_1 外侧地面有均布载荷 q 时，如图 2-14（b），在 C 点以上 $\sigma_{0k}=0$；C 点以下 $\sigma_{0k}=q$。

（3）对于基坑顶部局部放坡的情况，如图 2-14（c），将土坡自重应力换算成均布荷载 $q=\gamma_q h_0$，γ_q 为土坡各层土天然重度的加权平均值。在 C 点以上 $\sigma_{0k}=0$；CD 段 $\sigma_{0k}=q[z_i-b_1\cdot\tan(45°+\varphi_q/2)]/b_2\tan(45°+\varphi_q/2)$，$\varphi_q$ 为 D 点以上土的内摩擦角的加权平均值；D 点以下 $\sigma_{0k}=q$。

5. 竖向应力 σ_{lk} 的确定

如图 2-15。

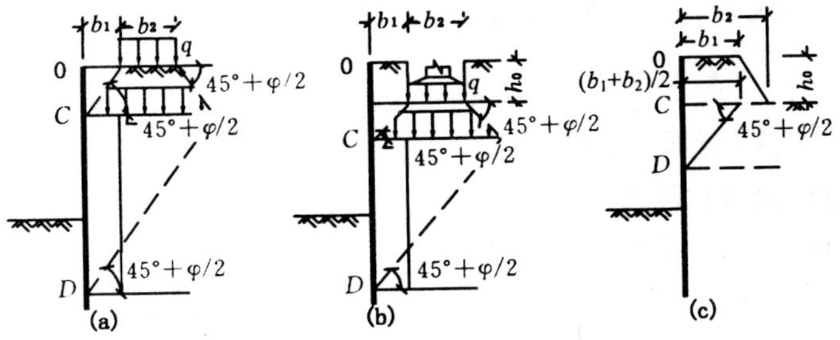

图 2-15　地面局部荷载作用下竖向应力计算图

（1）当距支护结构 b_1 外侧地面有宽度为 b_2 的条形荷载 q 时，如图 2-15（a），在 C 点以上和 D 点以下，$\sigma_{lk}=0$；在 CD 段（CD 长为（$3b_1+b_2$）$\tan(45°+\varphi_q/2)$），$\sigma_{lk}=qb_2/(b_2+2b_1)$。

（2）当距支护结构 b_1 有与支护结构平行的条形基础时，如图 2-15（b），在 C 点以上和 D 点以下，$\sigma_{lk}=0$；在 CD 段[CD 长为$(3b_1+b_2)\tan(45°+\varphi_q/2)+h_0$]，$\sigma_{lk}=(q-\gamma_q h_0)b_2/(b_2+2b_1)$，$\gamma_q$ 为 h_0 深度范围内的各层土天然重度的加权平均值。

（3）当距支护结构 b_1 有与支护结构平行的矩形基础时，如图 2-15（b），在 C 点以上和 D 点以下，$\sigma_{lk}=0$；在 CD 段[CD 段长为$(3b_1+b_2)\tan(45°+\varphi_q/2)+h_0$]，$\sigma_{lk}=(q-\gamma_q h_0)b_2 l/((b_2+2b_1)(l+2b_1))$，$\gamma_q$ 为 h_0 深度范围内的各层土天然重度的加权平均值，l 为基础底面长度，m。

6. 基坑外侧有大面积开挖时竖向应力 σ_{aik} 的确定

如图 2-15（c）。

（1）在 C 点以上：

$$\sigma_{aik}=\gamma_{mi}z_i \tag{2-11}$$

式中：γ_{mi}——计算点以上各层土天然重度的加权平均值，kN/m^3。

（2）在 CD 段：

CD 段长为 $(b_1+b_2)/2$。

$$\sigma_{aik}=\gamma_q h_0+\gamma_{mi}(z_i-h_0) \tag{2-12}$$

式中：γ_{mi}——基坑外侧开挖面以下至计算点深度范围内各层土天然重度的加权平均值，kN/m^3；

γ_q——基坑外侧开挖面以上 h_0 深度范围内的各层土天然重度的加权平均值，kN/m^3。

（3）D 点以下：

$$\sigma_{aik}=\gamma_{mi}(z_i-h_0) \tag{2-13}$$

式中：γ_{mi}——基坑外侧计算点以上各层土天然重度的加权平均值，kN/m^3。

2.4.2 被动土压力强度计算

1. 碎石土、砂土被动土压力计算公式：

碎石土、砂土被动土压力的计算一般按水土分算法进行。

（1）当计算点位于地下水位以上时：

$$e_{pik}=\sigma_{pik}K_{pi}+2C_i\sqrt{K_{pi}} \tag{2-14}$$

（2）当计算点位于地下水位以下时：

$$e_{pik}=\sigma_{pik}K_{pi}+2C_i\sqrt{K_{pi}}+(z_i-h_{wp})(1-K_{pi})\gamma_w \tag{2-15}$$

式中：K_{pi}——基坑内侧第 i 层土的被动土压力系数；

$$K_{pi}=\tan^2(45°+\frac{\varphi_i}{2})$$

σ_{pik}——基坑内侧计算点处的竖向应力，kPa；

h_{wp}——基坑内侧水位深度，m。

2. 粘性土、粉土被动土压力计算公式

粘性土、粉土被动土压力计算一般按水土合算法进行，公式形式同式（2-14）。

3. 竖向应力 σ_{pik} 的确定

$$\sigma_{pik}=\gamma_{mi}z_i \tag{2-16}$$

式中：γ_{mi}——基坑内侧计算点以上各层土天然重度的加权平均值，kN/m^3。

2.4.3 土压力及其作用位置计算

1. 三角形分布的土压力

如图 2-16（a）。

$$\left.\begin{aligned}E_i&=\frac{1}{2}e_{i1}h_i\\ z_{Ei}&=\frac{1}{3}h_i\end{aligned}\right\} \tag{2-17}$$

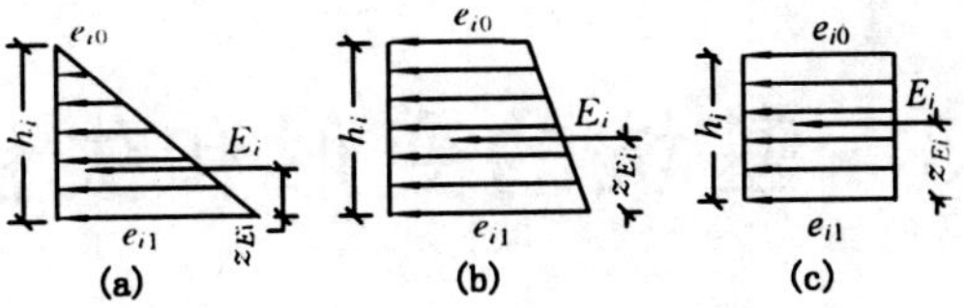

图 2-16　土压力及其作用位置

2. 梯形分布的土压力

如图 2-16（b）。

$$\left.\begin{aligned} E_i &= \frac{1}{2}(e_{i0}+e_{i1})h_i \\ z_{Ei} &= \frac{2e_{i0}+e_{i1}}{3(e_{i0}+e_{i1})}h_i \end{aligned}\right\} \qquad (2\text{-}18)$$

3. 矩形分布的土压力

如图 2-16（c）。

3 基坑的变形和失稳

基坑开挖是一个复杂的地质工程问题，它既涉及到基坑的自身强度与稳定性，又包含了地质环境和社会影响问题。在基坑开挖过程中，除了要保证基坑的安全，使坑内和坑外的各种工程顺利施工，还要保证相邻建（构）筑物和地下管线等设施的安全。由于设计和施工方面的缺陷，支护结构会超限变形和失稳，从而引起基坑外部一定范围内的土体向坑内位移和周围地面沉降，造成对相邻建（构）筑物和地下管线等设施的破坏，这种破坏往往远远超过事故本身对工程的影响。因此，基坑支护结构设计、施工和开挖过程中的变形控制，已引起人们的普遍重视。

3.1 基坑变形的特征和特点

3.1.1 基坑开挖变形的特征与类型

在基坑开挖过程中，由于改变了原位土体的应力场及地下水等环境因素的变化，必然会引起支护结构的变形（甚至破坏）、基坑周围地表沉降、基坑失稳和基底隆起等问题。

1. 支护结构的变形

目前，基坑支护的形式和施工技术比较丰富，但事故仍有发生，其变形表现为两个方面：水平变形和竖向变形。

当基坑开挖较浅时，支挡结构的变形主要为向基坑方向的水平变位，地表也随之变形；随着开挖深度的增加，土体自重应力的释放（卸载）量增加，土压力增大，地表变形的范围增大，变位量也增大；同时，支护结构墙体有所上升或下沉，使插入坑底深度发生变化。支挡结构水平变位的大小，主要取决于基坑的宽度、开挖深度、地层的性质、支挡结构的刚度和入土深度。基坑的暴露时间、设置支撑（或锚杆）的及时性和位置、支撑预加轴力和预应力锚杆，将对减少支挡结构的变位起重要作用。

图 3-1 为上海市某地铁车站基坑支护结构位移实测结果。该工程采用钻孔灌注桩加设钢筋混凝土围囹支撑挡土，深层搅拌桩加压密注浆止水，坑内采用深层搅拌桩辅以深井降水加固。围护混凝土搅拌桩桩长 19.5 m，桩径 800 mm，桩中心距 900 mm，混凝土标号 C30。上道钢筋混凝土围囹 800 mm×1 000 mm。钢筋混凝土支撑 1 000 mm×1 000 mm，坑内沿纵向每隔 13 m 设置一道厚度为 1.2 m 的深层搅拌桩。另设计 10 口喷射深井管降水，基坑分

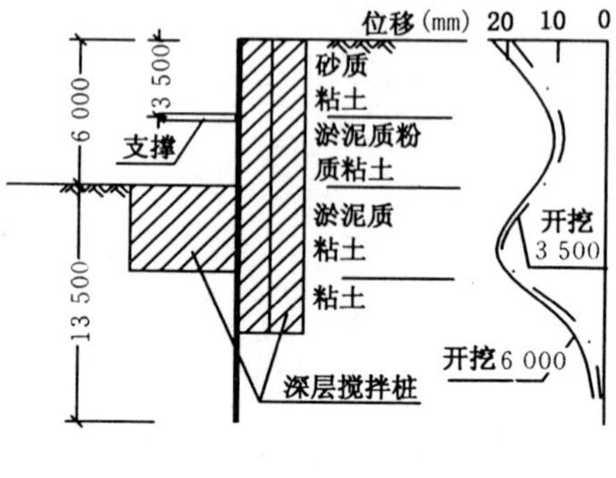

图 3-1 上海某地铁站基坑支护结构位移测量结果

两步进行开挖。

图 3-2 为上海市珠江玫瑰花园地下车库基坑（基坑深度 6.9 m）E_3 侧点监测到的深层搅拌桩围护墙墙顶沉降结果，此测点的最大沉降达 58 mm。

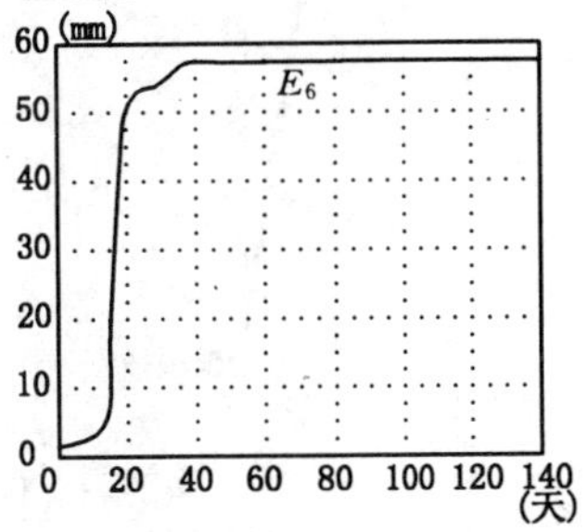

图 3-2 搅拌桩墙墙顶沉降监测结果

2. 基坑周围地表沉降变形

在深基坑开挖进程中，所产生的地面沉降主要来自两个方面：

一是地下水疏干产生的差异性地面沉降。如果疏干地下水后水位降低不太大，此时产生的沉降危害可不予考虑；但如果水头降低过大，并且疏干的范围又较小时，不均匀沉降可能引起建筑物的倾斜、墙体开裂。

另一种是由于支护结构的侧向变形引起的地面沉降，且往往是严重的。

前者产生的沉降是在较大范围内，一般是以深基坑为中心的环形区域里；后者主要集中在基坑四周。基坑周边的地面沉降往往是地下水疏干和支护结构变形叠加的结果。

图 3-3 为天津港务局综合业务楼基坑（基坑深度 10.6 m，采用单道环梁支撑）进行地面沉降监测的结果，最终沉降量在 30～50 mm 之间，沉降影响范围约为基坑深度的两倍。

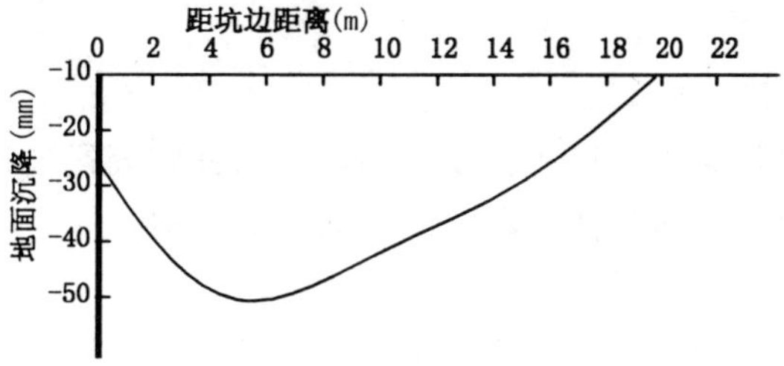

图 3-3 基坑周围地面沉降变化曲线

3. 基坑失稳

这里介绍的基坑失稳主要有如下两个方面：一是因支护结构的强度或刚度不足而引起基坑失稳；二是因支护结构地基土的强度不足而造成基坑失稳。

（1）拉锚破坏或支撑压弯

由于设计时对地层、环境条件考虑不周，或施工过程中地层、环境条件发生了变化，或设计计算有误，或施工质量存在问题，引起锚杆拉杆断裂或拉出、腰梁（围檩）破坏、内部支撑断面过小而压屈等，造成支护结构失效而失稳，如图 3-4（a）、图 3-4（b）。

（2）支挡结构的变形过大或弯曲破坏

由于支挡结构的断面过小，即刚度不够，或基坑超挖，引起支挡结构变形过大，甚至断裂，造成地面沉降过大，造成对邻近建（构）筑物和地下管线等地下设施的损害，如图 3-4（c）。

（3）支挡结构底部走动

由于支挡结构的地基土强度不足，或支挡结构嵌入深度不够，或基坑超挖和水的冲刷，引起基底水平面两侧的荷载不平衡，发生“踢脚”现象，当“踢脚”产生过量隆起时，则造成基坑失稳，如图 3-5（a）。

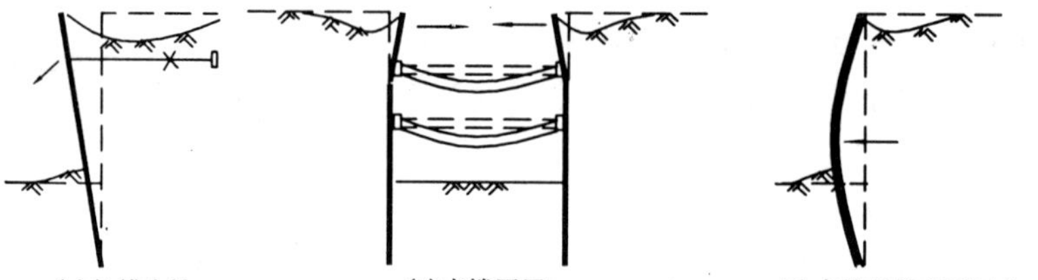

图 3-4　因支护结构的强度或刚度不足而引起的基坑失稳

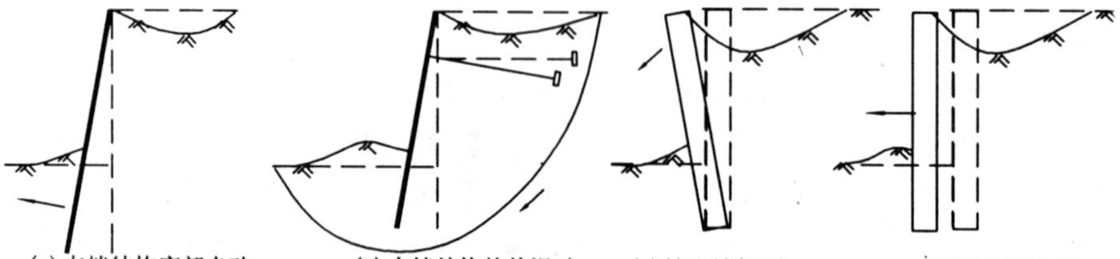

图 3-5　支挡结构地基强度等不足引起的基坑失稳

(4) 土体的整体滑动

这种失稳状态一般是由于锚杆的长度不够，或锚杆锚固段处于软弱地层中，或支挡结构的地基土强度不足，引起土体整体滑动失稳，如图 3-5 (b)。

(5) 支挡结构倾覆

这种失稳状态多发生在采用重力式挡土墙支护结构的基坑中。其主要是由于水泥土挡墙的截面、重量不够大，或地基土强度不足，在墙后土体推力的作用下，发生整体倾覆失稳，如图 3-5 (c)。

(6) 支挡结构滑移

这种失稳状态也多发生在采用重力式挡土墙支护结构的基坑中。其主要是由于挡土墙的抗滑力不够，或地基土强度不足，抵挡不住墙后土体的推力，挡土墙发生整体滑动，如图 3-5 (d)。

4. 基坑管涌和流砂

在进行砂性土地层基坑开挖时，当地下水位较高、开挖深度大时，由于水头差的动水压力作用，地下水会绕过支挡结构连同砂土一同涌入基坑，大量涌砂，导致支护结构和周围土体失稳，如图 3-6。在软土地区，由于粘性土层和含水层相间分布，在止水帷幕失效或由于降水未达到要求时，在含有粉细砂含水层的地区，因过大的水压力，就会发生基坑大量涌砂，造成基坑失稳。

此外，当基坑底部附近有承压水层，而坑底透水层较薄时，随着开挖深度的增大，由于上覆土层的重量不足以平衡承压水层的承压水头，承压水会冲破坑底不透水层突然涌入基坑，从而产生管涌、流土、流砂，引起隆起塌陷，造成基坑失稳，如图 3-7。需特别指出的是，对工程勘察中进入第一承压水层的钻孔，在勘察完成后，应予以可靠的封堵，避免基坑开挖过程中因承压水引起的冲顶冒水冒砂现象。

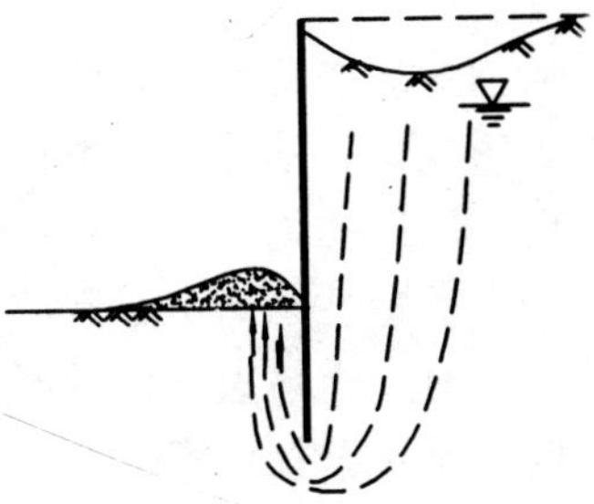

图 3-6　基坑管涌和流砂失稳

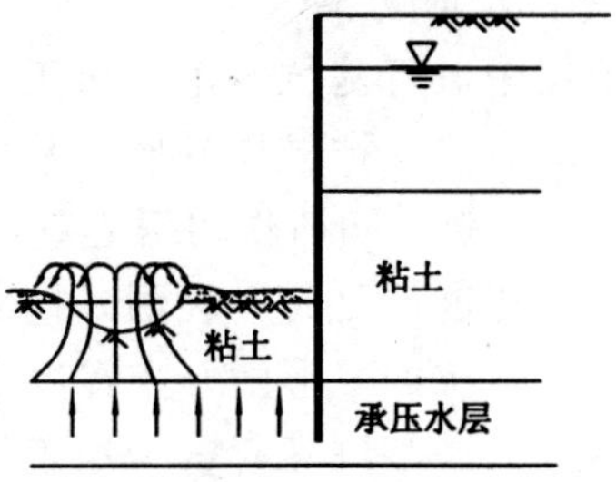

图 3-7　承压水引起基坑失稳

5. 基坑隆起变形

每个基坑开挖后，都会有不同程度隆起现象发生，主要原因有五个方面：①由于土体挖除，自重应力释放，致使基底向上回弹；②基底土体回弹后，土体松弛与蠕变的影响，使基底隆起；③基坑开挖后，支挡结构向基坑内变位，在基底面以下部分的支挡结构向基坑方向变位时，挤推其前面的土体，造成基底的隆起；④粘性土基坑积水，因粘性土吸水使土体积增大而隆起；⑤在开挖软粘土基坑时，如果支挡结构背后的潜在滑动面内土体的重量超过基坑底部地基的承载力，就会发生流土现象，引起坑顶下陷、坑底隆起，引起基坑失稳，如图 3-8。除上述⑤外，有的工程基坑隆起量不大，基坑并未失稳，处于正常的施工状态；有的工程在施工过程中，基坑发生较大的隆起量，造成基坑失稳。研究表明，基坑的隆起量与基坑开挖后搁置的时间的长短有关，据日本的实测数据，在不到 10d 的基坑搁置时间中，隆起量增加约 50%左右，这说明土壤具流变性，当基坑开挖深度较小时，因土壤蠕变引起的增加量不显著，随着开挖深度的增加，这种增加量的比例就会变大，因此，基坑开挖后应尽量减少基坑的搁置时间。

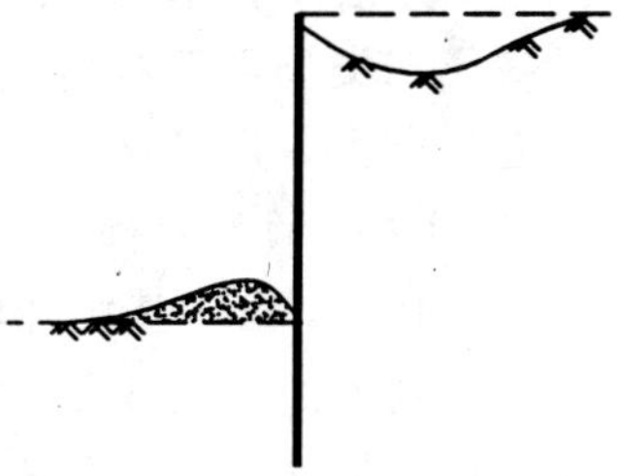

图 3-8　坑底隆起失稳

3.1.2　基坑开挖变形的特点与规律

1. 变形影响因素的多样性

工程实践证明，影响基坑变形的因素很多，主要取决于如下因素：

①基坑形状与面积、开挖深度、土压力、地下水位和水压；

②支挡和支撑（拉锚）结构的形式与刚度及安装方式、支撑（拉锚）的间距、施加预应力的大小、时间；

③支挡桩的间距、构造；

④基坑内地基加固情况；

⑤开挖工艺；

⑥基坑四周的堆载及周围建筑物的影响等等。

上述影响因素有些是主要的，有些是次要的，有些是可预见的，而有些是不可预见的，正是由于基坑开挖变形影响因素的多样性特点，从而加大了深基坑开挖的难度。

2. 变形机理的复杂性

软土地层中进行基坑开挖，由于改变了原土体应力场和土的流变特性，必然导致发生基坑周围地面沉降、支护结构变形、基坑失稳、基底隆起等变形现象，不同变形类型的变形机理是复杂的，如由于卸荷作用引起基坑隆起；支挡结构在两边土压力作用下，产生水平变位；支挡结构入土深度不足时，会因开挖面内外四周土体产生过大的塑性区而引起基坑局部或整体失稳等等。基坑的变形随开挖深度而增加，当挡墙深度一定时，土体塑性区随开挖深度的增加而逐渐扩大。基坑隆起量与地表超载、土性、入土深度、基坑开挖深度有密切关系。

3. 变形过程的阶段性

基坑变形过程大致可分为三个阶段：

① 挡土墙和止水帷幕施工，引起墙横向挤土，产生地表的沉陷、隆起等；

②开挖过程中，随着深度的增加，土压力增加、支挡结构产生水平变位，引起地表沉陷或基坑失稳；

③开挖后，基底土的蠕变、松弛，引起基坑隆起，或因降水引起地表的固结沉降。

4. 变形类型的发生具有关联性

工程实践表明，基坑不同变形形式的发生、发展是相互关联的。由上述 3.1.1 基坑开挖变形的特征与类型可以看出，支挡结构的水平变位直接影响到基坑的隆起、稳定及地表沉降；基坑隆起量过大，也可能引起基坑周围地面沉降，或使基坑失稳。

5. 变形危害的严重性

在软土地区，由于基坑开挖深度过大，地下水位又高，地基土质软弱等不良地质条件，及深基坑开挖技术的不太成熟，导致深基坑失事事故频繁，引起地面沉降、深基坑变形破坏，不仅对地质环境带来影响，而且对社会环境带来巨大伤害，如 1994 年 11 月 22 日，威格大厦深基坑支护结构失效、周围地面沉降，造成汉口煤气大量泄漏；1994 年上海某一深基坑因为失稳，致使基坑边坡附近的通讯电缆线和煤气管道断裂，造成经济损失上亿元。因此，深基坑开挖变形的危害是严重的，应采取有利措施加以防治。

3.2 基坑的变形控制

如上所述，基坑变形是普遍存在的，而且对周围环境的影响也十分突出，为了保证工程顺利进行、保护地质环境、减少对社会的影响，必须在设计、施工过程采取可行技术措施对基坑变形进行有效控制和防治。

3.2.1 基坑的变形控制标准

支护结构变形控制指标一般包括：①支护结构主体水平位移及水平位移速率；②支护结构主体的倾斜；③支撑构件或锚头位移量及位移速率；④基坑隆起量与隆起速率；⑤地表下沉量及下沉速率；⑥邻近建筑的沉降、倾斜等。

通常以①、⑤、⑥作为重点控制指标。

1. 建（构）筑物地基变形允许值

各类建（构）筑物对差异沉降的承受能力相差较大，基坑工程中必须将因基坑开挖所引起的附加变形与建筑物已经产生的变形一并考虑，其大小必须按表 3-1 的要求进行控制。对于邻近的破旧建筑物，其允许变形值可根据危房鉴定标准确定。

表 3-1　建(构)筑物地基变形允许值

(引自国家标准《建筑地基基础设计规范》GBJ7-89)

<table>
<tr><th colspan="2" rowspan="2">变　形　特　征</th><th colspan="2">地基土类别</th></tr>
<tr><th>中低压缩性土</th><th>高压缩性土</th></tr>
<tr><td colspan="2">砌体承重结构基础的局部倾斜</td><td>0.002</td><td>0.003</td></tr>
<tr><td rowspan="3">工业与民用建筑相邻柱基的沉降差</td><td>框架结构</td><td>0.002l</td><td>0.003l</td></tr>
<tr><td>砖石墙填充的边排柱</td><td>0.000 7l</td><td>0.001l</td></tr>
<tr><td>当基础不均匀沉降时不产生附加应力的结构</td><td>0.005l</td><td>0.005l</td></tr>
<tr><td colspan="2">单层排架结构（柱距为 6 m）柱基的沉降量（mm）</td><td>(120)</td><td>200</td></tr>
<tr><td rowspan="2">桥式吊车轨面的倾斜（按不调整轨道考虑）</td><td>纵　向</td><td colspan="2">0.004</td></tr>
<tr><td>横　向</td><td colspan="2">0.003</td></tr>
<tr><td rowspan="4">多层和高层建筑基础的倾斜</td><td>$H_g \leqslant 24$</td><td colspan="2">0.004</td></tr>
<tr><td>$24 < H_g \leqslant 60$</td><td colspan="2">0.003</td></tr>
<tr><td>$60 < H_g \leqslant 100$</td><td colspan="2">0.002</td></tr>
<tr><td>$H_g > 100$</td><td colspan="2">0.001 5</td></tr>
<tr><td rowspan="6">高耸结构基础的倾斜</td><td>$H_g \leqslant 20$</td><td colspan="2">0.008</td></tr>
<tr><td>$20 < H_g \leqslant 50$</td><td colspan="2">0.006</td></tr>
<tr><td>$50 < H_g \leqslant 100$</td><td colspan="2">0.005</td></tr>
<tr><td>$100 < H_g \leqslant 150$</td><td colspan="2">0.004</td></tr>
<tr><td>$150 < H_g \leqslant 200$</td><td colspan="2">0.003</td></tr>
<tr><td>$200 < H_g \leqslant 250$</td><td colspan="2">0.002</td></tr>
<tr><td rowspan="3">高耸结构基础的沉降量（mm）</td><td>$H_g \leqslant 100$</td><td rowspan="3">(200)</td><td>400</td></tr>
<tr><td>$100 < H_g \leqslant 200$</td><td>300</td></tr>
<tr><td>$200 < H_g \leqslant 250$</td><td>200</td></tr>
</table>

注：①有括号者仅适用于中压缩性土；②l 为相邻柱基的中心距离（mm）；H_g 为自室外地面起算的建筑物高度（m）；③倾斜指基础倾斜方向两端点的沉降差与其距离的比值；④局部倾斜指砌体承重结构沿纵向 6～10 m 内基础两点的沉降差与其距离的比值。

2. 支护结构变形控制标准

支护结构的变形控制值应根据周围环境保护要求和坑内永久性结构变形允许条件等因素进行确定。另外，变形控制标准还与地区性、基坑暴露时间等因素有关，不能盲目地搬用具体的标准，表 3-2、表 3-3、表 3-4、表 3-5、表 3-6 所示的变形控制标准仅供参考。

3.2.2　变形控制设计的基本方法

传统的基坑支护结构通常采用强度和稳定性控制的设计方法，以保证支护结构的安全和稳定为控制目标。随基坑深度的加大及环境条件的复杂化，对基坑支护结构设计的要求愈加严格，对支护结构的变形提出了更高的要求，当前，支护结构设计正从维护本工程自身安全稳定的单一目标，向按变形控制进行设计转变。

表 3-2 基坑变形控制标准（一）

（取自史佩栋，深基坑工程技术现状，西部探矿工程，Vol. 10，No. 2，1998）

变形特征	判别指标	适应环境条件	控制标准		
			安全	警　戒	危险
墙体变位	变位量与开挖深度之比 F_1（%）	基坑近旁无建（构）筑物、地下设施	F_1<0.4%	0.4%≤F_1≤1.2%	F_1>1.2%
		基坑近旁有建（构）筑物、地下设施	F_1<0.2%	0.2%≤F_1≤0.7%	F_1>0.7%
基坑隆起	隆起量与开挖深度之比 F_2（%）	基坑近旁无建（构）筑物、地下设施	F_2<0.4%	0.4%≤F_2≤1.0%	F_2>1.0%
		基坑近旁有建（构）筑物、地下设施	F_2<0.2%	0.2%≤F_2≤0.5%	F_2>0.5%
		环境要求特别严格	F_2<0.04%	0.04%≤F_2≤0.2%	F_2>0.2%
地表沉降	沉降量与开挖深度之比 F_3（%）	基坑近旁无建（构）筑物、地下设施	F_3<0.4%	0.4%≤F_3≤1.2%	F_3>1.2%
		基坑近旁有建（构）筑物、地下设施	F_3<0.2%	0.2%≤F_3≤0.7%	F_3>0.7%
		环境要求特别严格	F_3<0.04%	0.04%≤F_3≤0.2%	F_3>0.2%

表 3-3 基坑变形控制标准（二）

（取自史佩栋，深基坑工程技术现状，西部探矿工程，Vol. 10，No. 2，1998）

项　　目	控制标准		
	安　全	警　戒	危　险
支护结构主体水平位移 δ（mm）（典型位置、局部特殊位置、平面位置）	≤30	30～50	>50
支护结构主体变位速率 γ（mm/d）	≤0.1	0.1～0.5	>0.5
相邻建（构）筑物相对倾斜	≤1/150 非结构性破坏	>1/150 结构性破坏	>1/300 墙面开裂

表 3-4 基坑变形控制保护等级标准

（取自上海地铁总公司工程经验资料）

保护等级	地面最大沉降量	支挡墙最大水平位移	抗隆起安全系数	环境保护要求
特级	≤0.1%H	≤0.14%H	≥22	离基坑 10 m 周围有地铁、共同沟、煤气管、大型压力总水管等重要建筑及设施必须确保安全
Ⅰ级	≤0.2%H	≤0.3%H	≥20	离基坑周围 H 范围内设有重要干线、水管、大型正在使用的构筑物、建筑物
Ⅱ级	≤0.5%H	≤0.7%H	≥15	离基坑周围 H 范围内设有较重要专线管道，即一般建筑、设施
Ⅲ级	≤1%H	≤1.4%H	≥12	离基坑周围 30 m 范围内设有需保护建筑设施和管线、建筑物

注：①H 为基坑开挖深度，在 17 m 左右；②基坑抗隆起安全系数按圆弧滑动公式算出。

1. 变形控制设计的概念

变形控制设计的主要内涵：

（1）变形控制设计首先是对支护结构变形和地面沉降进行预测分析，即对支护结构在设计使用条件下的变形规律及趋势作出预测分析。

表 3-5　一、二级基坑变形的设计和监测的控制

（取自上海市标准《基坑工程设计规程》DBJ 08-61-97，
三级基坑通常宜按二级基坑的标准控制，当条件许可时可适当放宽）

	监测值的变化速率（mm/d）	墙顶位移（cm）		墙体最大水平位移（cm）		地面最大沉降（cm）	
		监测值	设计值	监测值	设计值	监测值	设计值
一级工程	2	3	5	5	8	3	5
二级工程	3	6	10	8	12	6	10

表 3-6　支护结构最大水平位移控制值

（取自广州市标准《广州地区建筑基坑支护技术规定》GJB 02-98）

安全等级	墙体最大水平位移（mm）	墙体最大水平位移与开挖深度控制比值
一级	30	0.002 5H
二级	50	0.004H
三级	100	0.02H

（2）动态设计是变形控制设计的核心。所谓动态设计即将设计置于时间和空间的动态过程中，随施工过程中信息的采集与反馈，对原设计做必要的调整——跟踪设计。动态设计的实质是伴随信息的丰富和完备，不断地进行更高层次的方案优化。

（3）控制目标除支护系统自身外，还应包括开挖影响范围内的其他有关物体，如邻近的管线、建筑物等。

（4）变形控制设计是与支护结构服务有效期这一特定时域相关联的，即具有时效性。

因此，基坑支护体系变形控制设计应为满足自身和环境安全与正常使用限定条件，与一定时域内变形控制目标相适应的支护体系设计，以及对变形实施控制的技术措施。

2. 变形控制设计的基本内容

变形控制设计包括变形预测分析、动态设计及变形控制技术 3 项基本内容。

（1）变形预测分析。变形预测分析是变形控制设计的基础，关键在于选择合理的计算方法和计算模型。另外，计算模型只是一种逼近实际的拟合，而且是主要方面和主要因素的拟合。因此，模型输出的只是一种趋势预测，其真实性和可靠性需通过动态设计予以验证、改善和提高，特别是从监测信息中获取更加准确的计算参数。

（2）动态设计。动态设计是变形控制设计的核心，即将设计置于动态过程中，允许并提倡支护设计在施工、运营过程中进行补充和完善，尤其随监测信息的采集与反馈对原设计作出及时必要的修正，以实现对目标的有效控制。

（3）变形控制技术。变形控制必须通过具体的技术措施予以实现。

图 3-9 描述了变形控制设计的基本流程。

3. 变形控制设计工程应用实例

（1）工程概况

天津天星工程位于天津市中心大光明桥边，基坑开挖深度 8.25 m，基坑东侧 5 m 为单层货运库房，西北角相距 6 m 为一栋 6 层砖混结构住宅楼，南侧不足 50 m 为海河。基坑工程施

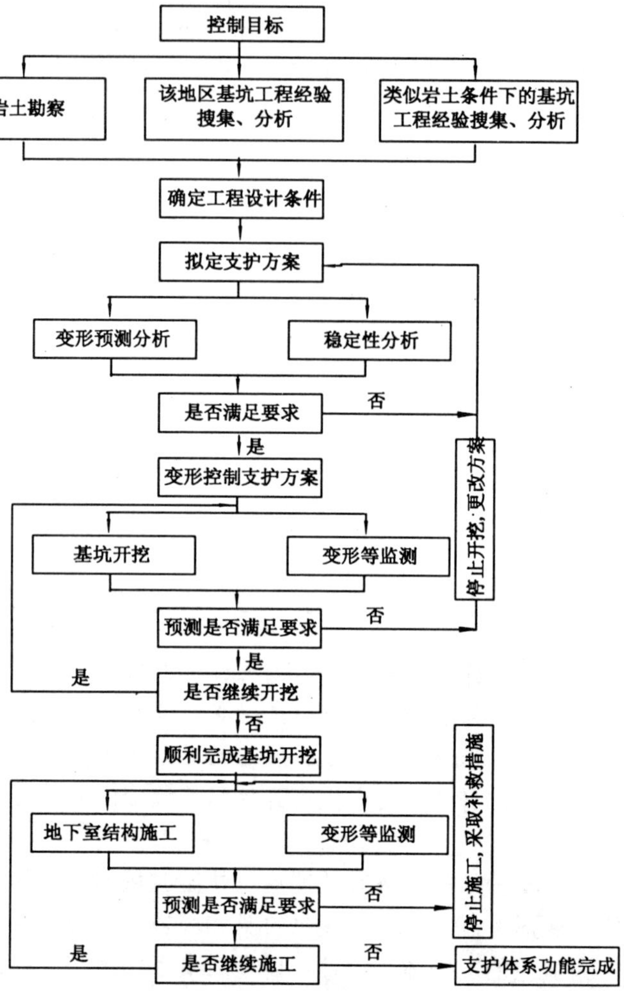

图 3-9　变形控制设计的基本程序

工期间必须保证住宅楼及库房的正常使用，对变形要求严格。场地工程地质条件较差，土层主要为海相饱和软土，C=15 kPa，φ=15°，地下水埋深 1.5～2.0 m。

（2）支护方案的拟定

根据本工程特点并结合以往的经验，拟定降水、支护方案如下：①基坑外 4 m 采用 700 mm 厚隔水帷幕，坑内设置降水井，以保证坑外水位不致发生明显变化；②基坑侧壁采用 2 种方式支护：紧邻 6 层楼段采用 800 混凝土灌注桩支护，桩距 1.4 m；其他地段采用 SM50b 钢桩支护，桩距 1.0 m。两种桩型均在－3.0 m 及－6.0 m 左右设置 2 层锚杆。

（3）支护方案的优化

上述支护方案拟定后，根据本工程重点在于控制坑壁变形的要求，对方案进行变形预测分析和方案优化，重点放在锚杆位置不同及锚杆预应力水平不同的变形情况预测。变形分析采用考虑土体非线性的有限元分析程序，并模拟实际施工工序。经过分析比较，将锚杆位置定在－2.5 m 及－5.0 m，锚杆预应力水平定为 90%，变形控制目标为 30 mm。

（4）动态设计与信息施工

根据设计方案，除沿基坑周围布置水平位移观测点外，重点在6层楼侧及东边库房侧做了位移及沉降观测，以便及时调整设计和为采取应急措施提供依据。在靠近居民楼段开挖至−3.0 m施工第1道锚杆时，据监测发现此楼在邻坑一侧有20～25 mm的下沉。据有关资料，此居民楼为300 mm厚浮筏基础，砖混结构，在软土地基上，对不均匀沉降和外界扰动十分敏感，自1985年建成以来已因不均匀下沉产生了结构开裂。经全面分析，为确保其安全，决定在邻近6层楼段进行加固处理，见图3-10。并对原设计方案作出部分修改：①将原设计2层锚杆改为3层锚杆；②在桩顶帽梁上设置3道斜撑，距基坑西边分别为2.0 m、6.0 m及6.0 m；③在对不均匀沉降和侧移最敏感的部位采用抗滑栅栏做法，即在建筑物转角处加4根800灌注桩，长16 m，间距2 m，在桩顶设置帽梁；④放慢土方开挖速度；⑤注意降水引起的影响和帷幕的隔水效果。

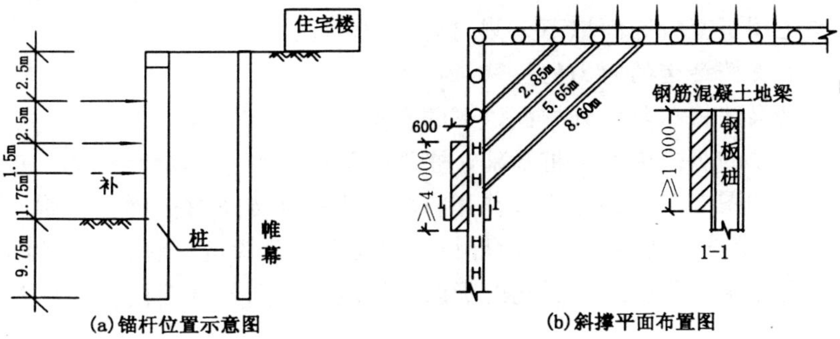

图3-10　支护方案修正

由于对施工全程进行监测与信息反馈，随时提供支护体系安全信息及应急处理的建议，并根据反馈的信息，在条件允许下对尚未实施的方案进行补充和修改，使护坡桩的变形得到有效控制，大部分地段（包括按原设计方案实施的非邻近住宅楼段）的桩顶变形控制在30 mm以内，仅个别测点位移最大值达38 mm，满足了变形控制量的要求，收到了满意效果。

3.2.3　支护结构的变形计算

如前所述，影响基坑支护结构变形的因素很多，正确的设计应全面准确地考虑上述诸因素。目前基坑支护结构设计中应用较普遍的是等值梁法和竖向弹性地基梁法（又称弹性抗力法）。

等值梁法基于极限平衡理论，假定支挡结构前后受极限状态的主、被动土压力作用，它不能分析支护结构的变形，因而也无法预先估计开挖对环境的影响。

竖向弹性地基梁法变形计算是我国当前较多使用的方法。它依据桩与地基土共同作用的受力关系，建立微分方程求解。由于采用的地基弹性水平抗力系数其计算方法不一样，常用的计算方法有张氏法、K法（地基土水平抗力系数沿深度呈矩形分布）、c法（地基土水平抗力系数在深度$4.0/\alpha$以上为凸形抛物线分布，α为水平变形系数）和m法（地基土水平抗力系数沿深度呈三角形分布）。其中张氏法主要适用于基岩和十分坚硬的粘土，很少在普通土中使用。基坑工程的实践和试验研究表明，K法、c法和m法中以m法较符合基坑工程实际。

20 世纪 60 年代末引进了有限元数值分析技术。由于有限元法能够模拟土与结构的复杂力学行为，考虑土体与支护结构的相互作用，模拟基坑开挖的各种工况等，所以，有限元法可以很好地预测土体和支护结构的变形、邻近建筑物的沉降及地下水的流动。目前，有限元法在支护结构分析应用主要有两类：用于求解弹性地基梁问题的弹性地基杆系有限元法（弹性支点法）和连续介质有限元法。后者目前还没有得到广泛应用。

在岩土工程领域内，位移反分析法已引起人们的广泛关注。它以工程现场的量测位移作为基础信息反求实际岩体（土）的力学参数、地层初始地应力以及支护结构的边界荷载等，为理论分析（特别是数值分析）在岩土工程中的成功应用提供了符合实际的基本参数。

下面将主要介绍 m 法、弹性地基杆系有限元法和位移反分析法在基坑变形分析中的应用原理和方法。

1. m 法

这里主要介绍中国建筑科学研究院科技处黄强先生研究的适合于手算的 m 法公式和参数。该方法主要适用于基坑底面以下无侧向荷载的情况。

(1) 坑底以下支挡结构的内力的位移

竖向弹性地基梁法将在基坑开挖面以下的支护结构划分成若干单元（单元宽度 b_0），各单元可视为设置于土中的竖向弹性单桩基础，桩顶承受水平力 H_0 和弯矩 M_0，桩身受水平分布荷载 $\bar{q}$ (z) 作用，如图 3-11。由于载荷作用桩将产生挠曲支承桩的弹性介质（土）将产生连续分布的土反力。假定桩上任意 z 处单位桩长上的反力 $\bar{p}$ 为深度 z 和该点桩的挠度 y 的函数，即 $\bar{p}=\bar{p}(z,y)$。若忽略由于桩挠曲引起的竖向摩擦阻力，则各截面仅有水平方向的地基土反力。

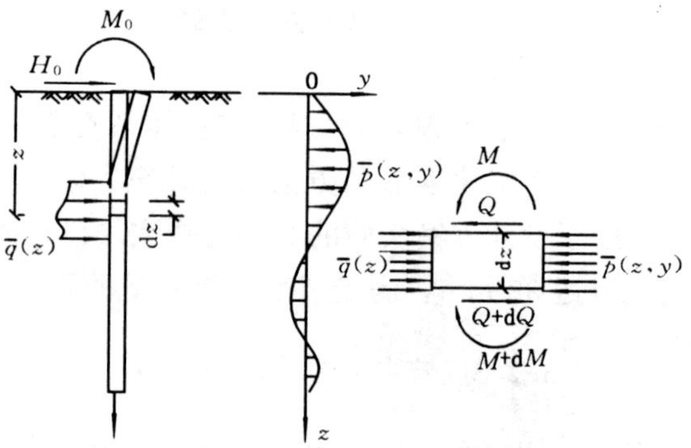

图 3-11　设置于土中的弹性桩

若令水平荷载 $\bar{q}$ (z) $=0$，根据弹性地基梁的无量纲求解水平力方法，可求得坑底以下任一深度 z 处支挡结构单元的位移和内力：

$$\left.\begin{aligned}&\text{位移}\quad y_z=\frac{H_0}{\alpha^3EI}A_y+\frac{M_0}{\alpha^2EI}B_y\\&\text{剪力}\quad H_z=H_0A_Q+\alpha M_0B_Q\\&\text{弯矩}\quad M_z=\frac{H_0}{\alpha}A_M+M_0B_M\end{aligned}\right\}\tag{3-1}$$

式中：

$$
\left.\begin{aligned}
A_y&=A_{HH}A_1-B_{MH}B_1+D_1\\
B_y&=B_{MH}A_1-C_{MM}B_1+C_1\\
A_Q&=A_{HH}A_4-B_{MH}B_4+D_4\\
B_Q&=B_{MH}A_4-C_{MM}B_4+C_4\\
A_M&=A_{HH}A_3-B_{MH}B_3+D_3\\
B_M&=B_{MH}A_3-C_{MM}B_3+C_3
\end{aligned}\right\}\tag{3-2}
$$

$$
\left.\begin{aligned}
A_{HH}&=\frac{B_3D_4-B_4D_3}{A_3B_4-A_4B_3}\\
B_{MH}&=\frac{A_3D_4-A_4D_3}{A_3B_4-A_4B_3}\\
C_{MM}&=\frac{A_3C_4-A_4C_3}{A_3B_4-A_4B_3}
\end{aligned}\right\}
$$

系数 A_1～A_4、B_1～B_4、C_1～C_4、D_1～D_4 可按附表 1 确定。水平变形系数 α 按下式计算：

$$\alpha=\sqrt[5]{\frac{mb_0}{EI}}\tag{3-3}$$

式中：EI——桩的刚度，kN·m^2。

b_0——抗力计算宽度，m，地下连续墙和水泥土墙取单位宽度，排桩结构按如下方法计算且不应大于排桩间距：

①圆形桩按下式计算：

当直径小于等于 1m 时：$b_0=0.9\times(1.5d+0.5)$ (3-4a)

当直径大于 1m 时：$b_0=0.9\times(d+1)$ (3-4b)

d——桩身直径，m；

②方形桩按下式计算：

当直径小于等于 1m 时：$b_0=1.5b+0.5$ (3-5a)

当直径大于 1m 时：$b_0=b+1$ (3-5b)

b——方桩边长，m。

m——土的水平抗力系数的比例系数，MN/m^4，可按如下方法确定：

①根据单桩水平荷载试验结果按下式计算：

$$m=\frac{\left(\dfrac{H_{cr}}{x_{cr}}\nu_x\right)^{5/3}}{b_0(EI)^{2/3}}\tag{3-6}$$

H_{cr}——单桩水平临界荷载，MN，根据《建筑桩基技术规范》(JGJ 94-94) 之附录 E 方法确定；

x_{cr}——单桩水平临界荷载对应的位移，m，根据《建筑桩基技术规范》(JGJ 94-94) 之附录 E 方法确定；

ν_x——桩顶位移系数，可查表 3-7 确定（先假定 m，试算 α）；

②当无试验资料或缺少经验时，可按如下经验公式计算：

$$m=\frac{1}{\Delta}(0.2\varphi^2-\varphi+C)\tag{3-7}$$

Δ——基坑底面处位移量，mm，根据支护类型按经验取值，无经验时可取 10。

表 3-7 桩顶位移系数 ν_x 表

（取自《建筑桩基技术规范》（JGJ 94-94）

换算深度 αh_d	≥4.0	3.5	3.0	2.8	2.6	2.4
ν_x	2.441	2.502	2.727	2.905	3.163	3.526

③m 值也可从表 3-8 中查取：

表 3-8 地基土水平抗力系数的比例系数 m 值

（取自《建筑桩基技术规范》（JGJ 94-94）

序号	地基土类别	m（MN/m^4）	
		预制桩、钢桩	灌注桩
1	淤泥，淤泥质土，饱和湿陷性黄土	2～4.5	2.5～6
2	流塑（$I_L>1$）、软塑（$0.75<I_L\leqslant 1$）状粘性土，$e>0.9$ 粉土，松散粉细砂，松散、稍密填土	4.5～6	6～14
3	可塑（$0.25<I_L\leqslant 0.75$）状粘性土，$e=0.75\sim 0.9$ 粉土，湿陷性黄土，中密填土、稍密细砂	6～10	14～35
4	硬塑（$0<I_L\leqslant 0.25$）、坚硬（$I_L\leqslant 0$）状粘性土，湿陷性黄土，$e<0.75$ 粉土，中密中细砂、密实老填土	10～12	35～100
5	中密、密实的砾砂、碎石类土		100～300

注：①I_L 为液性指数；②e 为孔隙比。

（2）坑底以下支挡结构的最大剪力位置和最大剪力

根据材料力学可知，杆件的最大剪力位置即为外作用荷载为零位置，即土抗力为零点位置。根据 m 法可知，土坑力为零点的位置即为支挡结构变形为零点的断面，根据式（3-1），令 $y_z=0$，得：

$$H_0A_y+\alpha M_0B_y=0 \tag{3-8}$$

令：

$$C_y=-\frac{A_y}{B_y}=\frac{\alpha M_0}{H_0} \tag{3-9}$$

根据不同计算深度 αz 及不同计算桩长 αh_d 制成 C_y 表 3-9。

由式（3-1）、式（3-9）得到最大剪力 $H_{\max}$ 为：

$$H_{\max}=H_0(A_Q+C_yB_Q)=H_0C_{yH} \tag{3-10}$$

令：

$$C_{yH}=A_Q+C_yB_Q \tag{3-11}$$

将式（3-11）制成表 3-10，则最大剪力位置可由 C_y 从表 3-9 查得 C_y 相对应的 αz，则最大剪力位置为：

$$z_{H_{\max}}=\frac{\alpha z}{\alpha} \tag{3-12}$$

根据 αz 查表 3-10 可得 C_{yH}，最大剪力可由式（3-10）求得。

（3）坑底以下支挡结构的最大弯矩位置和最大弯矩

最大弯矩位置应为剪力为零处，根据式（3-1），令 $H_z=0$ 得：

$$H_0A_Q+\alpha M_0B_Q=0 \tag{3-13}$$

令：

$$C_H=-\frac{A_H}{B_H}=\frac{\alpha M_0}{H_0} \tag{3-14}$$

表 3-9　最大剪力作用位置系数 C_y 表

αh_d / αz	4.000	3.800	3.600	3.400	3.200	3.000	2.800	2.600	2.400	2.200	2.000
.10	-1.570	-1.577	-1.585	-1.596	-1.606	-1.614	-1.613	-1.597	-1.561	-1.501	-1.417
.20	-1.641	-1.647	1.656	-1.866	-1.676	-1.681	-1.675	-1.654	-1.610	-1.542	-1.451
.30	-1.717	-1.724	-1.733	-1.743	-1.752	-1.753	-1.743	-1.714	-1.662	-1.586	-1.487
.40	-1.802	-1.809	-1.819	-1.828	-1.835	-1.832	-1.816	-1.779	-1.719	-1.634	-1.528
.50	-1.896	-1.905	-1.914	-1.923	-1.927	-1.920	-1.896	-1.851	-1.781	-1.687	-1.575
.60	-2.004	-2.013	-2.023	-2.030	-2.031	-2.018	-1.986	-1.931	-1.850	-1.748	-1.630
.70	-2.129	-2.139	-2.149	-2.154	-2.151	-2.130	-2.088	-2.021	-1.930	-1.820	-1.699
.80	-2.278	-2.288	-2.298	-2.301	-2.290	-2.261	-2.206	-2.126	-2.024	-1.908	-1.790
.90	-2.459	-2.470	-2.478	-2.477	-2.458	-2.416	-2.346	-2.252	-2.140	-2.023	-1.920
1.00	-2.687	-2.699	-2.705	-2.697	-2.666	-2.606	-2.518	-2.409	-2.291	-2.184	-2.126
1.10	-2.987	-3.000	-3.001	-2.981	-2.932	-2.849	-2.739	-2.615	-2.500	-2.434	-2.519
1.20	-3.404	-3.417	-3.409	-3.369	-3.290	-3.175	-3.037	-2.905	-2.823	-2.892	-3.615
1.30	-4.035	-4.043	-4.015	-3.938	-3.809	-3.644	-3.477	-3.363	-3.413	-4.072	
1.40	-5.112	-5.104	-5.027	-4.867	-4.641	-4.398	-4.215	-4.228	-4.908	-15.305	1.388
1.50	-7.413	-7.337	-7.091	-6.693	-6.234	-5.856	-5.772	-6.612	-18.083	2.691	-.053
1.60	-16.015	-15.279	-13.821	-12.098	-10.669	-10.067	-11.640	-57.178	3.948	.316	-.506
1.70	37.424	46.827	85.444	-376.4	-109.52	-316.14	21.848	4.273	.743	-.349	-.729
1.80	7.104	7.581	8.412	9.397	9.511	7.201	3.599	1.089	-.139	-.665	-.862
1.90	3.399	3.571	3.799	3.938	3.648	3.626	1.210	.081	-.558	-.850	-.951
2.00	1.940	2.029	2.113	2.089	1.780	1.092	.246	-.422	-.805	-.973	-1.014
2.10	1.151	1.201	1.224	1.138	.836	.303	-.287	-.728	-.969	-1.060	.000
2.20	.649	.676	.662	.542	.249	-.192	-.632	-.936	-1.086	-1.125	.000
2.30	.297	.305	.265	.121	-.165	-.541	-.878	-1.088	-1.175	.000	.000
2.40	.031	.024	-.039	-.204	-.483	-.806	-1.065	-1.205	-1.244	.000	.000
2.50	-.181	-.204	-.289	-.471	-.741	-1.018	-1.213	-1.298	.000	.000	.000
2.60	-.359	-.398	-5.05	-.703	-.962	-1.195	-1.334	.000	.000	.000	.000
2.70	-.514	-.571	-.701	-.913	-1.157	-1.346	-1.434	.000	.000	.000	.000
2.80	-.665	-.733	-.887	-1.110	-1.332	-1.477	-1.520	.000	.000	.000	.000
2.90	-.790	-.891	-1.071	-1.299	-1.494	-1.592	.000	.000	.000	.000	.000
3.00	-.923	-1.053	-1.257	-1.484	-1.644	-1.695	.000	.000	.000	.000	.000
3.10	-1.062	-1.224	-1.452	-1.668	-1.784	.000	.000	.000	.000	.000	.000
3.20	-1.212	-1.413	-1.660	-1.852	-1.916	.000	.000	.000	.000	.000	.000
3.30	-1.383	-1.627	-1.885	-2.037	.000	.000	.000	.000	.000	.000	.000
3.40	-1.587	-1.878	-2.133	-2.224	.000	.000	.000	.000	.000	.000	.000
3.50	-1.841	-2.183	-2.407	.000	.000	.000	.000	.000	.000	.000	.000
3.60	-2.176	-2.562	.000	.000	.000	.000	.000	.000	.000	.000	.000
3.70	-2.647	-3.051	.000	.000	.000	.000	.000	.000	.000	.000	.000
3.80	-3.366	-3.706	.000	.000	.000	.000	.000	.000	.000	.000	.000
3.90	-4.606	.000	.000	.000	.000	.000	.000	.000	.000	.000	.000
4.00	-7.267	.000	.000	.000	.000	.000	.000	.000	.000	.000	.000

表 3-10 最大剪力系数 C_{yH} 表

αz \ αh_d	4.000	3.800	3.600	3.400	3.200	3.000	2.800	2.600	2.400	2.200	2.000
.10	1.000	1.000	1.000	1.000	1.000	1.000	1.000	1.000	1.000	1.000	1.000
.20	1.001	1.001	1.001	1.001	1.001	1.001	1.001	1.001	1.001	1.001	1.001
.30	1.005	1.005	1.005	1.005	1.005	1.005	1.005	1.005	1.005	1.005	1.005
.40	1.011	1.011	1.011	1.011	1.011	1.011	1.011	1.011	1.011	1.011	1.012
.50	1.022	1.022	1.023	1.023	1.023	1.023	1.022	1.022	1.022	1.022	1.023
.60	1.039	1.040	1.040	1.040	1.040	1.040	1.039	1.039	1.039	1.039	1.043
.70	1.065	1.066	1.066	1.066	1.066	1.066	1.064	1.063	1.063	1.066	1.074
.80	1.102	1.103	1.104	1.104	1.103	1.102	1.100	1.098	1.099	1.106	1.124
.90	1.155	1.156	1.157	1.157	1.156	1.153	1.150	1.148	1.152	1.167	1.208
1.00	1.231	1.233	1.234	1.233	1.229	1.224	1.219	1.218	1.229	1.264	1.357
1.10	1.342	1.344	1.344	1.341	1.334	1.326	1.319	1.322	1.349	1.431	1.670
1.20	1.509	1.512	1.510	1.502	1.489	1.474	1.466	1.482	1.551	1.763	2.597
1.30	1.778	1.780	1.773	1.754	1.728	1.703	1.700	1.751	1.943	2.664	24.250
1.40	2.259	2.257	2.233	2.187	2.131	2.092	2.112	2.286	2.984	11.495	−1.852
1.50	3.323	3.295	3.205	3.069	2.933	2.872	3.016	3.813	12.383	−2.737	−.627
1.60	7.382	7.063	6.444	5.741	5.223	5.184	6.505	36.793	−3.415	−.898	−.270
1.70	−18.038	−22.663	−41.795	1882.3	56.879	175.352	−13.602	−3.353	−1.154	−.409	−.116
1.80	−3.659	−3.925	−4.412	−5.062	−5.388	−4.477	−2.691	−1.305	−.556	−.197	−.042
1.90	−1.926	−2.035	−2.200	−2.362	−2.352	−1.962	−1.289	−.679	−.291	−.090	−.009
2.00	−1.260	−1.325	−1.409	−1.466	−1.404	−1.140	−.743	−.384	−.151	−.034	−.000
2.10	−.911	−.956	−1.005	−1.020	−.940	−.732	−.456	−.220	−.072	−.007	.000
2.20	−.699	−.732	−.760	−.751	−.664	−.489	−.284	−.120	−.028	.000	.000
2.30	−.558	−.582	−.595	−.571	−.481	−.330	−.173	−.060	−.006	.000	.000
2.40	−.458	−.475	−.477	−.441	−.349	−.219	−.099	−.024	.000	.000	.000
2.50	−.383	−.394	−.387	−.341	−.251	−.140	−.051	−.005	.000	.000	.000
2.60	−.326	−.331	−.315	−.262	−.176	−.084	−.021	.000	.000	.000	.000
2.70	−.281	−.280	−.255	−.198	−.117	−.044	−.005	.000	.000	.000	.000
2.80	−.243	−.236	−.205	−.145	−.073	−.019	.000	.000	.000	.000	.000
2.90	−.212	−.199	−.161	−.101	−.040	−.004	.000	.000	.000	.000	.000
3.00	−.185	−.166	−.123	−.065	−.017	.000	.000	.000	.000	.000	.000
3.10	−.160	−.135	−.089	−.037	−.004	.000	.000	.000	.000	.000	.000
3.20	−.138	−.107	−.060	−.017	.000	.000	.000	.000	.000	.000	.000
3.30	−.117	−.081	−.036	−.004	.000	.000	.000	.000	.000	.000	.000
3.40	−.097	−.058	−.017	.000	.000	.000	.000	.000	.000	.000	.000
3.50	−.077	−.036	−.004	.000	.000	.000	.000	.000	.000	.000	.000
3.60	−.058	−.018	.000	.000	.000	.000	.000	.000	.000	.000	.000
3.70	−.040	−.005	.000	.000	.000	.000	.000	.000	.000	.000	.000
3.80	−.023	.000	.000	.000	.000	.000	.000	.000	.000	.000	.000
3.90	−.008	.000	.000	.000	.000	.000	.000	.000	.000	.000	.000
4.00	.000	.000	.000	.000	.000	.000	.000	.000	.000	.000	.000

根据不同计算深度 αz 及不同计算桩长 αh_d 制成 C_H 表 3-11。

由式（3-1）、式（3-14）得到最大弯矩 $M_{\max}$为：

$$M_{\max}=M_0(B_M+A_M/C_H)=M_0C_{HM} \tag{3-15}$$

令：

$$C_{HM}=A_M/C_H+B_M \tag{3-16}$$

将式（3-16）制成表 3-12，则最大弯矩位置可由 C_H 从表 3-11 查得 C_H 相对应的 αz，则最大弯矩位置为：

$$z_{M_{\max}}=\frac{\alpha z}{\alpha} \tag{3-17}$$

根据 αz 查表 3-12 可得 C_{HM}，最大弯矩可由式（3-16）求得。

（4）开挖面处的水平位移与转角

如图 3-12 所示，在开挖面处荷载 H_0 和 M_0 作用下，开挖面处的支挡结构顶端将产生相应的水平位移 Δ 及转角 θ，其值为：

$$\Delta=\delta_{HH}H_0+\delta_{HM}M_0 \tag{3-18}$$

$$\theta=\delta_{MH}H_0+\delta_{MM}M_0 \tag{3-19}$$

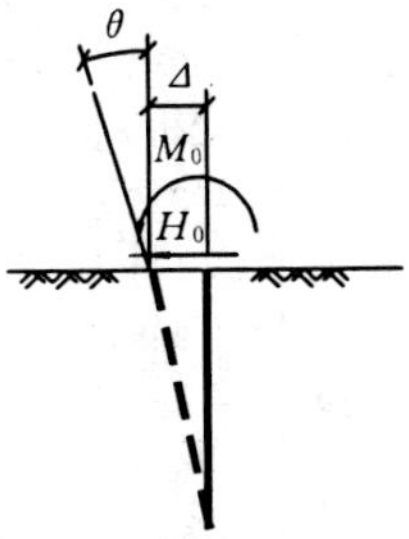

图 3-12　支挡结构在开挖面处的位移

式中柔度系数 δ_{HH}、δ_{HM}、δ_{MH}、δ_{MM}由下式计算：

$$\delta_{HH}=\frac{1}{\alpha^3 EI}A_{HH} \tag{3-20}$$

$$\delta_{HM}=\delta_{MH}=\frac{1}{\alpha^2 EI}B_{MH} \tag{3-21}$$

$$\delta_{MM}=\frac{1}{\alpha EI}C_{MM} \tag{3-22}$$

如果不考虑支挡结构底土抗力对水平力的作用，系数 A_{HH}、B_{MH}及 C_{MM}可由表 3-13 根据不同的 αh_d 求得。

（5）悬臂式支护结构计算

如图 3-13 所示的悬臂式支护结构，在基坑外侧作用有任意荷载（忽略基坑底面以下荷载），此荷载一般为按主动土压力计算的荷载。作用于基坑表面的荷载合力按下式确定：

$$H_0=E_a \tag{3-23}$$

$$M_0=E_ab_x \tag{3-24}$$

式中：E_a——主动土压力合力，kN/m；

b_x——主动土压力合力点位置至基坑底面的距离，m。

根据式（3-1）～式（3-24）和式（3-33）～式（3-36）可分别计算出最大剪力和最大弯矩作用位置、最大剪力和最大弯矩、支挡结构在开挖面处的水平位移和转角。

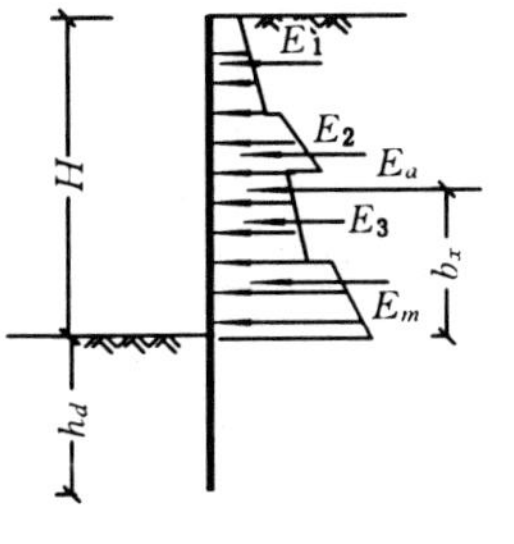

图 3-13　悬臂式支护结构

表 3-11　最大弯矩作用位置系数 C_H 表

αh_d / αz	4.000	3.800	3.600	3.400	3.200	3.000	2.800	2.600	2.400	2.200	2.000
.10	131.184	130.921	130.165	128.523	125.476	120.449	112.951	102.773	90.160	75.860	60.967
.20	34.184	34.104	33.883	33.413	32.552	31.151	29.087	26.320	22.934	19.143	15.240
.30	15.544	15.500	15.383	15.141	14.708	14.012	13.003	11.670	10.063	8.291	6.493
.40	8.782	8.751	8.673	8.515	8.237	7.800	7.177	6.368	5.409	4.370	3.333
.50	5.538	5.513	5.453	5.335	5.133	4.821	4.384	3.828	3.183	2.496	1.824
.60	3.710	3.688	3.638	3.542	3.383	3.141	2.811	2.400	1.931	1.444	.977
.70	2.565	2.544	2.500	2.418	2.285	2.089	1.826	1.505	1.150	.788	.450
.80	1.792	1.772	1.731	1.658	1.543	1.377	1.160	.902	.623	.347	.096
.90	1.238	1.219	1.180	1.114	1.011	.867	.683	.471	.248	.033	−.154
1.00	.824	.805	.768	.705	.612	.484	.327	.149	−.032	−.199	−.340
1.10	.503	.483	.447	.387	.301	.187	.049	−.100	−.247	−.378	−.482
1.20	.246	.225	.189	.132	.051	−.052	−.173	−.299	−.418	−.519	−.593
1.30	.034	.012	−.024	−.079	−.155	−.249	−.355	−.461	−.557	−.633	−.683
1.40	−.145	−.167	−.204	−.258	−.330	−.416	−.508	−.597	−.672	−.727	−.757
1.50	−.298	−.322	−.360	−.413	−.481	−.559	−.639	−.712	−.770	−.805	−.818
1.60	−.434	−.459	−.497	−.549	−.613	−.684	−.753	−.812	−.853	−.872	−.870
1.70	−.555	−.581	−.620	−.672	−.732	−.796	−.854	−.899	−.925	−.930	−.914
1.80	−.665	−.694	−.734	−.784	−.841	−.897	−.944	−.975	−.987	−.979	−.952
1.90	−.768	−.798	−.839	−.888	−.940	−.988	−1.025	−1.044	−1.043	−1.023	−.985
2.00	−.865	−.897	−.938	−.986	−1.033	−1.073	−1.098	−1.105	−1.092	−1.061	1.567
2.10	−.957	−.992	−1.034	−1.079	−1.121	−1.152	−1.166	−1.161	−1.136	−1.095	.000
2.20	−1.048	−1.084	−1.127	−1.169	−1.204	−1.225	−1.228	−1.211	−1.176	.951	.000
2.30	−1.138	−1.176	−1.218	−1.257	−1.284	−1.295	−1.286	−1.257	−1.212	.000	.000
2.40	−1.229	−1.269	−1.310	−1.343	−1.362	−1.361	−1.339	−1.299	1.264	.000	.000
2.50	−1.323	−1.364	−1.402	−1.428	−1.436	−1.423	−1.389	−1.338	.000	.000	.000
2.60	−1.420	−1.461	−1.496	−1.513	−1.509	−1.483	−1.436	.000	.000	.000	.000
2.70	−1.523	−1.564	−1.592	−1.599	−1.581	−1.539	−1.479	.000	.000	.000	.000
2.80	−1.635	−1.673	−1.692	−1.685	−1.650	−1.593	.126	.000	.000	.000	.000
2.90	−1.757	−1.790	−1.796	−1.772	−1.719	−1.645	.000	.000	.000	.000	.000
3.00	−1.894	−1.917	−1.906	−1.860	−1.786	−.398	.000	.000	.000	.000	.000
3.10	−2.049	−2.056	−2.021	−1.949	−1.851	.000	.000	.000	.000	.000	.000
3.20	−2.227	−2.210	−2.143	−2.039	−.288	.000	.000	.000	.000	.000	.000
3.30	−2.438	−2.383	−2.272	−2.130	.000	.000	.000	.000	.000	.000	.000
3.40	−2.691	−2.578	−2.410	−3.053	.000	.000	.000	.000	.000	.000	.000
3.50	−3.003	−2.800	−2.557	.000	.000	.000	.000	.000	.000	.000	.000
3.60	−3.398	−3.056	.000	.000	.000	.000	.000	.000	.000	.000	.000
3.70	−3.915	−3.354	.000	.000	.000	.000	.000	.000	.000	.000	.000
3.80	−4.621	−1.514	.000	.000	.000	.000	.000	.000	.000	.000	.000
3.90	−5.646	.000	.000	.000	.000	.000	.000	.000	.000	.000	.000
4.00	−.368	.000	.000	.000	.000	.000	.000	.000	.000	.000	.000

表 3-12 最大弯矩系数 C_{HM}表

αz \ αh_d	4.000	3.800	3.600	3.400	3.200	3.000	2.800	2.600	2.400	2.200	2.000
.10	1.001	1.001	1.001	1.001	1.001	1.001	1.001	1.001	1.001	1.001	1.001
.20	1.004	1.004	1.004	1.004	1.004	1.004	1.005	1.005	1.006	1.007	1.009
.30	1.012	1.013	1.013	1.013	1.013	1.014	1.015	1.017	1.019	1.024	1.030
.40	1.029	1.029	1.030	1.030	1.031	1.033	1.036	1.040	1.048	1.059	1.077
.50	1.057	1.057	1.058	1.059	1.062	1.066	1.073	1.083	1.100	1.128	1.175
.60	1.101	1.102	1.103	1.106	1.111	1.120	1.134	1.158	1.196	1.262	1.387
.70	1.169	1.170	1.174	1.180	1.190	1.209	1.239	1.291	1.381	1.555	1.969
.80	1.274	1.277	1.284	1.296	1.319	1.359	1.427	1.549	1.796	2.427	6.110
.90	1.441	1.448	1.463	1.492	1.543	1.635	1.807	2.173	3.230	17.490	−2.551
1.00	1.728	1.746	1.784	1.855	1.988	2.252	2.862	5.080	−18.250	−2.044	−.770
1.10	2.299	2.355	2.468	2.697	3.190	4.544	14.455	−5.638	−1.684	−.746	−.356
1.20	3.875	4.144	4.757	6.393	14.932	−12.692	−3.161	−1.405	−.714	−.372	−.184
1.30	23.377	62.611	−30.703	−8.649	−3.951	−2.091	−1.177	−.675	−.381	−.204	−.099
1.40	−4.602	−3.857	−2.995	−2.172	−1.493	−.986	−.627	−.383	−.221	−.116	−.052
1.50	−1.888	−1.682	−1.413	−1.113	−.824	−.574	−.378	−.233	−.132	−.066	−.026
1.60	−1.107	−.998	−.854	−.686	−.518	−.365	−.240	−.145	−.079	−.036	−.012
1.70	−.741	−.668	−.571	−.460	−.346	−.242	−.156	−.091	−.046	−.018	−.004
1.80	−.531	−.476	−.404	−.322	−.239	−.164	−.102	−.056	−.026	−.008	−.001
1.90	−.396	−.351	−.295	−.231	−.168	−.111	−.066	−.034	−.014	−.003	.000
2.00	−.304	−.266	−.219	−.168	−.118	−.075	−.042	−.019	−.006	−.001	.000
2.10	−.237	−.204	−.164	−.122	−.083	−.050	−.026	−.010	−.002	.000	.000
2.20	−.187	−.158	−.124	−.089	−.058	−.033	−.015	−.005	−.001	.000	.000
2.30	−.148	−.122	−.093	−.064	−.039	−.020	−.008	−.002	.000	.000	.000
2.40	−.118	−.094	−.069	−.045	−.026	−.012	−.004	−.001	.000	.000	.000
2.50	−.094	−.073	−.051	−.031	−.016	−.007	−.002	.000	.000	.000	.000
2.60	−.074	−.055	−.037	−.021	−.010	−.003	.000	.000	.000	.000	.000
2.70	−.058	−.041	−.026	−.014	−.005	−.001	.000	.000	.000	.000	.000
2.80	−.045	−.031	−.018	−.008	−.003	.000	.000	.000	.000	.000	.000
2.90	−.035	−.022	−.012	−.005	−.001	.000	.000	.000	.000	.000	.000
3.00	−.026	−.015	−.007	−.002	.000	.000	.000	.000	.000	.000	.000
3.10	−.019	−.010	−.004	−.001	.000	.000	.000	.000	.000	.000	.000
3.20	−.013	−.006	−.002	.000	.000	.000	.000	.000	.000	.000	.000
3.30	−.009	−.004	−.001	.000	.000	.000	.000	.000	.000	.000	.000
3.40	−.006	−.002	.000	.000	.000	.000	.000	.000	.000	.000	.000
3.50	−.003	−.001	.000	.000	.000	.000	.000	.000	.000	.000	.000
3.60	−.002	.000	.000	.000	.000	.000	.000	.000	.000	.000	.000
3.70	−.001	.000	.000	.000	.000	.000	.000	.000	.000	.000	.000
3.80	.000	.000	.000	.000	.000	.000	.000	.000	.000	.000	.000
3.90	.000	.000	.000	.000	.000	.000	.000	.000	.000	.000	.000
4.00	.000	.000	.000	.000	.000	.000	.000	.000	.000	.000	.000

表 3-13 A_{HH}、B_{MH}及 C_{MM}系数表

αh_d	A_{HH}	B_{MH}	C_{MM}	αh_d	A_{HH}	B_{MH}	C_{MM}
.10	1800.000	24000.000	360000.000	2.70	3.023	1.949	1.942
.20	450.000	3000.004	22500.090	2.80	2.905	1.869	1.889
.30	200.001	888.898	4444.588	2.90	2.808	1.807	1.848
.40	112.502	375.017	1406.444	3.00	2.727	1.758	1.818
.50	72.004	192.026	576.243	3.10	2.660	1.719	1.797
.60	50.007	111.149	278.069	3.20	2.606	1.690	1.781
.70	36.745	70.023	150.278	3.30	2.563	1.668	1.770
.80	28.140	46.943	88.279	3.40	2.529	1.652	1.762
.90	22.244	33.008	55.307	3.50	2.502	1.641	1.757
1.00	18.030	24.106	36.486	3.60	2.481	1.633	1.754
1.10	14.916	18.160	25.123	3.70	2.466	1.627	1.752
1.20	12.552	14.041	17.944	3.80	2.454	1.624	1.751
1.30	10.717	11.103	13.235	3.90	2.446	1.622	1.751
1.40	9.266	8.954	10.050	4.00	2.441	1.621	1.751
1.50	8.101	7.349	7.838	4.10	2.437	1.621	1.751
1.60	7.154	6.129	6.268	4.20	2.434	1.621	1.751
1.70	6.375	5.189	5.133	4.30	2.433	1.621	1.751
1.80	5.730	4.456	4.299	4.40	2.432	1.621	1.750
1.90	5.190	3.878	3.679	4.50	2.432	1.621	1.750
2.00	4.737	3.418	3.213	4.60	2.432	1.622	1.750
2.10	4.355	3.051	2.860	4.70	2.432	1.622	1.750
2.20	4.032	2.756	2.591	4.80	2.432	1.622	1.749
2.30	3.758	2.518	2.385	4.90	2.432	1.622	1.749
2.40	3.526	2.327	2.227	5.00	2.431	1.621	1.749
2.50	3.329	2.172	2.106	5.10	2.431	1.621	1.748
2.60	3.163	2.048	2.013				

(6) 多层支点支护结构计算

如图 3-14 所示的多层支点支护结构，作用于基坑开挖面以上支挡结构上有分层主动土压力合力 E_k 及支点力 T_j，在开挖面处的等效水平力 H_0 和弯矩 M_0 为：

$$H_0=\sum_{k=1}^{m}E_k-\sum_{j=1}^{n}T_j \tag{3-25}$$

$$M_0=\sum_{k=1}^{m}E_k\cdot h_k-\sum_{j=1}^{n}T_j\cdot h_j \tag{3-26}$$

在 H_0 和 M_0 为作用下，基坑开挖面处支挡结构的水平位移 Δ 和转角 θ 分别用式（3-18）、式（3-19）计算。

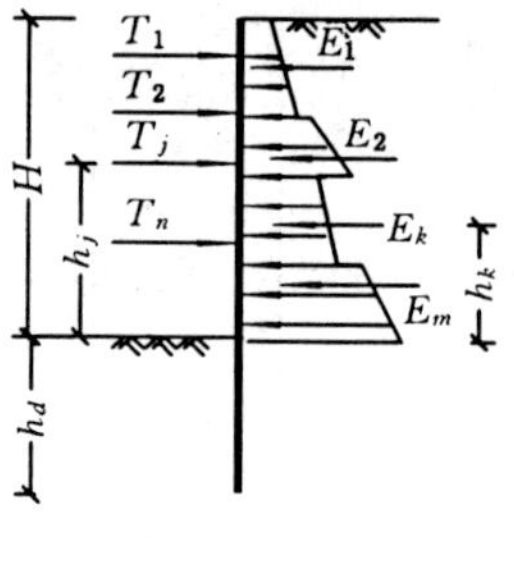

图 3-14 多层支点支护结构

基坑开挖面以上支点位置 i 的变形 Δ_i 为：

$$\Delta_i=\Delta+h_i\theta+\sum_{k=1}^{m}E_k\cdot\delta_{ik}-\sum_{j=1}^{n}T_j\cdot\delta_{ij} \tag{3-27}$$

i 点处支点刚度系数 k_i，则 i 点的变形 Δ_i 也可表示为：

$$\Delta_i = T_i / k_i \tag{3-28}$$

由式（3-18）、式（3-19）和式（3-25）～式（3-28）经过变换推导可得计算支点力的矩阵方程：

$$[A]\{\boldsymbol{T}\} = \{\boldsymbol{B}\} \tag{3-29}$$

式中：$[A]$ ——系数矩阵，系数为 a_{ij}，i、$j=1$，2，3，…，n；

$\{\boldsymbol{B}\}$ ——位移系数向量，系数为 b_{it}（用于三角形分布荷载）或 b_{ic}（用于矩形分布荷载），$i=1$，2，3，…，n；

$\{\boldsymbol{T}\}$ ——支点力向量，元素为 T_j，$j=1$，2，3，…，n；

$$a_{ij} = \left[\frac{A_{HH}}{\alpha^3} + (h_i + h_j)\frac{B_{MH}}{\alpha^2} + h_i h_j \frac{C_{MM}}{\alpha} + \frac{D_{ij}H^3}{1\ 000}\right] \Big/ EI + a'_{ij} \tag{3-30}$$

式中：a'_{ij}——当 $i \neq j$，$a'_{ij}=0$，当 $i=j$，$a'_{ij}=1/k_i$；

D_{ij}——柔性变形计算系数可根据表 3-14 查得。

如图 3-15 所示，对于三角形分布荷载：

$$b_{it} = \left\{\left[\frac{A_{HH}}{\alpha^3} + \frac{3h_i + H}{3\alpha^2}B_{MH} + \frac{h_i H}{3\alpha}C_{MM}\right]\frac{H}{2} + \frac{D_{it}H^4}{1\ 000}\right\} e_t \Big/ EI \tag{3-31}$$

对于矩形分布荷载：

$$b_{ic} = \left\{\left[\frac{A_{HH}}{\alpha^3} + \frac{2h_i + H}{2\alpha^2}B_{MH} + \frac{h_i H}{2\alpha}C_{MM}\right]H + \frac{D_{ic}H^4}{1\ 000}\right\} e_0 \Big/ EI \tag{3-32}$$

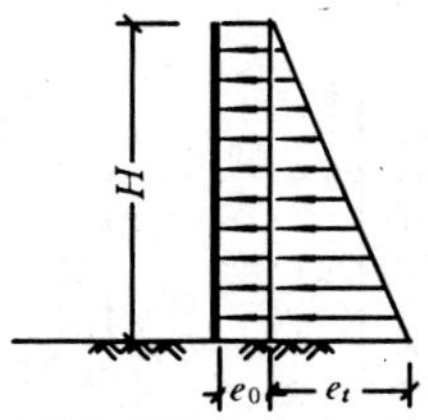

图 3-15　荷载分布

式中：D_{it}、D_{ic}——柔性变形计算系数可根据表 3-14 查得。

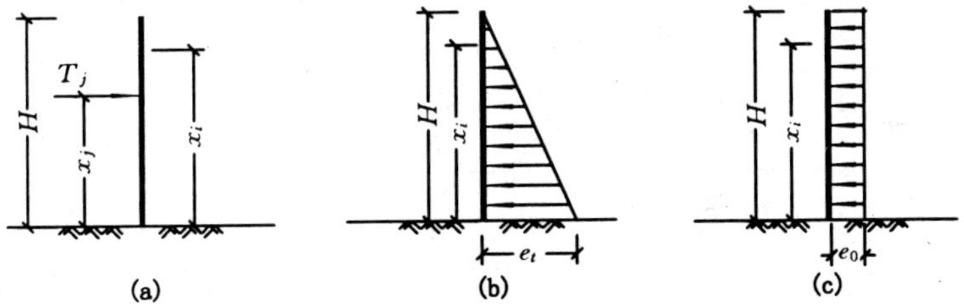

图 3-16　不同荷载分布的位移计算示意图

对于图 3-16 所示的荷载分布，基坑开挖面以上任意位置 i 的变形 Δ_i 可用下式表示：

$$\Delta_i = \Delta + h_i\theta + \delta_{it}\cdot e_t + \delta_{ic}\cdot e_0 - \sum_{j=1}^{n} T_j \cdot \delta_{ij} \tag{3-33}$$

式中：

$$\delta_{it} = \frac{D_{it}H^4}{1\ 000EI} \tag{3-34}$$

$$\delta_{ic} = \frac{D_{ic}H^4}{1\ 000EI} \tag{3-35}$$

$$\delta_{ij} = \frac{D_{ij}H^3}{1\ 000EI} \tag{3-36}$$

（7）算例

某工程开挖深度 8 m，嵌固深度 2.7 m，地面超载 $q=20\ \text{kN/m}^2$，$\gamma=20\ \text{kN/m}^3$，$C=0$，

表 3-14　柔性变形计算系数 D_{ij}、D_{it}、D_{ic} 表

（$\alpha_i=x_i/h$，$\alpha_j=x_j/h$，x_i 为计算点 i 至开挖面的距离，x_j 为支点 j 至开挖面的距离）

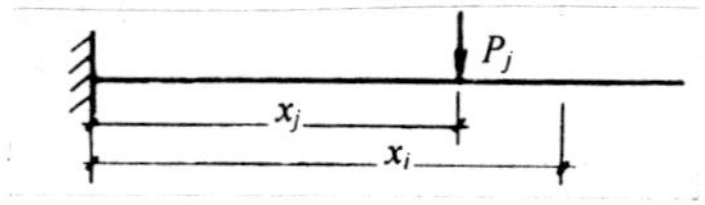

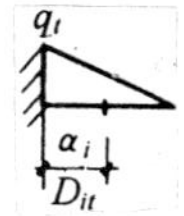

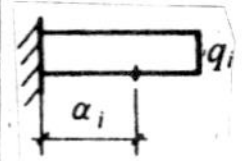

α_i \ α_j	0.05	0.10	0.15	0.20	0.25	0.30	0.35	0.40	0.45	0.50	0.55	0.60	0.65	0.70	0.75	0.80	0.85	0.90	0.95	1.00	D_{it}	D_{ic}
0.05	0.04	0.10	0.17	0.23	0.29	0.35	0.42	0.48	0.54	0.60	0.67	0.73	0.79	0.85	0.92	0.98	1.04	1.10	1.17	1.23	0.20	0.60
0.10	0.10	0.33	0.58	0.83	1.08	1.33	1.58	1.83	2.08	2.33	2.58	2.83	3.08	3.33	3.58	3.83	4.08	4.33	4.58	4.83	0.75	2.34
0.15	0.17	0.58	1.13	1.69	2.25	2.81	3.38	3.94	4.50	5.06	5.63	6.19	6.75	7.31	7.88	8.44	9.00	9.56	10.13	10.69	1.81	5.08
0.20	0.23	0.83	1.69	2.67	3.67	4.67	5.67	6.67	7.67	8.67	9.67	10.67	11.67	12.67	13.67	14.67	15.67	16.67	17.67	18.67	2.73	8.73
0.25	0.29	1.08	2.25	3.67	5.21	6.77	8.33	9.90	11.46	13.02	14.58	16.15	17.71	19.27	20.83	22.40	23.96	25.52	27.08	28.85	4.06	13.18
0.30	0.35	1.33	2.81	4.67	6.77	9.00	11.25	13.50	15.75	18.00	20.25	22.50	24.75	27.00	29.25	31.50	33.75	36.00	38.25	40.50	5.57	18.34
0.35	0.42	1.58	3.38	5.67	8.33	11.25	14.29	17.35	20.42	23.48	36.54	29.60	32.67	35.73	38.79	41.85	44.92	47.98	51.04	54.10	7.22	24.10
0.40	0.48	1.83	3.94	6.67	9.90	13.50	17.35	21.33	25.33	29.33	33.33	37.33	41.33	45.33	49.33	53.33	57.33	61.33	65.33	69.33	8.98	30.40
0.45	0.54	2.08	4.50	7.67	11.46	15.75	20.42	25.33	30.37	35.44	40.50	45.56	50.62	55.69	60.75	65.81	70.88	75.94	81.00	86.06	10.84	37.15
0.50	0.60	2.33	5.06	8.67	13.02	18.00	23.48	29.33	35.44	41.67	47.92	54.17	60.42	66.67	72.92	79.17	85.42	91.67	97.92	104.17	12.76	44.27
0.55	0.67	2.58	5.63	9.67	14.58	20.25	26.54	33.33	40.50	47.92	55.46	63.02	70.58	78.15	85.71	93.27	100.83	108.40	115.96	123.52	14.74	51.71
0.60	0.73	2.83	6.19	10.67	16.15	22.50	29.60	37.33	45.56	54.17	63.02	72.00	81.00	90.00	99.00	108.00	117.00	126.00	135.00	144.00	16.75	59.40
0.65	0.79	3.08	6.75	11.67	17.71	24.75	32.67	41.33	50.62	60.42	70.58	81.00	91.54	102.10	112.67	123.23	133.79	144.35	154.92	165.48	18.79	67.29
0.70	0.85	3.33	7.31	12.67	19.27	27.00	35.73	45.33	55.69	66.67	78.15	90.00	102.10	114.33	126.58	138.83	151.08	163.33	175.58	187.83	20.85	75.34
0.75	0.92	3.58	7.88	13.67	20.83	29.25	38.79	49.33	60.75	72.92	85.71	99.00	112.67	126.58	140.63	154.69	168.75	182.81	196.88	210.94	22.92	83.50
0.80	0.98	3.83	8.44	14.67	22.40	31.50	41.85	53.33	65.81	79.17	93.27	108.00	123.23	138.83	154.69	170.67	186.67	202.67	218.67	234.67	25.00	91.73
0.85	1.04	4.08	9.00	15.67	23.96	33.75	44.92	57.33	70.88	85.42	100.83	117.00	133.79	151.08	168.75	186.67	204.71	222.77	240.83	258.90	27.08	100.02
0.90	1.10	4.33	9.56	16.67	25.52	36.00	47.98	61.33	75.94	91.67	108.40	126.00	144.35	163.33	182.81	202.87	222.77	243.00	263.25	283.50	29.17	108.34
0.95	1.17	4.58	10.13	17.67	27.08	38.25	51.04	65.33	81.00	97.92	115.96	135.00	154.92	175.58	196.88	218.67	240.83	263.25	285.79	308.35	31.25	116.67
1.00	1.23	4.83	10.69	18.67	28.65	40.50	54.10	69.33	86.06	104.17	123.52	144.00	165.48	187.83	210.94	234.67	258.90	283.50	308.35	333.33	33.33	125.00
	$\Delta_{ij}=D_{ij}h^3p_j/(1\ 000EI)$																	$\Delta_i=D_{it}\cdot h^4\cdot q_t/(1\ 000EI)$				
																				$\Delta_i=D_{ic}h^4q_c/(1\ 000EI)$		

注：h 为悬臂结构长度。

φ=20°，设计桩身直径 d=800 mm，桩的中心距为 1 000 mm，锚杆刚度 k_1=20 000kN·m²，桩的弹性模量 $E=25\times10^6$ kN/m²，土的水平抗力比例系数 m=40 MN/m⁴，如图 3-17 所示，试求各开挖阶段的桩身内力、变形及支点（锚杆）力。

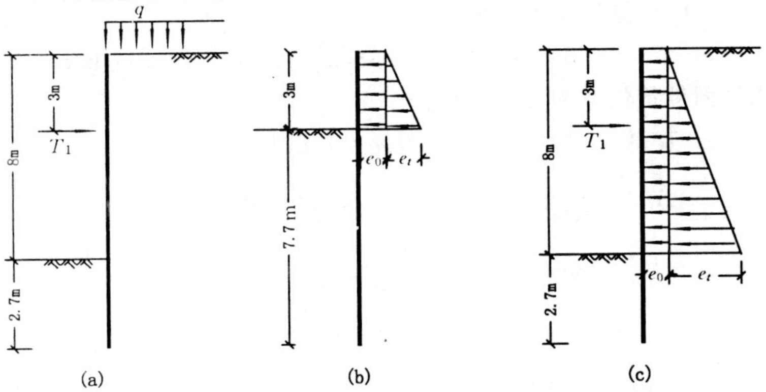

图 3-17

解：①有关参数计算

主动土压力系数：$K_a=\tan(45°-\varphi/2)=0.49$

桩截面惯性矩：　$I=\pi d^4/64=0.02\ \text{m}^4$

桩截面刚度：　　$EI=500\ 000\ \text{kN}\cdot\text{m}^2$

计算宽度：　　　$b_0=0.9(1.5d+0.5)=1.53>1$ m，取 $b_0=1$ m

②悬臂开挖状态计算

如图 3-17（b）。

$$e_0=qK_a=20\times0.49=9.8\ \text{kN/m}^2$$

$$e_t=\gamma HK_a=20\times3\times0.49=29.4\ \text{kN/m}^2$$

根据式（3-3）计算水平变形系数：

$$\alpha=\sqrt[5]{\frac{mb_0}{EI}}=\sqrt[5]{\frac{40\times10^3\times1}{500\ 000}}=0.956$$

基坑地面处桩顶水平力和弯矩为：

$$H_0=E_a=9.8\times3+0.5\times3\times29.4=73.5\ \text{kN/m}$$

$$M_0=0.5\times3\times9.8\times3+3\times0.5\times3\times29.4/3=88.2\ \text{kN}$$

由式（3-9）计算水平变形系数：

$$C_y=\frac{\alpha M_0}{H_0}=\frac{0.956\times88.2}{73.5}=1.147\ 2$$

由于 $\alpha h_d=0.956\times7.7=7.361\ 2>4.0$，取 $\alpha h_d=4.0$，查表 3-9 得：$\alpha z=2.10$。

最大剪力位置由式（3-12）求得：

$$z_{H_{\max}}=\frac{\alpha z}{\alpha}=\frac{2.1}{0.956}=2.2$$

由表 3-10 可得：$C_{yH}=-0.911$

最大剪力可由式（3-10）求得：

$$H_{\max}=H_0C_{yH}=-73.5\times0.911=-66.96\ \text{kN/m}$$

显然此为反弯点的最大剪力，正方向的最大剪力位于基坑开挖面。

根据式（3-14）得：$C_H=1.1472$，查表 3-11 得：$\alpha z=0.92$。

$$z_{M_{\max}}=\frac{\alpha z}{\alpha}=\frac{0.92}{0.956}=0.96$$

由表 3-12 查得 $C_{HM}=1.498$。

由式（3-15）得到最大弯矩为：

$$M_{\max}=M_0C_{HM}=88.2\times1.498=132.12\ \text{kN}$$

基坑底面桩顶位移和转角计算：

由表 3-13 查得：$A_{HH}=2.441$；$B_{MH}=1.621$；$C_{MM}=1.751$。

$$\delta_{HH}=\frac{1}{\alpha^3EI}A_{HH}=\frac{2.441}{0.956^3\times500\,000}=0.559\times10^{-5}$$

$$\delta_{HM}=\delta_{MH}=\frac{1}{\alpha^2EI}B_{MH}=\frac{1.621}{0.956^2\times500\,000}=0.355\times10^{-5}$$

$$\delta_{MM}=\frac{1}{\alpha EI}C_{MM}=\frac{1.751}{0.956\times500\,000}=0.366\times10^{-5}$$

$$\Delta=\delta_{HH}H_0+\delta_{HM}M_0=0.559\times10^{-5}\times73.5+0.355\times10^{-5}\times88.2=72.4\times10^{-5}$$

$$\theta=\delta_{MH}H_0+\delta_{MM}M_0=0.355\times10^{-5}\times73.5+0.366\times10^{-5}\times88.2=58.4\times10^{-5}$$

基坑开挖面以上桩顶位移计算：

根据表 3-14 查得 $D_{0t}=33.33$；$D_{0c}=125.00$。

$$\delta_{0t}=\frac{D_{0t}H^4}{1\,000EI}=\frac{33.33\times3^4}{1\,000\times500\,000}=0.539\times10^{-5}$$

$$\delta_{0c}=\frac{D_{0c}H^4}{1\,000EI}=\frac{125\times3^4}{1\,000\times500\,000}=2.02\times10^{-5}$$

$$\begin{aligned}\Delta_0&=\Delta+H\theta+\delta_{0t}\cdot e_t+\delta_{0c}\cdot e_0\\&=72.4\times10^{-5}+3\times58.4\times10^{-5}+0.539\times10^{-5}\times29.4+2.02\times10^{-5}\times9.8\\&=283\times10^{-5}\ \text{m}=2.83\ \text{mm}\end{aligned}$$

③第一层锚杆计算

如图 3-17（c）。

$e_0=qK_a=20\times0.49=9.8\ \text{kN/m}^2$

$e_t=\gamma HK_a=20\times8\times0.49=78.4\ \text{kN/m}^2$

由于　$\alpha h_d=0.956\times2.7=2.6$。

由表 3-13 查得：$A_{HH}=3.163$；$B_{MH}=2.048$；$C_{MM}=2.013$。

根据表 3-14 查得　$D_{11}=91.54$。

由式（3-30）得：

$$\begin{aligned}\alpha_{11}&=\left[\frac{A_{HH}}{\alpha^3}+(h_1+h_1)\frac{B_{MH}}{\alpha^2}+h_1h_1\frac{C_{MM}}{\alpha}+\frac{D_{11}H^3}{1\,000}\right]\Big/EI+\frac{1}{k_1}\\&=\left[\frac{3.163}{0.956^3}+(5+5)\frac{2.048}{0.956^2}+5\times5\times\frac{2.013}{0.956}+\frac{91.54\times8^3}{1\,000}\right]\Big/500\,000+\frac{1}{20\times10^3}\\&=3.0\times10^{-4}\end{aligned}$$

根据表 3-14 查得 $D_{1t}=16.75$；$D_{1c}=59.40$。

由式（3-31）、式（3-32）得：

$$\begin{aligned}b_{1t}&=\left\{\left[\frac{A_{HH}}{\alpha^3}+\frac{3h_1+H}{3\alpha^2}B_{MH}+\frac{h_1H}{3\alpha}C_{MM}\right]\frac{H}{2}+\frac{D_{1t}H^4}{1\,000}\right\}e_t\Big/EI\\&=\left\{\left[\frac{3.163}{0.956^3}+\frac{3\times5+8}{3\times0.956^2}\times2.048+\frac{5\times8}{3\times0.956}\times2.013\right]\times\frac{8}{2}+\frac{16.75\times8^4}{1\,000}\right\}\end{aligned}$$

$\times 78.4/500\ 000=0.047\ 6$

$$b_{1c}=\left\{\left[\frac{A_{HH}}{\alpha^3}+\frac{2h_1+H}{2\alpha^2}B_{MH}+\frac{h_1H}{2\alpha}C_{MM}\right]H+\frac{D_{1c}H^4}{1\ 000}\right\}e_0\Big/EI$$

$$=\left\{\left[\frac{3.163}{0.956^3}+\frac{2\times5+8}{2\times0.956^2}\times2.048+\frac{5\times8}{2\times0.956}\times2.013\right]\times8+\frac{59.4\times8^4}{1\ 000}\right\}$$

$\times 9.8/500\ 000=\{[20.889+97.696+139.848]\times8+243.203\}\times0.196\times10^{-4}$

$=0.015\ 1$

$$T_1=\frac{b_{1t}+b_{1c}}{a_{11}}=\frac{0.047\ 6+0.015\ 1}{3.0\times10^{-4}}=209\ \text{kN/m}$$

基坑地面处桩顶水平力和弯矩为：

$H_0=E_a=9.8\times8+0.5\times8\times78.4-209=183$ kN/m

$M_0=0.5\times8\times9.8\times8+8\times0.5\times8\times78.4/3-209\times5=104.9$ kN

由式（3-9）计算水平变形系数：

$$C_y=\frac{\alpha M_0}{H_0}=\frac{0.956\times104.9}{183}=0.548$$

查表 3-9 得：$\alpha z=1.85$。

最大剪力位置由式（3-12）求得：

$$z_{H_{\max}}=\frac{\alpha z}{\alpha}=\frac{1.85}{0.956}=1.94$$

由表 3-10 可得：$C_{yH}=-0.992$。

最大剪力可由式（3-10）求得：

$H_{\max}=H_0C_{yH}=-183\times0.992=-181.54$ kN/m

根据式（3-14）得：$C_H=-0.548$，查表 3-11 得：$\alpha z=1.36$。

$$z_{M_{\max}}=\frac{\alpha z}{\alpha}=\frac{1.36}{0.956}=1.42$$

由表 3-12 查得 $C_{HM}=-0.499\ 8$。

由式（3-15）得到最大弯矩为：$M_{\max}=M_0C_{HM}=-104.9\times0.499\ 8=-52.43$ kN

基坑底面桩顶位移和转角计算：

$A_{HH}=3.163$；$B_{MH}=2.048$；$C_{MM}=2.013$。

$$\delta_{HH}=\frac{1}{\alpha^3EI}A_{HH}=\frac{3.163}{0.956^3\times500\ 000}=0.72\times10^{-5}$$

$$\delta_{HM}=\delta_{MH}=\frac{1}{\alpha^2EI}B_{MH}=\frac{2.048}{0.956^2\times500\ 000}=0.45\times10^{-5}$$

$$\delta_{MM}=\frac{1}{\alpha EI}C_{MM}=\frac{2.013}{0.956\times500\ 000}=0.42\times10^{-5}$$

$\Delta=\delta_{HH}H_0+\delta_{HM}H_0=0.72\times10^{-5}\times183+0.45\times10^{-5}\times104.9$

$=179\times10^{-5}$

$\theta=\delta_{MH}H_0+\delta_{MM}M_0=0.45\times10^{-5}\times183+0.42\times10^{-5}\times104.9$

$=126\times10^{-5}$

基坑开挖面以上桩顶位移计算：

根据表 3-14 查得 $D_{01}=165.48$。

$$\delta_{01}=\frac{D_{01}H^3}{1\ 000EI}=\frac{165.48\times8^3}{1\ 000\times500\ 000}=17\times10^{-5}$$

$\Delta_0=\Delta+H\theta+\delta_{0t}\cdot e_t+\delta_{0c}\cdot e_0-\delta_{01}\times T_1$

$=179\times10^{-5}+8\times126\times10^{-5}+0.539\times10^{-5}\times78.4$
$+2.02\times10^{-5}\times9.8-17\times10^{-5}\times209$
$=2\,303\times10^{-5}\ \text{m}=23.03\ \text{mm}$

2. 弹性地基杆系有限元法

由图 3-11 可以看出，埋入土体中的桩，在水平力及桩端弯矩作用下，将与桩周土体共同工作，属弹塑性介质中的弯曲问题。求解时将桩作为一个竖向的弹性地基梁来考虑，即假定桩侧土为 Winkler 离散线性弹簧。据此可导出桩在水平力及桩端弯矩作用下的基本挠曲方程：

$$EI\frac{d^4y}{dz^4}+\bar{p}(z,y)-\bar{q}(z)=0 \tag{3-37}$$

任意深度桩侧土反力与该点的水平位移成正比，表示为：

$$\bar{p}(z,y)=k(z)yb_0$$

式中：$k(z)$是地基土水平抗力系数，它随深度的增加而假定有不同的变化图式（一般有“K”法图式、“c”法图式和“m”法图式）。根据工程实践，当前一些地区基坑规范（规程）和中华人民共和国行业标准《建筑基坑支护技术规程》（JGJ 120-99）的建议，地基水平抗力系数采用 m 法为较为切合实际，即：$k(z)=mz$，则桩侧土反力为：

$$\bar{p}(z,y)=mb_0zy \tag{3-38}$$

将式（3-38）代入式（3-37）得：

$$EI\frac{d^4y}{dz^4}+mb_0zy-\bar{q}(z)=0 \tag{3-39}$$

对于如图 3-18 所示的支护结构的计算模式，上述微分方程将有下面两种具体形式：

①在基坑开挖面以上（$0\leqslant z\leqslant H$）：

$$EI\frac{d^4y}{dz^4}-e_{aik}\cdot b_s=0 \tag{3-40}$$

②在基坑开挖面以下（$z\geqslant H$）：

$$EI\frac{d^4y}{dz^4}+mb_0(z-H)y-e_{aik}\cdot b_s=0 \tag{3-41}$$

式中：z——支护结构顶至计算点的距离，m；

b_s——载荷计算宽度，m，地下连续墙和水泥土墙取单位宽度，排桩取桩中心距；

y——计算点水平位移，m。

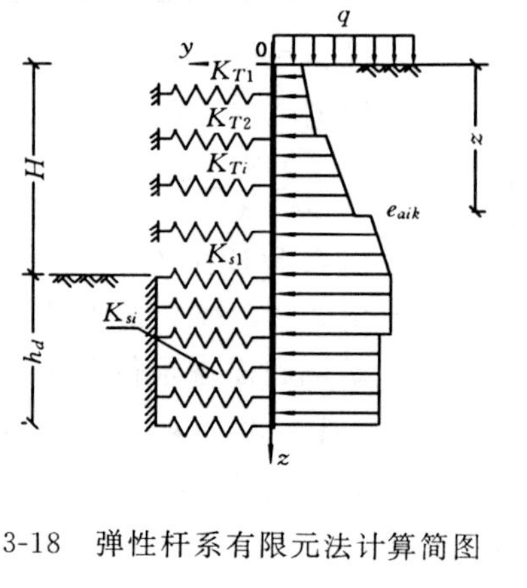

图 3-18　弹性杆系有限元法计算简图

弹性地基杆系有限法一般步骤：

①将桩、墙沿竖向划分为 n 个单元，则有 $n+1$ 个节点个数；

②计算桩、墙单元的刚度矩阵 $[\boldsymbol{K}_E]^e$，并组装梁的总刚度矩阵 $[\boldsymbol{K}_E]$；

③计算支撑（或拉锚）刚度矩阵 $[\boldsymbol{K}_T]$；

④计算地基刚度矩阵 $[\boldsymbol{K}_s]$；

⑤组装支护结构总刚度矩阵 $[\boldsymbol{K}]$；

⑥计算总的荷载向量 $\{\boldsymbol{F}\}$；

⑦高斯法解总平衡方程，得位移向量 $\{\boldsymbol{U}\}$；

⑧将 $\{\boldsymbol{U}\}$ 回代总平衡方程，求出各节点处桩、墙内力及支撑力（或拉锚力）。

（1）结构离散化

离散化是将结构划分为有限个单元，如图 3-19。单元划分时应考虑土层分布、地下水位、支撑（拉锚）位置、基坑深度等因素，即通常是以土层变化处、锚撑处、基坑底面处以及外荷载作用为节点，将梁划成若干单元，各单元相互间仅在边界上的节点处相连接。

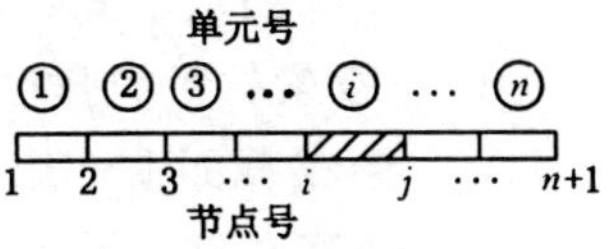

图 3-19　单元划分示意图

(2) 桩、墙的单元刚度矩阵 $[\boldsymbol{K}_E]^e$

如图 3-20 所示的支护结构的任意梁单元 e，其节点为 i、j。由于荷载作用在平面 zy 内，所以梁单元处于平面弯曲状态。各节点的力为剪力 Q 和弯矩 M，节点位移为沿 y 轴方向的线位移 y 和在 zy 平面内的转角 θ。图中所示的节点力 Q、节点位移的方向为正，M 顺时针为正。

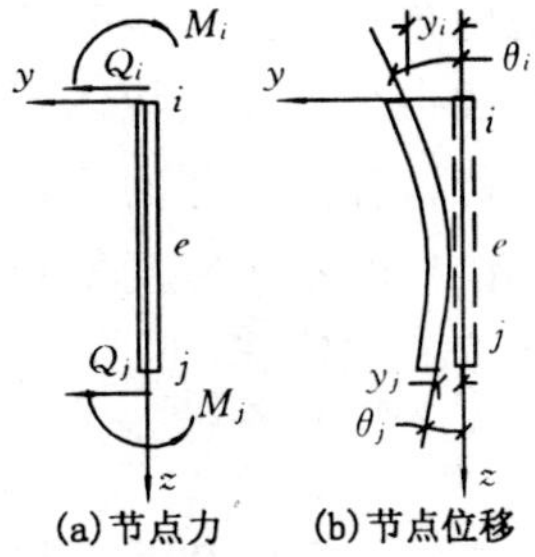

图 3-20　单元分析示意图

单元节点力向量和节点位移向量为：

$$\{\boldsymbol{F}\}^e = [Q_i,\ M_i,\ Q_j,\ M_j]^{\mathrm{T}} \tag{3-42}$$

$$\{\delta\}^e = [y_i,\ \theta_i,\ y_j,\ \theta_j]^{\mathrm{T}} \tag{3-43}$$

由位移法可知：

$$[\boldsymbol{K}_E]^e\ \{\delta\}^e = \{F\}^e \tag{3-44}$$

$$[K_E]^e = \frac{E^e I^e}{l^{e^3}} \begin{bmatrix} 12 & & & \text{对称} \\ 6l^e & 4l^{e^2} & & \\ -12 & -6l^e & 12 & \\ 6l^e & 2l^{e^2} & -6l^e & 4l^{e^2} \end{bmatrix} \tag{3-45}$$

式中：E^e、I^e、l^e 分别为单元 E 的弹性模量、截面惯性矩和长度。

令：

$$[K_E]^e = \frac{E^e I^e}{l^{e^3}} \begin{bmatrix} [K_{11}]^e & [K_{12}]^e \\ [K_{21}]^e & [K_{22}]^e \end{bmatrix}$$

组装梁的总刚度矩阵 $[\boldsymbol{K}_E]$，总刚度矩阵中的子块为相关单元的单元刚度矩阵中的相应子块的叠加。

$$[K_E] = \begin{bmatrix} [K_{11}]^1 & [K_{12}]^1 & & & & 0 \\ [K_{21}]^1 & [K_{22}]^1+[K_{11}]^2 & [K_{12}]^2 & & & \\ & [K_{21}]^2 & [K_{22}]^2+[K_{11}]^3 & & & \\ & & & \cdots & & \\ & & & & [K_{22}]^{n-1}+[K_{11}]^n & [K_{12}]^n \\ 0 & & & & [K_{21}]^n & [K_{22}]^n \end{bmatrix} \tag{3-46}$$

(3) 计算支撑（或拉锚）刚度矩阵 $[\boldsymbol{K}_T]$

①内支撑水平刚度系数。内支撑水平刚度系数根据支撑体系的片面框架结构与排桩、地下连续墙共同作用确定。当基坑近似矩形、周边支护结构荷载相同、支撑体系采用等距离对撑及角撑布置时，水平刚度系数可按下式计算：

$$K_T = \frac{2\eta E_z A_z}{LS}\left[\frac{1}{1+\dfrac{\eta E_z A_z x^2}{12LSE_j I_j}}\right]\sin\theta_T \tag{3-47}$$

式中：η——与支撑松弛有关的折减系数，它取决于施工误差、圈梁的变形以及混凝土蠕变引起的内支撑梁刚度的降低，一般取 0.5～1；

E_z——支撑构件材料的弹性模量，kN/m^2；

A_z——支撑构件断面面积，m^2；

L——支撑构件的受压计算长度，m；

S——支撑的水平间距，m；

E_j——腰梁材料的弹性模量，kN/m²；

I_j——腰梁截面惯性矩，m⁴；

x——计算点至支撑点的距离，其取值范围为：$0 \leqslant x \leqslant S/2$，m；

θ_T——当支撑垂直于墙面（桩面）布置时，角撑与腰梁之间的夹角；当支撑为对角支撑时，取90°。

上述公式无疑是采用手算来计算内支撑水平刚度系数的快捷有效的方法。但是，对于内支撑结构布置形式复杂的情况，该计算公式就无能为力了。比较有效的方法是将整个内支撑体系当成一个平面框架体系，在其周边作用一个单位荷载，运用有限单元法计算腰梁各点的法向位移，各点位移的倒数就是要求的该点的水平刚度系数。

②锚杆的水平刚度系数。锚杆的水平刚度系数应根据锚杆基本试验确定；当无试验资料时，可按下式估算：

$$K_T=\frac{3A_sE_sE_cA_c}{(3l_fE_cA_c+E_sA_sl_a)\ \cos\alpha_T} \tag{3-48}$$

式中：A_s——杆体截面面积，m²；

E_s——杆体弹性模量，kN/m²，对于钢筋和钢绞线可查附表5；

E_c——锚固体组合弹性模量，kN/m²；

A_c——锚固体截面面积，m²；

l_a——锚固体锚固段长度，m；

l_f——锚杆自由段长度，m；

α_T——锚固体水平倾角（°）。

锚固体组合弹性模量：

$$E_c=\frac{A_sE_s+E_m(A_c-A_s)}{A_c} \tag{3-49}$$

式中：E_m——锚固体中浆体弹性模量，kN/m²。

支撑（或拉锚）刚度矩阵 $[\boldsymbol{K}_T]$ 为：

$$[K_T]=\begin{bmatrix} K_{T1} & & & 0 \\ & K_{T2} & & \\ & & \cdots & \\ 0 & & & K_{Tn_1} \end{bmatrix} \tag{3-50}$$

式中：n_1——支撑（或拉锚）的层数。

（4）计算地基刚度矩阵 $[\boldsymbol{K}_s]$

地基土的弹性支点刚度可按下式计算：

$$K_s=mb_0(z-H) \tag{3-51}$$

地基刚度矩阵则为：

$$[K_s]=\begin{bmatrix} K_{s1} & & & 0 \\ & K_{s2} & & \\ & & \cdots & \\ 0 & & & K_{sn_2} \end{bmatrix} \tag{3-52}$$

式中：n_2——地基土弹性支点数。

（5）地基土与支护结构的刚度矩阵的集成

根据节点变形协调条件，梁单元的位移应等于该节点处的地基变形或支撑（或拉锚）结构的变形。对于地基土和支撑（或拉锚）结构，假定他们不发生转角。则若将 $[\boldsymbol{K}_T]$、$[\boldsymbol{K}_S]$ 扩展成与 $[\boldsymbol{K}_E]$ 同阶的矩阵，使相应于转角项充零，就能将他们进行叠加得地基土与支护结构的刚度矩阵 $[\boldsymbol{K}]$。

地基土与支护结构的总体平衡方程为：

$$[\boldsymbol{K}]\{\boldsymbol{U}\} = \{\boldsymbol{P}\} \tag{3-53}$$

式中：$[\boldsymbol{K}]$——$[\boldsymbol{K}]=[\boldsymbol{K}_E]+[\boldsymbol{K}_T]+[\boldsymbol{K}_S]$；

$\{\boldsymbol{U}\}$——总位移向量；

$\{\boldsymbol{P}\}$——总荷载向量。

$$\{U\} = [y_1, \theta_1, y_2, \theta_2, y_3, \cdots, y_n, \theta_n, y_{n+1}, \theta_{n+1}]^{\mathrm{T}} \tag{3-54}$$

（6）总荷载向量 $\{\boldsymbol{P}\}$ 计算

如图 3-21，作用在支挡结构上的荷载为均布荷载（土压力）。将其化为节点上的等效荷载向量为：

$$\{F\}^e = \left[\frac{l^e}{20}(10q_1+3q_2), -\frac{l^{e^2}}{60}(5q_1+2q_2), \frac{l^e}{20}(10q_1+7q_2), -\frac{l^{e^2}}{60}(5q_1+2q_2)\right]^{\mathrm{T}} \tag{3-55}$$

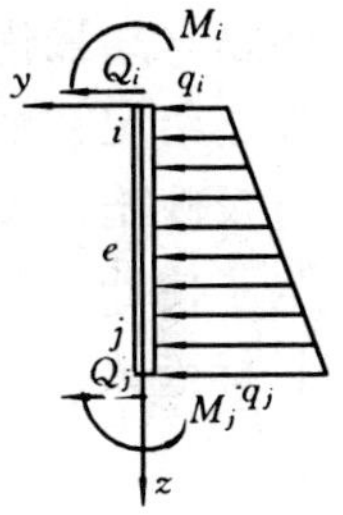

图 3-21　单元荷载示意图

令：

$$\{F\}^e=[\{F_1\}^e,\{F_2\}^e]^{\mathrm{T}}$$

则：

$$\{P\}=[\{F_1\}^1,\{F_2\}^1+\{F_1\}^2,\{F_2\}^2+\{F_1\}^3,\cdots,\{F_1\}^{n+1},\{F_2\}^{n+1}]^{\mathrm{T}} \tag{3-56}$$

对于支撑（或拉锚）的预应力，应按集中荷载叠加到上述总荷载向量中去。

（7）解方程求位移

增加边界条件：在墙桩、顶处剪力和弯矩为零，采用高斯法，解方程（3-53），得 $\{\boldsymbol{U}\}$。上述求解出的位移 $\{\boldsymbol{U}\}$ 是当前开挖工况下的变形，它应作为下一工况计算的初始值。

（8）求各节点的桩、墙内力、支撑（或拉锚）支点力和被动侧地基土反力

①将位移回代方程可计算出桩、墙的弯矩和剪力，或在完成下述②、③后，根据静力平衡法进行计算。

②支撑（或拉锚）支点力计算。第 i 层支撑（或拉锚）处支点力的计算公式为：

$$T_i=K_{Ti}\cdot(y_{ti}-y_{t0i}) \tag{3-57}$$

式中：y_{ti}——第 i 层支撑处的水平位移值，m；

y_{t0i}——第 i 层支撑处在支撑设置前的水平位移值，m。

③被动侧地基土反力。作用在被动侧地基土反力：

$$P_{si}=K_{si}\cdot y_{si} \tag{3-58}$$

式中：y_{si}——计算单元 i 的土体位移，m。

3．变形反分析法

基坑工程是一个动态施工过程，除了其支护结构的初始施工作业外，还包括：①土体的分层开挖；②内支撑结构（或拉锚）的逐层设置；③预加荷载的逐级施加；④临时性支撑结构的逐层撤除。同时，一般还有基坑最终开挖深度之下的底部注浆加固及井点降水等辅助性

控制阶段。因此，随着工程的进展，一方面支护结构的变形与内力在不断增加，地表沉降与坑底隆起呈增大趋势；另一方面，作用在墙体上的水平侧压力则随着结构变形的增加在减小。这就是说，现行将水平侧压力作为静止不变的荷载来输入的各种简化设计方法都存在其固有的缺陷与不足。

在运用上述两种方法进行施工过程的模拟分析时，土体参数难以确定，施工前的预测分析一般需依照经验给定，而施工过程中的动态分析则可借助反分析方法来推定。目前，基坑工程中位移反分析法的应用主要集中在如下两方面：一是通过位移反分析，动态掌握土性参数 C、φ 和水土压力的分布规律及大小，进行支护结构的跟踪设计；二是通过位移反分析，得出不同工况的地基水平抗力系数的比例系数 m 值，从而对支护结构的内力和变形等进行分析预测。

下面以 m 值的反分析过程来说明反分析法在基坑工程中的应用原理和方法。

(1) 位移反分析法的基本原理

①位移反分析法数学模型。将基坑开挖分析方法（如弹性地基杆系有限元法）和非线性优化方法（如最优化技术中的单纯形法）相结合，建立地基土 m 值的直接反分析方法。通过不断修正给定初值，使现场实测值和计算值的差异达到最小，从而获得与实际情况相适应的能综合反映土体实际工作性状的 m 值。

为了使计算分析值从整体上尽可能与全部实测值接近，则要求两者偏差的平方和最小，因此，目标函数为：

$$J(m) = \sum_{i=1}^{n_c} (y_i(m) - y_i)^2 \to \min \tag{3-59}$$

式中：$y_i(m)$——计算点 i 处的支挡结构桩、墙体水平位移计算值，m；

y_i——计算点 i 处的支挡结构桩、墙体水平位移实测值，m；

n_c——实测值总数。

②支挡结构上任意点的位移计算。为反映施工过程的动态响应需给出任意位置测点的水平位移计算值与位移增量计算值。支挡结构的水平位移计算采用上述弹性地基杆系有限单元法进行，由于采用了梁单元来模拟支挡结构，若梁单元由下而上编号，则任一单元上测点 z_i 的水平位移 y_i 可由下式计算：

$$y_i = y_1 + \frac{z_i - z_1}{z_2 - z_1}(y_2 - y_1) \tag{3-60}$$

式中：y_1、y_2——梁单元两节点的水平位移计算值，m；

z_1、z_2——梁单元两节点至地表的距离，m。

③支挡结构位移测量信息的处理。对于支挡结构，来自现场的测量值（一般是采用侧斜仪器获得）是支挡结构的水平倾斜角 $\theta(z)$，用其来进行位移反分析时必须将 $\theta(z)$ 转换为水平位移 $y(z)$：

$$y(z) = \int_{H+h_d}^{z} \theta(z)\mathrm{d}z \tag{3-61}$$

当测点间距小于 0.5 m 时来自仪器的测量误差经积分运算后传递不大，因而不必进行拟合分析；当测点间距大于 0.5 m 时必须进行拟合分析，对此可采用三次样条函数插值进行数学处理。由于量测数据存在偶然误差等是无法避免的，这种误差将会影响反分析结果的精度，因此，还必须对这种离散的数据进行平滑分析处理。

(2) 反分析计算步骤

①根据土的类别确定地基土水平抗力系数的比例系数 m 的初值。

②由确定的 m 初值，利用文中的深基坑支护结构计算方法，计算某一工况下支护结构的水平位移。

③ 由计算得到的水平位移 $y_i(m)$ 和相应的实测水平位移 y_i 按(3-59)式建立目标函数 $J(m)$。

④采用单纯形法，通过迭代逐次改进 m 值，求目标函数 $J(m)$ 的极小值。迭代终止以满足单纯形法收敛精度为标准，对应的 m 值即为反分析结果。

⑤根据反分析 m 值，求解该工况下支护结构的水平位移和内力，并可预测下一工况时支护结构的工作性状。

（3）工程应用

某基坑工程开挖深度 10 m，采用桩长 18 m、直径 800 mm、间距 1 m 的钻孔灌注桩加一道 600 mm×700 mm 的钢筋混凝土支撑支护。在支护桩内埋设测斜管，以监测 25 基坑开挖过程中桩身的水平位移。场地土层自上而下分布为：人工填土、粉质粘土、淤泥质粉质粘土、粉质粘土。支护桩桩顶位于地表下 1.5 m，地面超载取 $q_0=20$ kPa。基坑开挖施工分两个阶段：①基坑开挖至－4 m；②做钢筋混凝土支撑并继续开挖至－10 m。反分析以基坑开挖至－4 m 时测斜管实测桩身水平位移为依据，给定地基土 m 值反分析初始值，根据上述建立的反分析方法进行计算，求得地基土 m 值为 5 715.58 kN/m^4，由表 3-8 确定的地基土 m 值取值范围为 4 000～6 000 kN/m^4。由表 3-15 和图 3-22 可知，反分析计算过程收敛、稳定，且地基土 m 值的取值与初始值的选取无关。

表 3-15　地基土 m 值反分析结构　单位：kN/m^4

序号	初始给定值	反分析值	查表值
1	6 000	5 715.58	4 000～6 000
2	5 000	5 715.52	

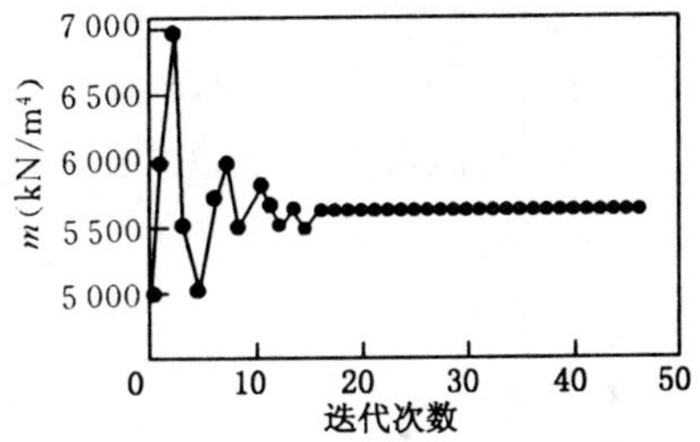

图 3-22　反分析收敛过程

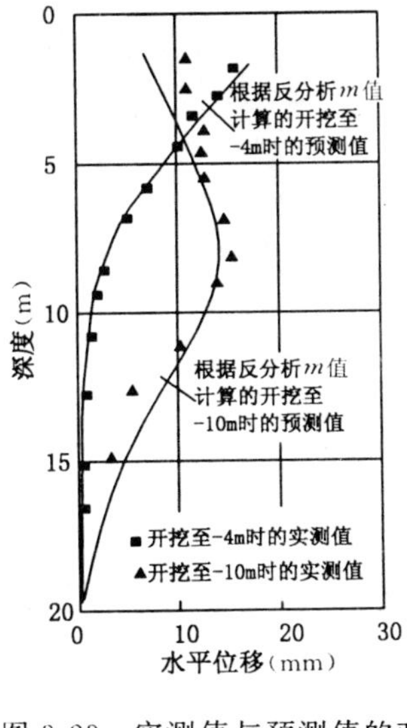

图 3-23　实测值与预测值的对比

根据反分析的 m 值，预测开挖至－10 m 时桩身的水平位移，由图 3-23 可知，预测值与实测值之间吻合良好，说明反分析求得的 m 值能较好地反映实际土层性状。

3.2.4　地面沉降估算

1. 基坑降水引起的地面沉降估算

基坑降水将引起基坑周围地下水位的下降，形成以各抽水井点或泄水孔为中心的降水漏斗，使漏斗范围内的地面产生沉降，从而使此范围内的建（构）筑物发生不均匀沉降。其沉降量可按下述方法进行：

（1）建筑物基础下某层土体的附加沉降 S_i

$$s_i=\Delta\delta_i' h_i/E_{si} \tag{3-62}$$

式中：s_i——基础下第 i 层土的沉降，m；

h_i——基础下第 i 层土的厚度，m；

E_{si}——基础下第 i 层土的变形模量，kPa；

$\Delta\delta'_i$——基础下第 i 层土的有效应力增量，kPa；

$$\Delta\delta'_i = \gamma_w (h_1 - h_2)/4 \tag{3-63}$$

h_1——降水前土体的水头高度，m；

h_2——降水后土体的水头高度，m。

（2）总的附加沉降 s

当基础下由多个含水层组成，并对地面以下 n_w 个含水层进行降水处理时，则地面产生的总附加沉降量为：

$$s = \sum_{i=1}^{n_w} s_i \tag{3-64}$$

2. 基坑开挖引起的地面沉降估算

基坑开挖过程中，基坑周围地面变形与支挡结构的刚度、支撑（或拉锚）刚度和周围土质有关。如图 3-24。地面沉降计算采用 R. B. Peck 模式和土体损失理论。

（1）支挡结构后部某一剖面任意一点 x 的沉降量

$$s_{(x)} = s_{\max} e^{-(x/\sqrt{2}\, i_x)^2} \tag{3-65}$$

式中：i_x——沉降槽特征宽度，m；

$$i_x = H/[\sqrt{2\pi}\tan(45° - \varphi/2)] \tag{3-66}$$

$s_{\max}$——地面最大沉降量，m；

$$s_{\max} = V_0 \tan(45° - \varphi/2)/H \tag{3-67}$$

V_0——支挡结构后土体损失，m^3/m，其包括有支挡结构变形引起的土体损失 s_{W1} 和坑底土体隆起引起的 s_{W2} 起两部分。

$$s_{W2} = B_j(0.5H + 0.04H^2)/300 \tag{3-68}$$

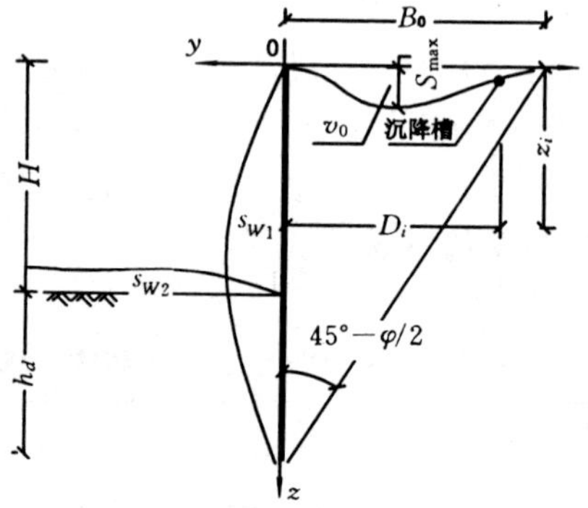

图 3-24 基坑开挖引起的地面沉降估算简图

B_j——基坑宽度，m；

$$s_{W1} = AH^3/3 + BH^2/2 + CH \tag{3-69}$$

A、B、C——回归系数，可按下式计算：

$$\begin{bmatrix} n & \sum_{i=1}^{n} z_i & \sum_{i=1}^{n} z_i^2 \\ \sum_{i=1}^{n} z_i & \sum_{i=1}^{n} z_i^2 & \sum_{i=1}^{n} z_i^3 \\ \sum_{i=1}^{n} z_i^2 & \sum_{i=1}^{n} z_i^3 & \sum_{i=1}^{n} z_i^4 \end{bmatrix} \begin{Bmatrix} A \\ B \\ C \end{Bmatrix} = \begin{Bmatrix} \sum_{i=1}^{n} z_i \\ \sum_{i=1}^{n} z_i y_i \\ \sum_{i=1}^{n} z_i^2 y_i \end{Bmatrix} \tag{3-70}$$

n——计算点数；

z_i——第 i 点到地面的距离，m；

y_i——第 i 点到位移，m，可根据弹性地基杆系有限元法计算。

（2）基坑开挖对周围地面的影响范围

$$B_0 = (H + H_d)\tan(45° - \varphi/2) \tag{3-71}$$

（3）沉降影响最为严重的范围

$$D_i=\frac{H}{\sqrt{2\pi}\tan(45°-\varphi/2)} \tag{3-72}$$

（4）沉降影响最为严重的范围内的最大差异沉降率

$$I_{max}=1.53V_0\tan^2(45°-\varphi/2)/H \tag{3-73}$$

3.2.5　变形控制的技术措施

1．预应力支撑（或拉锚）技术

通过合理调整支撑（或拉锚）的层数、结构、安装布置、施加预应力等可以对基坑变形进行有效的控制。对支撑或拉锚施加预应力的大小取决于地层条件及支挡结构变形控制要求。对于拉锚，一般施加锚杆（锚索）轴向受拉承载力设计值的75%左右的预应力；对支撑预加压力值一般为支撑力设计值的50%左右，不应大于65%。

对锚杆（锚索）施加预应力一般有如下三个目的：①通过张拉使自由段的钢拉杆（钢绞线）产生弹性伸长，对锚固体产生预应力，以限制锚固土层的变形；②通过施加预应力对锚杆（锚索）进行试验，可以揭示设计和施工中的错漏，证实锚杆（锚索）的适应性，预测其工作状况；③检验锚杆（锚索）与支挡结构的协同工作状况，确保锚杆（锚索）对支挡结构产生预应力，从而有效地控制支挡结构的变形。

2．地基和坡面加固

（1）支挡结构背侧和坑底土体的加固

支挡结构背侧和坑底土体的加固的目的是提高基坑内外土体的C、φ值，减少主动侧土压力，增加被动侧土抗力，提高地基的承载能力，减少沉降，增加支护结构的整体稳定性。当软土地基上的支挡结构嵌入深度不足时，可在基坑内进行加固，加固宽度不小于基坑开挖深度的0.5～1.0倍，加固深度不小于支挡结构嵌入深度的0.7倍。

对周围土体加固一般采用旋喷法、分层注浆法、深层搅拌法或其他化学方法。有时，支挡结构背侧和坑底土体的加固还兼做防水隔渗帷幕。工程中常用的几种加固形式如图3-25、图3-26。

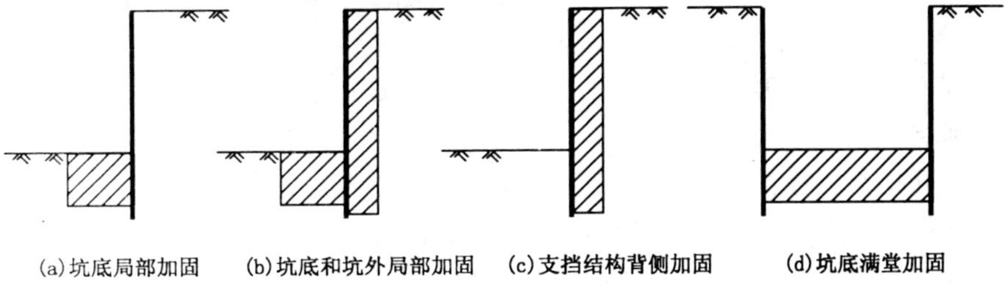

图3-25　基坑地基加固形式示意图

（2）坡面保护措施

采用坡面保护措施及实施边坡土壤加固，主要有在坡面抹1～2cm厚的水泥砂浆，或在坡面上覆盖一层塑料薄膜等；

（3）建（构）筑物基础的超前托换

对建（构）筑物基础的超前托换一般采用桩式托换，常用的桩型有静压桩和树根桩，并根据

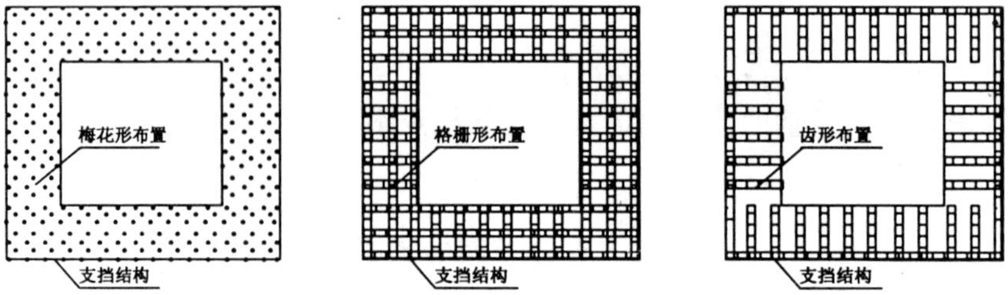

图 3-26　基坑地基加固平面布置形式示意图

保护对象的变形特点进行桩的布置。如图 3-27。托换技术的详细内容请参阅本丛书的《地基处理和托换技术》分册。

3. 降水隔渗

降水中设置隔水帷幕及实施外围回灌，尽可能避免对环境造成危害。在开挖边线外围或基坑底部设置隔水帷幕，可将降水对周围的影响缩减到最小程度。隔水帷幕的类型应根据土质条件和变形控制要求来确定。为达到地下水的动态平衡，将降水影响范围缩小，减小周边地面建筑、地下构筑物及管线等因沉降量过大或不均匀沉降造成危害，可在保护区实施回灌井保护措施，尽量将外围地下水维护在原来水平。有关降水隔渗的详细内容参见本册第六章。

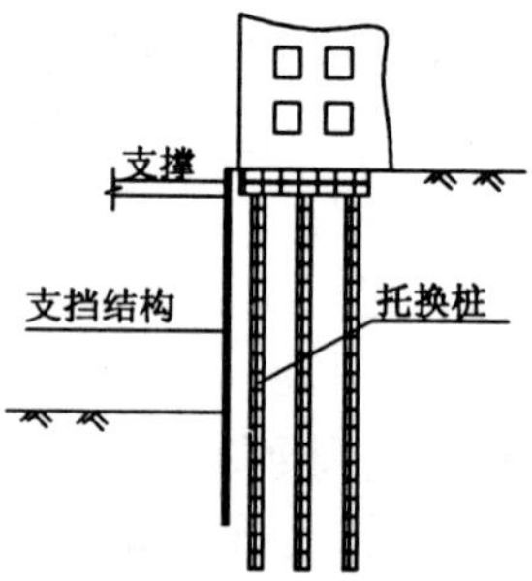

图 3-27　基坑支护超前托换示意图

4. 基坑开挖时时空效应的应用

在软土基坑开挖中，适当减小每步开挖土方的空间尺寸，并减小每步开挖所暴露的部分基坑支挡结构的支撑（或设置拉锚）前的暴露时间，尽量利用土体自身对位移控制的潜力。

运用“时空效应”理论进行设计的主要特点是：设计与施工密切结合，在设计和施工中，在考虑时空效应的情况下，定量计算基坑开挖和支撑（或拉锚）的施工因素对支挡结构的内力和变形的实际影响，并以科学的施工工艺，有效地减小地层流变性对基坑受力和变形的不利影响。

在施工方面，运用“时空效应”理论的主要特点是：根据基坑工程设计所选定的主要施工参数，按基坑规模、几何尺寸、支撑（或拉锚）形式、开挖深度和地基加固条件，提出详细的可操作的开挖与支撑的施工程序及施工参数。开挖与支撑（或拉锚）的施工工序基本上是按分层、分步、对称、平衡的原则而制定的，其中，最主要的施工参数是分层开挖的层数、每层开挖深度、每层开挖中支挡结构未支撑（或设置拉锚）前的暴露时间和暴露的宽度及高度。大面积、不规则形状的高层建筑深基坑中，基坑支挡结构被动区土体（在基坑中间部分土体被开挖的过程中）被保留成支承支挡结构的土堤，此土堤断面尺寸按其能抵挡住支挡结构的要求而定，亦为主要设计参数。严格按选定的施工程序和施工参数施工，能使复杂多变的施工因素变为较明确而有规律性的施工因素，其所引发的时空效应也能较符合设计预期的要求。

在长条形地铁站深基坑中，基坑开挖和支撑（或拉锚）的施工技术要点是：按一定长度分段开挖和浇筑结构，在每段开挖中再分层，每层分小段开挖和支撑（或设置拉锚），随挖随撑（或拉锚），施加支撑（或拉锚）应力，完成每小段的开挖和支撑的施工时间限制在 24h 内。

5. *准确可靠的工程勘察*

施工前应详细调研周围环境的地层、水文地质条件及建筑物类型、分布状况，以便对基坑开挖变形进行预测和进行科学合理的设计、施工。具体要求重点查清如下问题：查清各种管线，包括煤气管道、输水管道、地下电缆等分布状况及与深基坑变形破坏的关系；查清地下水的类型、性质、埋深、分布、补给和涌水量；查清粘土层、含水砂层的分布、厚度、工程性质，尤其要测定其强度、渗透性、变形性质和灵敏度及工程作用下性质的变化。

6. *基坑开挖的施工监测*

建立基坑开挖监测系统，为预防灾害及信息施工提供基础数据。监测的内容包括支挡结构的变形监测、基坑周边地面形变监测、周边建筑物变形监测及地下水位动态监测等。所提供的数据不但能准确地反映灾害的发展程度，为治理提出预警，且为位移反分析、信息化施工等提供第一手资料。详细内容参见本册第 8 章。

3.3 支护结构的稳定性验算

3.3.1 基坑的整体稳定性验算

基坑的整体稳定性验算按平面问题考虑，一般采用圆弧滑动面计算。对不同支护结构的基坑整体稳定性验算，其危险滑动面均应满足下述要求：

$$r_R \leqslant M_R / M_S$$

式中：r_R——抗力分项系数，取 1.3～2.0，软土地区取较大值；

M_R、M_S——作用于危险滑动面上的总抗滑力矩（kN·m）标准值和总滑动力矩设计值（kN·m）。

1. *放坡、水泥土墙、多层支点排桩、地下连续墙支护结构的整体稳定性验算*

目前，我国的一些地区和行业性规范都建议采用瑞典圆弧滑动面条分法（Fellenius 法）验算支护结构的整体稳定性，如图 3-28。

（1）最危险滑动圆弧圆心位置的确定

最危险滑动圆弧圆心位置的确定一般采用试算法，如图 3-29。

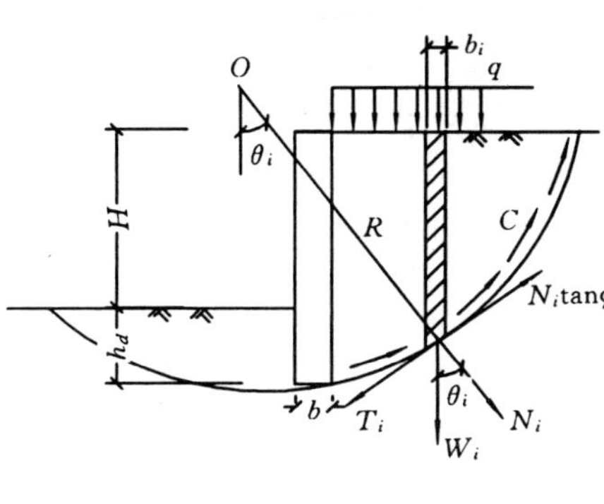

图 3-28　条分法

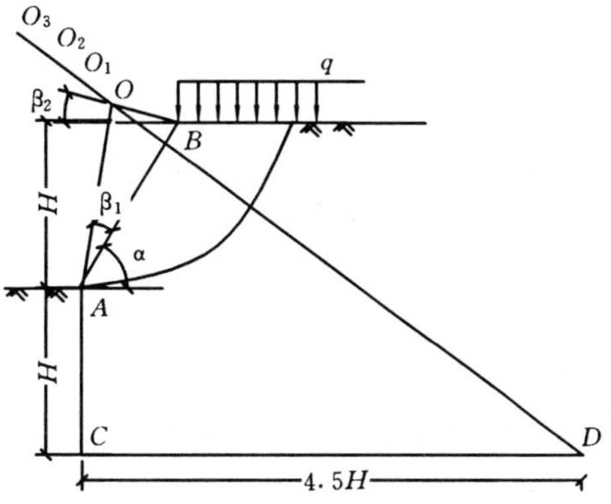

图 3-29　最危险滑动圆弧的确定

①内摩擦角 $\varphi=0$ 的高塑性粘土。这种土的最危险滑动圆弧为坡脚圆。首先根据坡角 α 由表 3-16 查出坡底角 β_1 和坡顶角 β_2。再在图 3-29 中的坡底和坡顶分别画出坡底角 β_1 和坡顶角 β_2，两线的交点为 O，O 即为最危险滑动圆弧圆心。

表 3-16　坡角与坡底角和坡顶角的关系

坡角 α	坡底角 β_1	坡底角 β_2	坡角 α	坡底角 β_1	坡底角 β_2
90°	33°	40°	30°	26°	36°
75°	32°	40°	26°34′	25°	35°
60°	29°	40°	15°	24°	37°
45°	28°	38°	11°19′	25°	37°
33°47′	26°	35°			

②内摩擦角 $\varphi>0$ 的土：

a. 按上述步骤求出 O 点；

b. 由 A 点垂直向下量取一高度，该高度等于边坡的高度 H，得 C 点位置，由 C 点水平右量 4.5 倍 H 得 D 点，连接 DO；

c. 在 DO 延长线上找若干点 O_1、O_2、O_3、…，作为滑动圆心，画出坡脚，计算边坡稳定性安全系数 K，找出 K 值较小的点 O_i；

d. 过 O_i 点画 DO 延长线的垂线，再在垂线上找若干点作为滑动圆心，试算 K 值，直至找出 K 值最小的点，则此点即为最危险滑动圆弧圆心。

（2）最危险滑动面条分法计算方法

按条分法计算时，先找出滑动圆心 O，画出滑动圆弧，然后将滑动圆弧分成若干条，每条的宽度 $b_i=(1/10\sim1/20)R$，R 为滑动半径。任一分条的自重为 W_i，其可分解为切向力 T_i 和法向力 N_i。同时，在滑动圆弧面上还存在土的粘聚力 C。则：

$$K=\frac{\text{抗滑力矩 }M_R}{\text{滑动力矩 }M_S}=\frac{\left(\sum_{i=1}^{n_t}C_il_i+\sum_{i=1}^{n_t}N_i\tan\varphi_i\right)R}{R\sum_{i=1}^{n_t}T_i} \tag{3-74}$$

$$=\frac{\sum_{i=1}^{n_t}C_il_i+\sum_{i=1}^{n_t}(qb_i+W_i)\cos\theta_i\tan\varphi_i}{\sum_{i=1}^{n_t}(qb_i+W_i)\sin\theta_i}=\frac{\sum_{i=1}^{n_t}C_il_i+\sum_{i=1}^{n_t}(qb_i+\gamma_ib_ih_i)\cos\theta_i\tan\varphi_i}{\sum_{i=1}^{n_t}(qb_i+\gamma_ib_ih_i)\sin\theta_i}$$

式中：n_t——分条的数量；

C_i——分条的内聚力，kPa；

l_i——分条的圆弧长度，m；

φ_i——分条的内摩擦角，(°)；

γ_i——分条的重度，kN/m³；

b_i——分条宽度，m；

h_i——分条高度，m；

θ_i——分条的坡角（°）。

如果土质相同，且分条宽度相同时，则：

$$K=\frac{CL+b\tan\varphi\sum_{i=1}^{n_t}(q+\gamma h_i)\cos\theta_i}{b\sum_{i=1}^{n_t}(q+\gamma h_i)\sin\theta_i} \tag{3-75}$$

如果有地下水，则需考虑孔隙水压力 u_i 的影响，则：

$$K=\frac{\sum_{i=1}^{n_t}C_i l_i+\sum_{i=1}^{n_t}(N_i-u_i l_i)\tan\varphi_i}{\sum_{i=1}^{n_t}T_i} \tag{3-76}$$

当支护结构底部存在软弱土层时，还需继续验算软弱下卧层的整体稳定性。

2. 拉锚支护结构深部破裂面稳定性验算

对于拉锚支护结构除需采用上述方法验算其整体稳定性外，还需验算锚杆（锚索）的深部破裂面的稳定性。图 3-30 为拉锚支护结构的锚杆（锚索）的深部破裂面破坏形式。

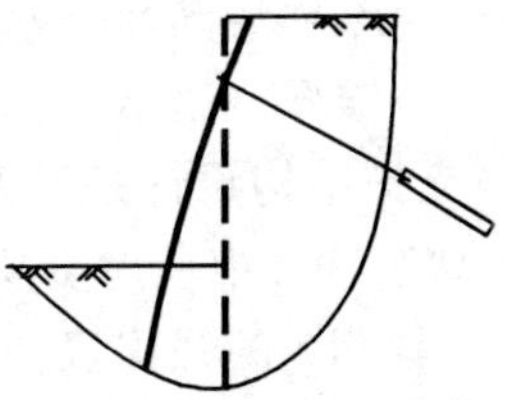

图 3-30　深部破裂面破坏形式示意图

锚杆（锚索）的深部破裂面稳定性验算可利用 E. Kranz 的简化计算法进行。其计算简图如图 3-31。

通过锚固体的中点 c 与支护结构下端的假想支承点 b

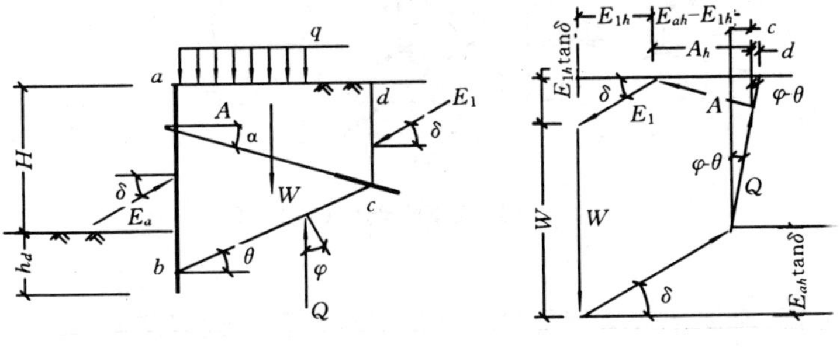

(a) 作用于 abcd 土体上的力　　(b) 力多边形

图 3-31　深部破裂面稳定性计算简图

连成一直线 bc，假定 bc 线即为深部滑动线。再通过点 c 垂直向上作直线 cd，cd 为假想墙。这样，由假想墙、深部滑动线和支护结构包围的土体 $abcd$ 上，除土体自重 W 之外，还作用有作用在假想墙上的主动土压力 E_1、作用于支护结构上的主动土压力的反作用力 E_a 和作用于 bc 面上的反力 Q。当土体 $abcd$ 处于平衡状态时，即可利用力多边形求得锚杆（锚索）所能承受的最大拉力 A 及其水平分力 A_h，如果 A_h 与锚杆（锚索）设计的水平力 A_h' 之比大于或等于 1.5，就认为不会出现上述的深部破裂面破坏。

图 3-31（b）为单层锚杆（锚索）的力多边形，如果将各力化成其水平力，则从力多边形中可得出下述计算公式：

$$A_h=E_{ah}-E_a+c$$

$$c+d=(W+E_{1h}\tan\delta-E_{ah}\tan\delta)\tan(\varphi-\theta)$$

$$d=A_h\tan\alpha\tan(\varphi-\theta)$$

则：

$$A_h=\frac{E_{ah}-E_{1h}+(W+E_{a1}\tan\delta-E_{ah}\tan\delta)\tan(\varphi-\theta)}{1+\tan\alpha\tan(\varphi-\theta)} \tag{3-77}$$

完全系数：

$$K_n=\frac{A_h}{A_h'} \tag{3-78}$$

式中：W——假想墙与深部滑动线范围内的土体重量，kN；

E_{1h}、E_{ah}、A_h——分别为 E_1、E_a、A 的水平分力，kN；

A_h'——锚杆（锚索）设计的水平分力，kN；

δ——支护结构与土之间的摩擦角（°）；

θ——深部滑动面与水平面间的夹角（°）；

α——锚杆（锚索）的倾角（°）。

拉锚支护结构设计是否要进行整体稳定性验算，取决于锚固段是否进入支挡结构底端岩土层。加拿大有关规程对多层拉锚系统的整体稳定性验算分了如图 3-32 的三种情况：图 3-32（a）锚杆（锚索）的锚固段全部在支挡结构底端以上的岩土层中，要验算全部锚杆（锚索）的整体稳定性；图 3-32（b）上两层锚杆（锚索）要验算整体稳定性；图 3-32（c）所有锚杆（锚索）的锚固段全部在支挡结构底端以下的岩土层中，不需作整体稳定性。

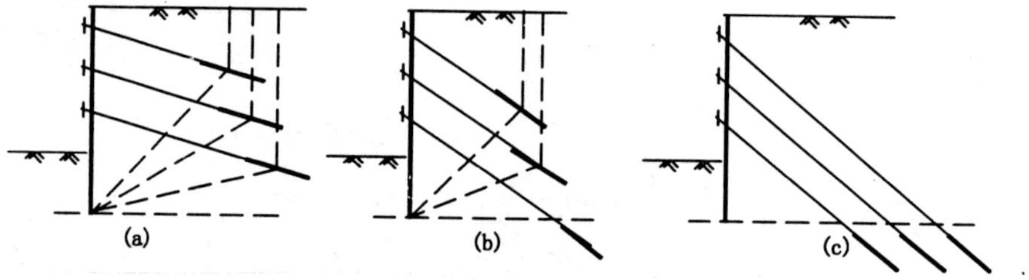

图 3-32　不同情况下的整体稳定性验算

3.3.2　水泥土墙抗倾覆和抗滑动稳定性及正截面承载力验算

水泥土挡土墙除了要进行整体稳定性验算外，还需按重力式挡土墙计算方法，验算其抗倾覆稳定性、抗滑动稳定性和墙身材料的应力。如图 3-33。

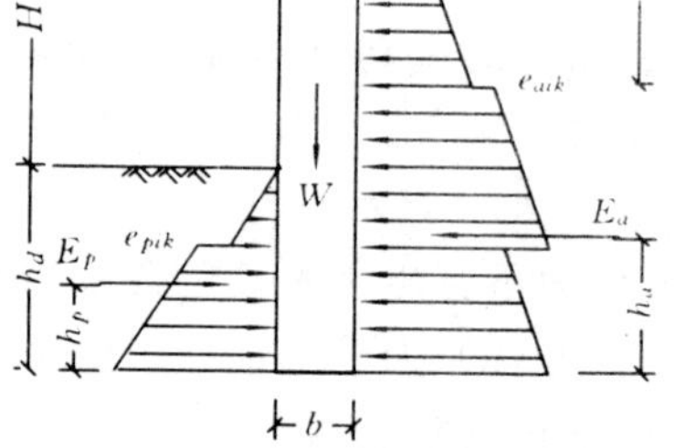

图 3-33　水泥土墙稳定性验算

1. 抗滑动稳定性验算

抗滑动稳定性安全系数：

$$K_h=\frac{\mu W+E_p}{E_a}\geqslant 1.3 \tag{3-79}$$

式中：E_a、E_p——分别为主动土压力（kN/m）和被动土压力（kN/m）的合力；

W——挡土墙自重，kN/m；

μ——基底摩擦系数：

淤泥质土：$\mu=0.20\sim0.25$；

粘性土：　$\mu=0.25\sim0.40$；

砂土：　$\mu=0.40\sim0.50$；

岩石：　$\mu=0.50\sim0.70$。

2. 抗倾覆稳定性验算

抗倾覆稳定性安全系数：
$$K_q=\frac{W\dfrac{b}{2}+\eta E_p h_p}{E_a h_a}\geqslant 1.5 \tag{3-80}$$

式中：h_a、h_p——分别为主动土压力力臂（m）和被动土压力力臂（m）；

b——挡土墙厚度，m；

μ——被动土压力折减系数，可取 0.50～1.00。

3. 墙身应力验算

（1）压应力验算

$$1.2\gamma_0\gamma_{cs}z+\frac{M}{W_I}\leqslant f_{cs} \tag{3-81}$$

式中：γ_{cs}——水泥土墙的平均重度，kN/m^3；

z——自墙顶至计算截面的深度，m；

M——单位长度水泥土墙截面弯矩设计值，kN·m。

W_I——单位长度水泥土墙截面模量，m^3；

f_{is}——基坑开挖时，水泥土开挖龄期抗压强度（kPa），水泥掺量为15％的深层搅拌桩支护结构，其水泥土 28d 龄期的单轴无侧限抗压强度应通过试验确定，无试验资料时，可参照下列数据取值：

淤泥质土：400～700；　淤土：300～500；　粘性土：500～1 000；　粉土：600～1 100；砂土：1 100～2 000。

（2）拉应力验算

$$\frac{M}{W_I}-\gamma_{cs}z\leqslant 0.06f_{cs} \tag{3-82}$$

3.3.3　土钉墙支护结构的稳定性验算

土钉墙支护结构的失稳破坏主要有体内破坏和体外破坏。破坏时，土体破坏面全部或部分穿过加固了的土体内部，则称此种破坏形式为体内破坏：土钉墙支护结构还可能发生沿支护底部滑动、绕支护面层底端倾覆、连同周围和基坑底部深部土体滑动，这类破坏形式则称为体外破坏。因此，土钉墙支护结构的稳定性验算包括：内部稳定性验算（内部整体稳定性验算和土钉抗拔力验算）和外部稳定性验算(抗倾覆稳定性验算和抗滑动稳定性验算)。

1. 土钉墙支护结构的整体稳定性验算

土钉墙支护结构的整体稳定性验算仍然采用条分法，如图 3-34。

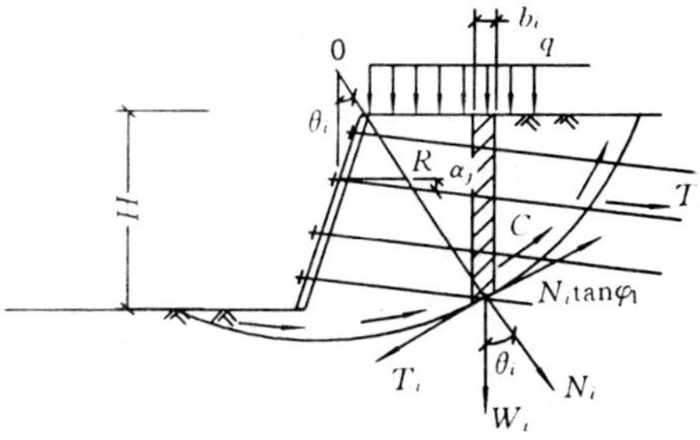

图 3-34　土钉墙整体稳定性验算

$$\begin{aligned}M_R=&\sum_{i=1}^{n_t}C_il_i+\sum_{i=1}^{n_t}(qb_i+\gamma_ib_ih_i)\cos\theta_i\tan\varphi_i\\&+\sum_{j=1}^{m}T_j[\cos(\alpha_j+\theta_j)\\&+\sin(\alpha_j+\theta_j)\tan\varphi_j]/s_{xj}\end{aligned}$$

$$M_s = \sum_{i=1}^{n_t}(qb_i + \gamma_i b_i h_i)\sin\theta_i$$

$$K = M_R / M_S \tag{3-83}$$

式中：m——滑动体内土钉数；

φ_j——第 j 根土钉穿过的土层内摩擦角（°）；

S_j——第 j 排土钉的水平间距，m；

T_{tj}——第 j 根土钉在滑动面外土体中的极限抗拔力，kN，计算参见本册第五章；

α_j——第 j 根土钉的倾角（°）；

θ_i——分条的坡角（°）。

式中其他符号的说明同式（3-74）。

2. 土钉抗拔力验算

土钉在滑动面以外的锚固段应具有足够的界面摩阻力而不被拔出，所以：

$$K_p = \frac{\pi D l_{ei} \tau_i \cos(\alpha_i)}{T_i} \tag{3-84}$$

同时，土钉拉杆应具有一定的抗拉强度，以抵抗过量拉伸或发生屈服：

$$\frac{\pi d_b^2 f_y}{4T_{\max}} > 1.5 \tag{3-85}$$

式中：D——钻孔直径，m；

$T_{\max}$——各土钉的最大轴向抗拔力，kN，计算参见本册第 6 章；

T_i——第 i 根土钉轴向抗拔力的水平分力，kN，计算参见本册第 6 章；

α_i——第 i 根土钉的倾角（°）。

f_y——土钉拉杆材料的抗拉强度，kPa；

d_b——土钉拉杆直径，m；

l_{ei}——第 i 根土钉在滑动面以外的有效锚固段长度，m；

τ_i——土钉与周围土体间的粘结强度，kPa。

3. 土钉墙抗滑动稳定性验算

密集的土钉组成的复合土体可视为重力式挡土墙，如图 3-35。因此，土钉墙抗滑动和抗倾覆稳定性验算采用重力式挡土墙的计算方法。

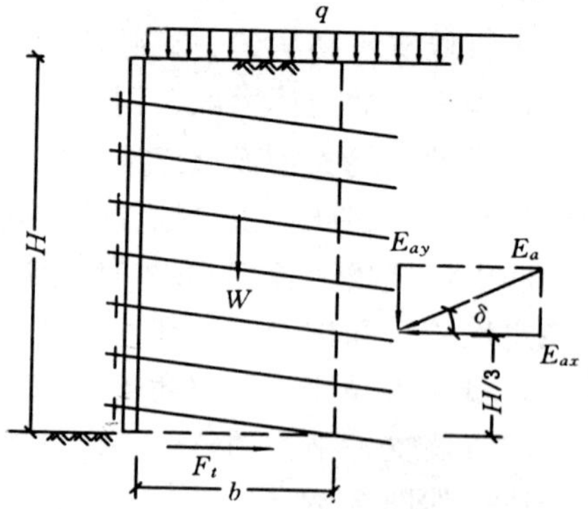

图 3-35　土钉墙抗倾覆和滑动稳定性验算

土钉墙抗滑动稳定性安全系数：

$$K_h = \frac{F_t}{E_{ax}} \geqslant 1.3 \tag{3-86}$$

式中：E_{ax}——墙后主动土压力，kN，取墙背摩擦角 $\delta=0$，计算参见本册第 6 章；

$$W = \gamma_b H b$$

b——计算墙体厚度，可按下述方法确定：$b=11\times$土钉平均长度/12；

W——计算墙体的重量，kN/m，γ_b 计算墙体的重度，kN/m³；

F_t——计算墙底端面上的摩阻力：

$$F_t = (W + qb)s_x \tan\varphi$$

4. 土钉墙抗倾覆稳定性验算

土钉墙抗倾覆稳定性安全系数：

$$K_q=\frac{M_W}{M_0}\geqslant 1.5 \tag{3-87}$$

式中：M_W——抗倾覆力矩：

$M_W=(W+qb)\cdot b/2\cdot s_x$

M_0——倾覆力矩：

$M_0=E_{ax}\cdot H/3$

3.3.4 基坑抗隆起稳定性验算

在软粘土地基中开挖基坑时，由于基坑内外地基土体的压力差，当这一差值超过基坑底面以下地基的承载力时，地基的平衡状态就破坏，从而发生支护结构背侧的土体塑性流动，产生坑顶下陷或坑底隆起。因此，为防止发生上述现象，需对基坑进行抗隆起稳定性验算。抗隆起稳定性验算有如下两种方法：

1. 临界滑动面稳定性验算

如图 3-36，在基坑开挖面下假定一个圆弧滑动面。根据在滑动面上土的抗剪强度对滑动圆弧中心的力矩与支挡结构背侧开外面以上土体重量（包括地面超载）对滑动圆弧中心的力矩平衡条件，计算基坑隆起的安全度。对于支撑（或拉锚）支护结构，滑动圆弧中心一般认为是最下一层支撑（或拉锚）与支挡结构的交点。

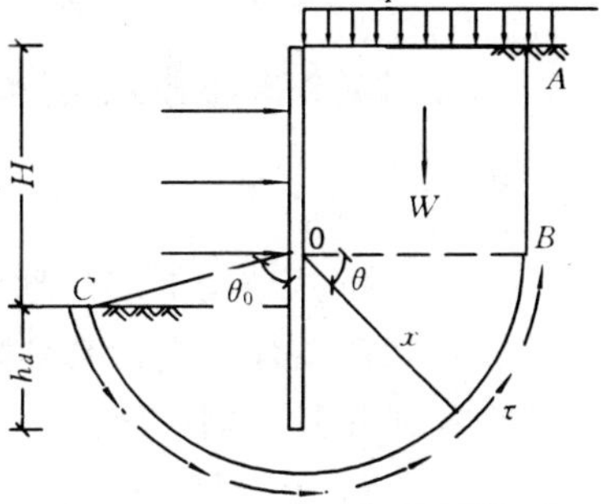

图 3-36 临界滑动面稳定性验算

设滑动半径为 x，则：

滑动力矩：

$$M_d=(W+q)\cdot x^2/2=(\gamma H+q)\cdot x^2/2$$

抗滑力矩：

$$M_r=x\int_0^{\frac{\pi}{2}+\theta_0}\tau(x\mathrm{d}\theta)$$

则抗隆起稳定性安全系数：

$$K_l=\frac{M_r}{M_d}\geqslant 1.20 \tag{3-88}$$

式中：γ——支挡结构背侧土的平均重度，kN/m³；

τ——滑动面处地基土的不排水抗剪强度（kPa），在饱和粘性土中，$\tau=C$（粘聚力）。

当 $K_1=1.2$ 时，表示在开挖面下存在的滑动半径为 x 的临界滑动面，支挡结构的嵌入深度不应小于临界滑动面的深度。

2. 地基承载力验算

（1）太沙基派克法（Terzaghi-Peck 法）

如图 3-37。当开挖面以下形成滑动面时，由于支挡结构背侧土体下沉，使支挡结构背侧土在垂直面上的抗剪强度得以发挥，减少了在开挖面标高上支挡结构背侧土的垂直压力。则基坑底面 OB 处的总压力为：

$$P=(\gamma H+q)\frac{B_j}{\sqrt{2}}-\tau H$$

则单位面积上的压力为：

$$P_v=\frac{P}{B_j/\sqrt{2}}=\gamma H+q-\frac{\sqrt{2}\,\tau H}{B_j}$$

一般认为饱和粘性土中，$\tau=C$，地基极限承载力为 $R=5.7C$，则抗隆起安全系数为：

$$K_l=\frac{R}{P_v}\geqslant 1.5 \tag{3-89}$$

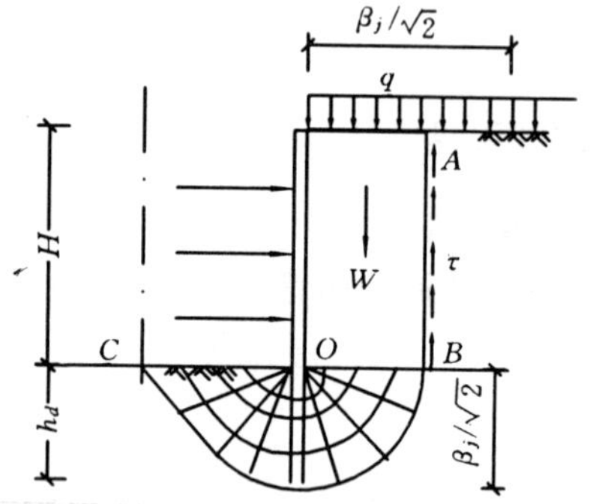

图 3-37　Terzaghi-Peck 法地基承载力验算

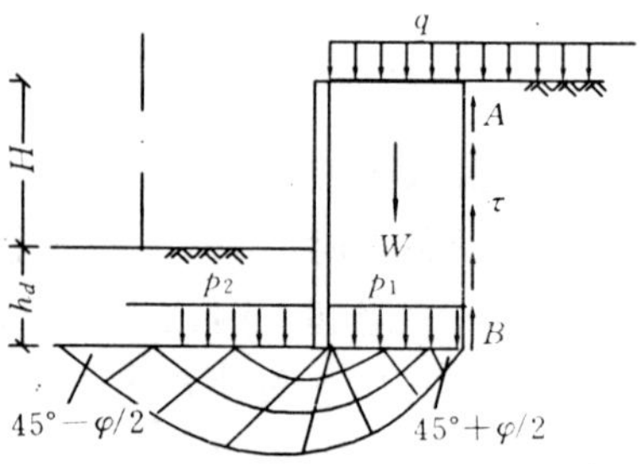

图 3-38　同济大学法地基承载力验算

（2）同济大学法

如图 3-38。在支挡结构下端的地基平面上，基坑内外侧存在不同的垂直荷载，根据产生剪切破坏的极限状态条件，进行基坑隆起验算。

支挡结构背侧在其下端平面上的垂直荷载：

$$p_1=\gamma_a(H+h_d)+q$$

支挡结构前侧在其下端平面上的垂直荷载：

$$p_2=\gamma_b h_d$$

在极限平衡状态下，支挡结构前侧地基的极限承载力：

$$p_2=\gamma_b h_d N_q+CN_c$$

则抗隆起安全系数为：

$$K_l=\frac{R}{p_1}=\frac{\gamma_b h_d N_q+CN_c}{\gamma_a(H+h_d)+q}\geqslant 1.15\sim 1.25 \tag{3-90}$$

式中：γ_a、γ_b——支挡结构背侧和前侧土的平均重度，$\mathrm{kN/m^3}$；

N_c、N_q——地基承载力系数：

用 Prandtl 公式：

$$N_c=(N_q-1)/\tan\varphi$$

$$N_q=\tan^2\left(45°+\frac{\varphi}{2}\right)e^{\pi\tan\varphi}$$

用 Terzaghi 公式：

$$N_c=(N_q-1)/\tan\varphi$$

$$N_q=\frac{1}{2}\left[\frac{e^{\left(\frac{3}{4}\pi-\frac{\varphi}{2}\right)\tan\varphi}}{\cos\left(45°+\frac{\varphi}{2}\right)}\right]$$

3.3.5 基坑管涌验算

如图3-39。当地下水的向上渗流力（动水压力）大于坑底土的有效浮重度时，土粒则处于浮动状态，从而在坑底产生管涌现象。要避免管涌发生，则：

$$\gamma' \geqslant K_w j$$

式中：γ'——土浸在水中的有效浮重度，kN/m^3；

j——渗流力（动水压力），kN/m^3；

K_w——抗管涌安全系数，1.5～2.0。

试验证明，管涌首先发生在离坑壁大约为支挡结构嵌入深度一半的范围内（$h_d/2$），为

$$j = i\gamma_w = \frac{h'}{h'+2h_d}\gamma_w \tag{3-91}$$

简化计算，近似地按紧贴支挡结构的最短路线来计算最大渗流力：

式中：h'——地下水位至坑底的距离，m；

i——水力梯度；

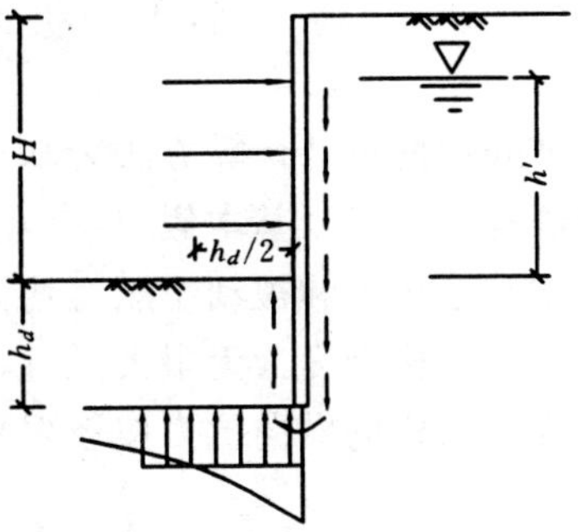

图3-39 管涌稳定性验算

则不发生管涌的条件为：

$$\gamma' \geqslant K_w \frac{h'}{h'+2h_d}\gamma_w \tag{3-92}$$

或写成：

$$h_d \geqslant \frac{K_w h'\gamma_w - \gamma' h'}{2\gamma'} \tag{3-93}$$

上式表明了要避免发生管涌的支护结构最小嵌入深度。

如果坑底以上土层为松散填土、多裂隙土层等透水性好的土层，则水头损失可以忽略不计，此时不发生管涌的条件为：

$$h_d \geqslant \frac{K_w h'\gamma_w}{2\gamma'} \tag{3-94}$$

3.3.6 基坑底下有承压水层的基坑稳定性验算

如图 3-40。为了抵抗承压水层的上托力，则不透水层的厚度必须满足如下条件：

$$t \geqslant \frac{K_y(h'+t)\gamma_w}{\gamma}$$

即：

$$t \geqslant \frac{h'\gamma_w}{\dfrac{\gamma}{K_y} - \gamma_w} \tag{3-95}$$

为了满足上式要求，应把支挡结构嵌入到下部不透水层中，或者在承压水层中降水，以减小承压水层的水压力。

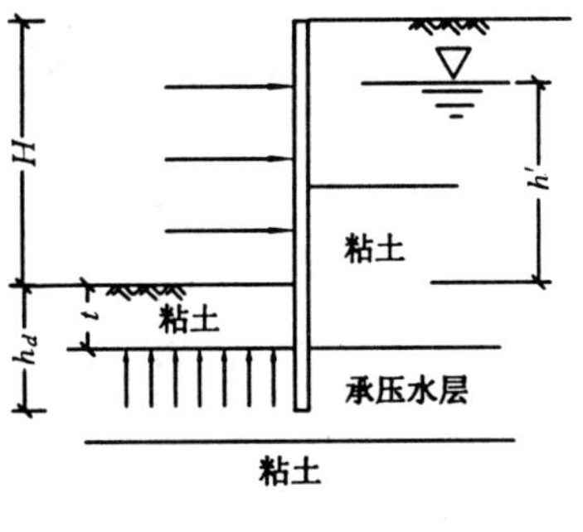

图 3-40 承压水层稳定性验算

4 桩墙式支挡结构的设计计算与施工

4.1 桩墙式支挡结构的设计计算

本节介绍的设计计算方法为基于极限平衡理论的极限平衡法，是一种传统的简化算法。极限平衡法有下面三个基本假定：

①主动土压力和被动土压力均为与支挡结构变形无关的已知值，用朗肯或库仑理论计算；

②支挡结构刚度为无限大，且不考虑支撑（或拉锚）的压缩或拉伸变形；

③支挡结构的横向抗力按极限平衡条件求得。

4.1.1 悬臂式支挡结构的设计计算

悬臂式支挡结构主要依靠嵌入坑底土内的深度平衡上部地面超载、主动土压力及水压力所形成的侧压力。因此，对于悬臂式支挡结构，嵌入深度至关重要。同时需计算支挡结构所承受的最大弯矩，以便进行支挡结构的断面设计和构造。

1. 悬臂式支挡结构的两种计算模式

（1）如图 4-1（a）。

对于这种计算模式，嵌入基坑底面的支挡结构在主动土压力 E_a 推动下，支挡结构下部土体中产生一种阻力，其大小等于被动土压力与主动土压力之差，即 E_a- E_p，形成按土的深度成线性增加的主动土压力强度 e_a 和被动土压力强度 e_p。

（2）如图 4-1（b）。此计算模式为 H. Blum 建议的计算模式，即原来出现在另一面的阻力以一个单力 R_c 代替，图 4-1（a）中的 t_0 用 x 代替，且需满足平衡条件：$\sum M_c=0$；$\sum H=0$。由于土体阻力是逐渐向下增加的，用 $\sum M_c=0$ 计算出的深度 x 较小，因此，H. Blum 建议

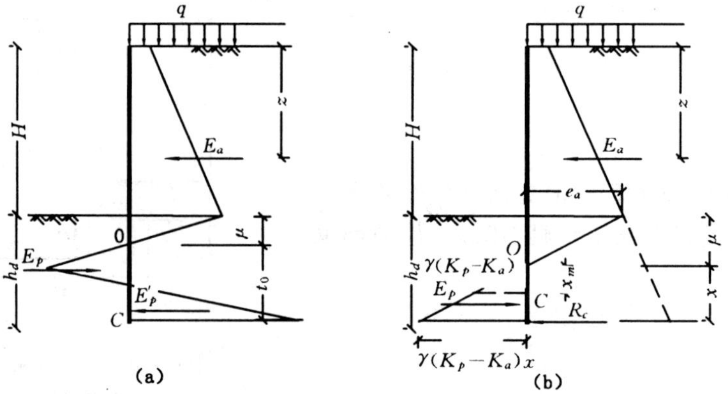

图 4-1 悬臂式支挡结构计算模式

嵌入深度 $h_d=1.2x+\mu$。

2. Blum 计算方法

(1) 支挡结构嵌入深度

如图 4-1 (b)。

E_a为主动土压力的合力。

$$E_p=\gamma(K_p-K_a)x\cdot\frac{x}{2} \tag{4-1}$$

对 C 点取矩，并令 $\sum M_c=0$，则：

$$E_a(H+\mu+x-z)-E_p\cdot\frac{x}{3}=0 \tag{4-2}$$

由式 (4-1)、式 (4-2) 得：

$$x^3-\frac{6E_a}{\gamma(K_p-K_a)}x-\frac{6E_a(H+\mu-z)}{\gamma(K_p-K_a)}=0 \tag{4-3}$$

μ 为土压力强度为零点距坑底的距离，由图 4-1 (b) 可得：

$$\mu=\frac{e_a}{\gamma(K_p-K_a)} \tag{4-4}$$

式中：γ——为坑底土层重度的加权平均值，kN/m^3。

解三次方程 (式 (4-3)) 可得 x，则嵌入深度 $h_d=1.2x+\mu$。

(2) 支挡结构的最大弯矩

图 4-1 (b) 的最大弯矩应在剪力为零处。设在 O 点下 x_m 处剪力为零 (主动土压力等于被动土压力)，则由图可得：

$$E_a-\gamma(K_p-K_a)x_m\cdot\frac{x_m}{2}=0$$

即：

$$x_m=\sqrt{\frac{2E_a}{\gamma(K_p-K_a)}} \tag{4-5}$$

最大弯矩为：

$$M_{\max}=E_a(H+\mu+x_m-z)-\frac{\gamma(K_p-K_a)}{6}x_m^3=0 \tag{4-6}$$

4.1.2 单支点支挡结构的设计计算

1. 顶部支撑 (或拉锚) 计算

如图 4-2，假定 A 点为铰接，支挡结构和 A 点不发生移动。

(1) 支挡结构嵌入深度

对 A 点取矩，并令 $\sum M_A=0$，则：

$$E_a z_a-E_p(H+z_p)=0 \tag{4-7}$$

式中：E_a——深度 $(H+h_d)$ 内的主动土压力的合力，kN/m；

E_p——深度 h_d 内的被动土压力的合力，kN/m。

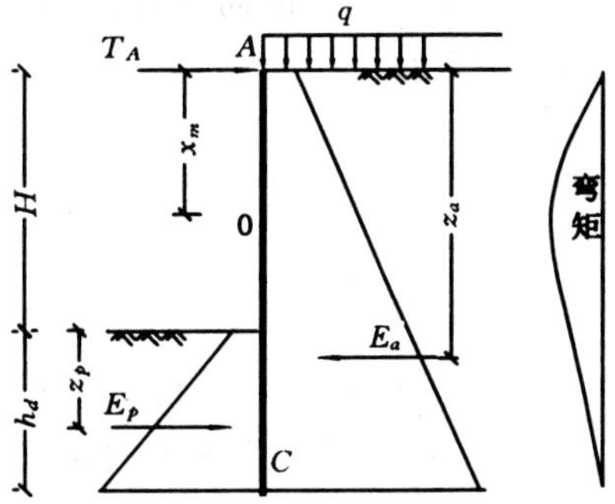

图 4-2 支挡结构顶部支点计算简图

由式 (4-7) 可解得支挡结构插入深度 h_d，如果土质较差，施工时尚应乘以 1.1～1.2。

(2) 支撑 (或拉锚) 力

对 C 点取矩，并令 $\sum M_c=0$，则：

$$T_A(H+h_d)+E_p(h_d-z_p)-E_a(H+h_d-z_a)=0 \tag{4-8}$$

即：

$$T_A=\frac{E_a(H+h_d-z_a)-E_p(h_d-z_p)}{H+h_d} \tag{4-9}$$

(3) 支护结构的最大弯矩

图 4-2 的最大弯矩应在剪力为零处。设在地面以下 x_m 处剪力为零，则由图可得：

$$E_{axm}-T_A=0 \tag{4-10}$$

式中：E_{axm}——深度 x_m 内的主动土压力的合力，kN/m。

由上式可求得 x_m。

最大弯矩为：

$$M_{max}=T_AX_m-E_{axm}z_{axm} \tag{4-11}$$

式中：z_{axm}——E_{axm}作用位置距地面的距离，m。

2. 顶部支撑（或拉锚）算例

某工程开挖深度 8 m，坑顶均布荷载为 20kPa，采用支挡结构顶部拉锚。土层情况：0～3 m 为填土，$\gamma_1=17\text{kN/m}^3$，$C_1=10\text{kPa}$，$\varphi_1=20°$；3～10 m 为亚粘土，$\gamma_2=18\text{kN/m}^3$，$C_2=15\text{kPa}$，$\varphi_2=20°$。

解：(1) 土压力系数和土压力

按朗肯土压力理论计算。

$$K_{a1}=K_{a2}=\tan^2(45°-\frac{\varphi_1}{2})=0.49$$

$$K_{p1}=\tan^2(45°+\frac{\varphi_2}{2})=2.04$$

支挡结构深度范围内的主动土压力强度和主动土压力为：

第一层土：

$$e_{a10}=qK_{a1}-2C_1\sqrt{K_{a1}}=20\times0.49-2\times10\times\sqrt{0.49}=-4.2(\text{kN/m}^2)$$

$$\begin{aligned}e_{a11}&=(q+\gamma_1h_1)K_{a1}-2C_1\sqrt{K_{a1}}\\&=(20+17\times3)\times0.49-2\times10\times\sqrt{0.49}\\&=20.79(\text{kN/m}^2)\end{aligned}$$

土压力强度为零点的位置：

$$z_0=\frac{2C_1-q\sqrt{K_{a1}}}{\gamma_1\sqrt{K_{a1}}}=\frac{2\times10-20\times\sqrt{0.49}}{17\times\sqrt{0.49}}=0.5(\text{m})$$

$$\begin{aligned}E_{a1}&=\frac{1}{2}e_{a11}(h_1-z_0)=\frac{1}{2}\times20.79\times(3-0.5)\\&=25.99(\text{kN/m})\end{aligned}$$

土压力作用位置（距地表的距离）：

$$\begin{aligned}z_{a1}&=h_1-\frac{1}{3}(h_1-z_0)\\&=3-\frac{1}{3}\times(3-0.5)=2.17(\text{m})\end{aligned}$$

第二层土：

$$e_{a20}=(q+\gamma_1h_1)K_{a2}-2C_2\sqrt{K_{a2}}$$

$$=(20+17\times3)\times0.49-2\times15\times\sqrt{0.49}=13.79(\mathrm{kN/m^2})$$

$$e_{a21}=[q+\gamma_1h_1+\gamma_2(H+h_d-h_1)]K_{a2}-2C_2\sqrt{K_{a2}}$$

$$=[20+17\times3+18\times(8+h_d-3)]\times0.49-2\times15\times\sqrt{0.49}$$

$$=57.89+8.82h_d(\mathrm{kN/m^2})$$

$$E_{a2}=\frac{1}{2}(e_{a20}+e_{a21})(H+h_d-h_1)$$

$$=\frac{1}{2}\times(13.79+57.89+8.82h_d)(8+h_d-3)$$

$$=179.2+57.89h_d+4.41h_d^2(\mathrm{kN/m})$$

土压力作用位置（距地表的距离）：

$$z_{a2}=H+h_d-\frac{2e_{a20}+e_{a21}}{3(e_{a20}+e_{a21})}(H+h_d-h_1)$$

$$=8+h_d-\frac{2\times13.79+57.89+8.82h_d}{3\times(13.79+57.89+8.82h_d)}(8+h_d-3)$$

$$=8+h_d-\frac{85.47+8.82h_d}{215.04+26.46h_d}(5+h_d)(\mathrm{m})$$

被动土压力强度及被动土压力：

$$e_{p10}=2C_2\sqrt{K_{p1}}=2\times15\times\sqrt{2.04}=42.85(\mathrm{kN/m^2})$$

$$e_{a11}=\gamma_2h_dK_{p1}+2C_2\sqrt{K_{p1}}$$

$$=18\times h_d\times2.04+2\times15\times\sqrt{2.04}=42.85+36.72h_d(\mathrm{kN/m^2})$$

$$E_{p1}=\frac{1}{2}(e_{p10}+e_{p11})h_d$$

$$=\frac{1}{2}\times(42.85+42.85+36.72h_d)h_d=42.85h_d+18.36h_d^2(\mathrm{kN/m})$$

土压力作用位置(距地表的距离)：

$$z_{p1}=H+h_d-\frac{2e_{p10}+e_{p11}}{3(e_{p10}+e_{p11})}h_d$$

$$=8+h_d-\frac{2\times42.85+42.85+36.72h_d}{3\times(42.85+42.85+36.72h_d)}h_d$$

$$=8+h_d-\frac{128.55+36.72h_d}{257.1+110.16h_d}h_d(\mathrm{m})$$

(2)嵌入深度

对支挡结构顶端取矩，并令 $\sum M=0$，则：

$$E_{a1}z_{a1}+E_{a2}z_{a2}-E_pz_{p1}=0$$

解得：$h_d=3.7\ \mathrm{m}$。

(3)支撑(或拉锚)力

对支挡结构底端取矩，并令 $\sum M=0$，则：

$$E_{a1}(H+h_d-h_1+z_{a1})+E_{a2}(H+h_d-z_{a2})-E_p(H+h_d-z_{p1})-T_A(H+h_d)=0$$

$$T_A=\frac{E_{a1}(H+h_d-h_1+z_{a1})+E_{a2}(H+h_d-z_{a2})-E_p(H+h_d-z_{p1})}{(H+h_d)}$$

$$=96.6(\mathrm{kN/m})$$

(4) 最大弯矩

最大弯矩应在剪力为零处。设在地面以下 x_m 处剪力为零，则可得：

$$e_{a21xm}=[q+\gamma_1 h_1+\gamma_2(x_m-h_1)]K_{a2}-2C_2\sqrt{K_{a2}}$$
$$=[20+17\times3+18\times(X_m-3)]\times0.49-2\times15\times\sqrt{0.49}$$
$$=8.82x_m-12.67(\mathrm{kN/m^2})$$
$$E_{a2xm}=\frac{1}{2}(e_{a20}+e_{a21xm})(x_m-h_1)$$
$$=\frac{1}{2}\times(13.79+8.82x_m-12.67)(x_m-3)$$
$$=-1.68-12.67x_m+4.41x_m^2(\mathrm{kN/m})$$
$$E_{a1}+E_{a2xm}-T_A=0$$

解得：$x_m=5.8\mathrm{m}$。

$$e_{a21xm}=8.82\times5.8-12.67=38.5(\mathrm{kN/m^2})$$
$$E_{a2xm}=-1.68-12.67\times5.8+4.41\times5.8^2=73.2(\mathrm{kN/m})$$
$$z_{a2xm}=x_m-\frac{2e_{a20}+e_{a21xm}}{3(e_{a20}+e_{a21xm})}(x_m-h_1)$$
$$=5.8-\frac{2\times13.79+38.5}{3\times(13.79+38.5)}\times(5.8-3)=4.7(\mathrm{m})$$

最大弯矩为：

$$M_{\max}=T_Ax_m-E_{a1}(x_m-z_{a1})-E_{a2xm}(x_m-z_{a2xm})$$
$$=96.6\times5.8-25.99\times(5.8-2.17)-73.2\times(5.8-4.7)$$
$$=385.4(\mathrm{kN})$$

3. 支挡结构任意位置的单支撑（或拉锚）计算

支挡结构任意位置的单支撑（或拉锚）计算分两种情况进行，即支挡结构嵌入深度较浅和支挡结构嵌入深度较深两种情况。

（1）支挡结构嵌入深度较浅

如图 4-3，此时，支挡结构只有一个方向的弯矩。假定 A 点为铰接，支挡结构和 A 点不发生移动。

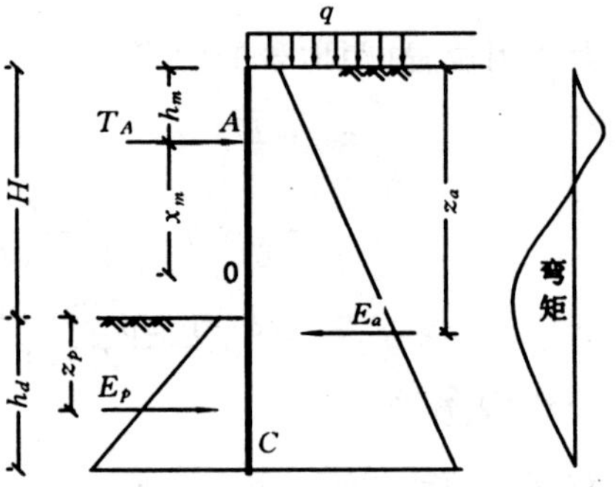

图 4-3　支挡结构任意位置单支点计算简图

①支挡结构嵌入深度

对 A 点取矩，并令 $\sum M_A=0$，则：

$$E_a(z_a-h_m)-E_p(H-h_m+z_p)=0 \tag{4-12}$$

由式（4-12）可解得支挡结构插入深度 h_d。

②支撑（或拉锚）力

支撑（或拉锚）力，根据静力平衡条件 $\sum H=0$ 计算，则：

$$T_A=E_a-E_p \tag{4-13}$$

③支护结构的最大弯矩

图 4-3 的最大弯矩应在剪力为零处。设在 A 点以下 x_m 处剪力为零，则由图可得：

$$E_{axm}-T_A=0 \tag{4-14}$$

由上式可求得 x_m。

最大弯矩为：

$$M_{\max}=T_Ax_m-E_{axm}(x_m+h_m-z_{axm}) \tag{4-15}$$

(2) 支挡结构嵌入深度较深

如图 4-4，此时，支挡结构底部出现反弯矩，下部位移较小，可将支挡结构底端作为固定端，而支点 A 铰接，采用等值梁法计算。等值梁法亦称假想支点法，图中 B 点为零弯矩点，则为假想支点，AB 为等值简支梁，通过简支梁分析求 A、B 支点的弯矩和支点反力，A 点支反力 T_A 则为支撑（或拉锚）力。B 点以下通过被动土压力和 B 点支反力 P_b 的平衡条件，确定支挡结构所需嵌入深度。由于零弯矩点 B 与土压力强度零点很接近，所以，工程中一般将主动土压力强度与被动土压力强度零点看作零弯矩点 B。

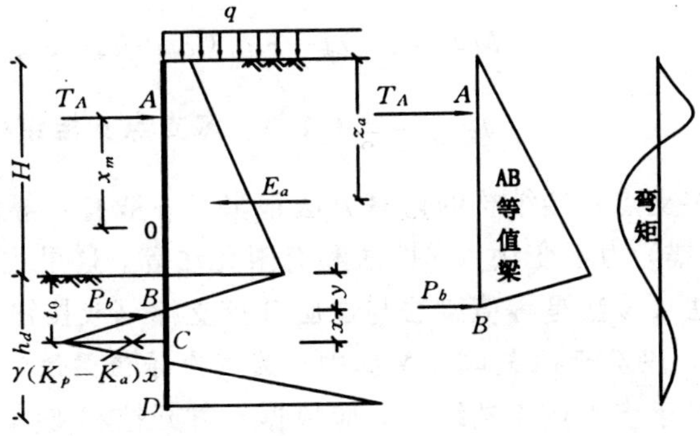

图 4-4　等值梁法计算单支点支挡结构简图

①B 点位置

根据主动土压力强度和被动土压力强度相等原则，得：

$$\gamma K_p y=K_a[(H+y)\gamma+q]=\gamma HK_a+qK_a+\gamma yK_a$$
$$=e_a+qK_a+\gamma yK_a$$

$$y=\frac{e_a+qK_a}{\gamma(K_p-K_a)} \tag{4-16}$$

式中：e_a——基坑开挖面处的主动土压力强度，kN/m^2。

②支反力

对 B 点取矩，并令 $\sum M_B=0$，则：

$$T_A(H-h_m+y)-E_a(H-z_a+y)=0$$

$$T_A=\frac{E_a(H-z_a+y)}{H-h_m+y} \tag{4-17}$$

$$P_b=E_a-T_A \tag{4-18}$$

式中：E_a——深度 $(H+y)$ 范围内的主动土压力，kN/m。

③嵌入深度

考察 BC 段，对 C 点取矩，并令 $\sum M_C=0$，此时，B 点力与 P_b 大小相等，方向相反，则：

$$E_p\cdot\frac{x}{3}-P_b x=0$$

$$E_p=\frac{1}{2}\gamma(K_p-K_a)\cdot x\cdot x$$

$$x=\sqrt{\frac{6P_b}{\gamma(K_p-K_a)}} \tag{4-19}$$

嵌入深度 $t_0=x+y$。如果土质较差，则需乘以 1.1～1.2。即：

$$h_d=(1.1\sim1.2)t_0$$

④最大弯矩

考察 AB 简支梁，最大弯矩应在剪力为零处。设在 A 点以下 x_m 处剪力为零，则由图可得：

$$E_{axm}-T_A=0 \tag{4-20}$$

由上式可求得 x_m。

最大弯矩为：

$$M_{\max}=T_A x_m - E_{axm}(x_m+h_m-z_{axm}) \tag{4-21}$$

4.1.3 多支点支挡结构的设计计算

多支点支挡结构的计算方法很多，一般有：等值梁法、二分之一分担法、逐层开挖支撑（或拉锚）力不变法、弹性法和有限元法等。这里主要介绍逐层开挖支撑（或拉锚）力不变等值梁法［该法是等值梁法与逐层开挖支撑（或拉锚）力不变法的结合］和二分之一分担法。

1. 逐层开挖支撑（或拉锚）力不变等值梁法

对于多支点支挡结构，应根据土方开挖和支撑（或拉锚）设置顺序分段计算。如图 4-5。在每个阶段均可将该阶段开挖面上的支撑（或拉锚）点和开挖面下的假想支点之间的支挡结构作为简支梁对待，然后把计算出的支点反力保持不变，并作为外力计算下一段梁的支点反力。

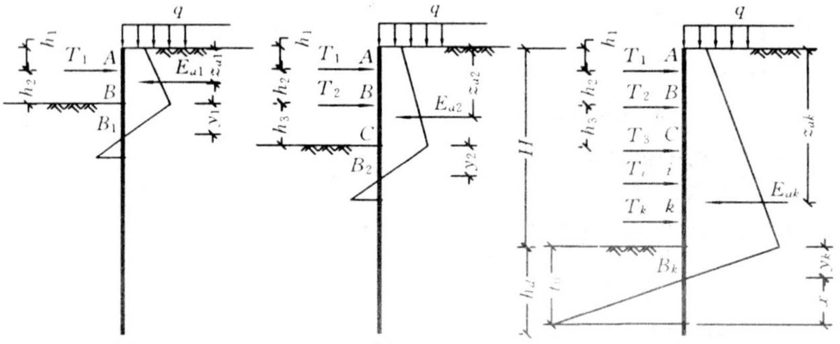

图 4-5 等值梁法计算多支点支挡结构简图

（1）第一层支撑（或拉锚）阶段

从理论上讲，第一层支撑（或拉锚）设置必须保证设置第二层支撑（或拉锚）前基坑稳定，即取设置第二层支撑（或拉锚）所需开挖深度（h_1+h_2）进行第一层支撑（或拉锚）计算，如图 4-5（a）。

①求 y_1

根据主动土压力强度和被动土压力强度相等原则，得：

$$y_1=\frac{e_{a1}+qK_a}{\gamma(K_p-K_a)} \tag{4-22}$$

式中：e_{a1}——当前基坑深度（h_1+h_2）开挖面处的主动土压力强度，kN/m^2。

②求 T_1

把 AB_1 作为简支梁，对 B_1 点取矩，并令 $\sum M_{B1}=0$，则：

$$T_1=\frac{E_{a1}(h_1+h_2-z_{a1}+y_1)}{h_2+y_1} \tag{4-23}$$

（2）第二层支撑（或拉锚）阶段

取设置第三层支撑（或拉锚）所需开挖深度（$h_1+h_2+h_3$）进行第二层支撑（或拉锚）计算，如图 4-5（b）。

①求 y_2

根据主动土压力强度和被动土压力强度相等原则，得：

$$y_2=\frac{e_{a2}+qK_a}{\gamma(K_p-K_a)} \tag{4-24}$$

式中：e_{a2}——当前基坑深度（$h_1+h_2+h_3$）开挖面处的主动土压力强度，kN/m^2。

②求 T_2

把 AB_2 作为简支梁，对 B_2 点取矩，并令 $\sum M_{B2}=0$，此时，T_1 以已知支点力参与计算，则：

$$T_2=\frac{E_{a2}(h_1+h_2+h_3-z_{a2}+y_2)-T_1(h_2+h_3+y_2)}{h_3+y_2} \tag{4-25}$$

（3）挖至基坑设计深度

如图 4-5（c）。

①求 y_k

根据主动土压力强度和被动土压力强度相等原则，得：

$$y_k=\frac{e_{ak}+qK_a}{\gamma(K_p-K_a)} \tag{4-26}$$

式中；e_{ak}——当前基坑深度 H 开挖面处的主动土压力强度，kN/m^2。

②求 T_k 和 B_k 点支反力 P_{bk}

把 AB_k 作为简支梁，对 B_k 点取矩，并令 $\sum M_{Bk}=0$，此时，T_1、T_2、…、T_i、…、T_{k-1} 以已知支点力参与计算，则：

$$T_k=\frac{E_{ak}(H-z_{ak}+y_k)-\sum_{j=1}^{k-1}\left[T_j\left(H-\sum_{m=1}^{j}h_m+y_k\right)\right]}{H-\sum_{n=1}^{k}h_n+y_k} \tag{4-27}$$

$$P_{bk}=E_{ak}-\sum T_i \tag{4-28}$$

③求 x

$$x=\sqrt{\frac{6P_{bk}}{\gamma(K_p-K_a)}} \tag{4-29}$$

嵌入深度 $t_0=x+y_k$。如果土质较差，则需乘以 1.1～1.2。即：

$h_d=$（1.1～1.2）t_0

④求最大弯矩

考察 AB_k 简支梁，求最大弯矩，其应在剪力为零处。

2. 二分之一分担法

该方法是将两层支撑（或拉锚）之间的距离等分成两份，假定层支撑（或拉锚）承担相邻两半跨的侧压力。如图 4-6。则：

$T_1=E_{a1}$；$T_2=E_{a2}$

$T_3=E_{a3}$；$T_4=E_{a4}$

根据下式可求 t_0：

$$E_p=E_{a5} \tag{4-30}$$

式中：E_{a5}——B 点以下 t_0 内的主动土压力，kN/m；

E_p——B 点以下 t_0 内的被动土压力，kN/m。

4.1.4 水泥土挡土墙的设计计算

水泥土搅拌桩挡土墙在软土及地下水丰富地区使用较广泛，既可以作为止水帷幕，又可用作深度不很大基坑的挡土墙。此时，水泥土搅拌桩可以布置成壁状和格栅状，也可以形成组合连拱式结构，如图 1-1。

对于壁状和格栅状挡土墙，按重力式挡土墙进行设计计算，主要计算内容包括：抗滑动稳定性、抗倾覆稳定性、整体稳定性、抗管涌稳定性、抗隆起稳定性和墙身截面强度验算，通过上述计算确定挡土墙的嵌入深度、厚度等参数，具体请参阅本册的 3.3 节。

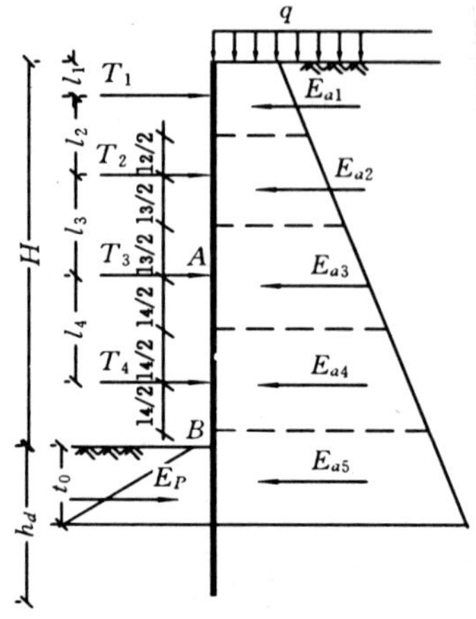

图 4-6 二分之一分担法计算多支点支挡结构简图

下面主要介绍组合连拱式水泥土挡土墙的设计方法。

图 4-7 为组合连拱支护结构的平面图。连拱支护结构的工作原理是将垂直于拱面的水土压力产生的弯拉力转化为沿拱轴截面方向的轴压力，因而可以充分利用水泥土较高的抗压强度特性。同时，由于组合连拱式支护结构是一个空间结构，截面惯性矩和抗弯刚度远远大于直排桩，所以，其受力性能较好，结构的变位小。

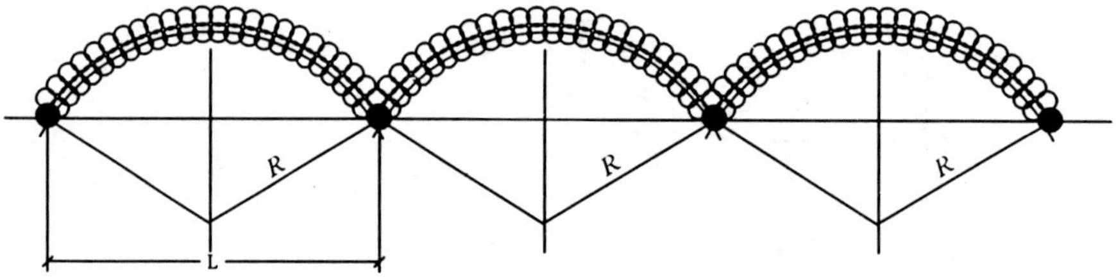

图 4-7 组合连拱式支护结构平面图

1. 拱轴截面几何参数

在实际工程中，连拱一般作成圆弧拱，其拱轴截面几何参数主要有：失高 f、失跨 L（一般为 3～5 m）、圆弧半径 R 和弧心角。如图 4-8，图中 α 为半弧心角。并用失跨比 ρ（$\rho=f/L$，一般为 1/4～1/2）来描述连拱几何特征。

拱轴几何参数之间的关系如下：

$$R=\frac{L(1+4\rho^2)}{8\rho}$$

$$\sin\alpha=\frac{L}{2R}=\frac{4\rho}{1+4\rho^2}$$

2. 组合连拱式支护结构设计计算

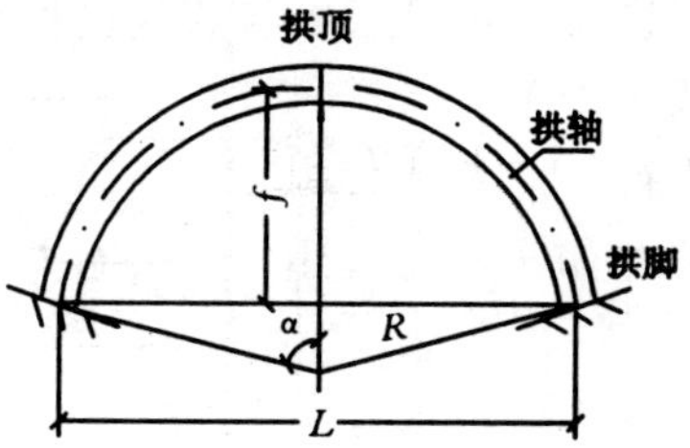

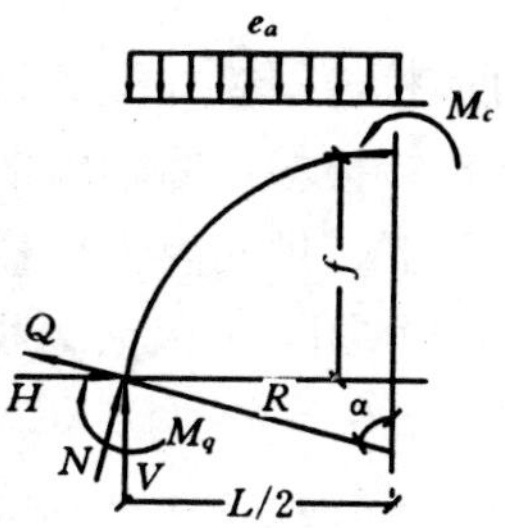

图 4-8　连拱截面几何参数　　　　图 4-9　拱身内力计算简图

组合连拱式支护结构设计计算可参照悬臂式和支撑（或拉锚）式支护结构的计算方法进行，应计算结构的竖向嵌入深度、最大弯矩、变形和稳定性。

3. 拱身应力验算

组合连拱支护结构作为超静定无铰圆拱进行研究。拱身应力验算是沿连拱竖向取拱轴截面作为计算单元，并将由水泥土桩组成的不规则圆拱截面换算成截面面积相同的等厚度连续板拱截面。拱身内力包括轴力 N、剪力 Q、拱脚弯矩 M_q 和拱顶弯矩 M_c。如图 4-9，图中 e_a 为该截面深度处的主动土压力强度。

在连拱结构中，拱脚的受力最大，因此，拱身应力验算主要是验算拱脚的剪应力和轴向应力，需保证其不超过水泥土的相应强度。

在 e_a 作用下在拱脚产生拱脚竖向推力 V、拱脚横向推力 H、拱脚弯矩 M_q 和拱顶弯矩 M_c。拱脚处的轴力和剪力则为：

$$\left.\begin{aligned} N &= V\sin\alpha + H\cos\alpha \\ Q &= V\cos\alpha - H\sin\alpha \end{aligned}\right\} \tag{4-31}$$

根据超静定圆拱分析可以得出：

$$\left.\begin{aligned} V &= \eta_V \cdot e_a \cdot L \\ H &= \eta_H \cdot e_a \cdot L \\ M_q &= \eta_{Mq} \cdot e_a \cdot L^2 \\ M_c &= \eta_{Mc} \cdot e_a \cdot L^2 \end{aligned}\right\} \tag{4-32}$$

式中：η_V、η_H、η_{Mq}、η_{Mc}——拱身内力系数，可查表 4-1。

表 4-1　拱身内力系数表

系数 \ ρ	0.1	0.2	0.3	0.4	0.5
η_V	0.500 0	0.500 0	0.500 0	0.500 0	0.500 0
η_H	1.260 93	0.637 82	0.434 21	0.335 58	0.275 83
η_{Mq}	0.001 31	0.004 14	0.009 25	0.016 49	0.024 67
η_{Mc}	0.000 22	0.001 58	0.003 99	0.007 26	0.011 75

4.1.5 围筒式支护结构的设计计算

根据基坑平面形状，围筒式支护结构可采用闭拱圈，也可采用与其他支护结构组合的局部拱圈。圆筒式支护结构的拱圈轴线的失跨比一般大于1/8。

在侧土压力作用下，拱圈内力可按下述方法进行：

1. 对于圆形闭合拱圈，可以认为拱轴截面上受均布土压力作用，则拱圈内力只有轴向力 N_i：

$$N_i=1.2\gamma_0 R\cdot e_a\cdot h_i \tag{4-33}$$

式中：R——拱圈外圈半径，m；

h_i——拱圈计算段高度，m；

e_a——拱圈高度 h_i 范围内的土压力强度的平均值，kN/m²。

2. 椭圆形拱圈，拱圈内力有轴向力 N_i 和弯矩 M_i：

$$\left.\begin{aligned}N_i&=1.2\gamma_0 b[0.293+0.707(\frac{b}{a})^2]e_{aik}\cdot h_i\\M_i&=0.054\gamma_0(a_2-b^2)(\frac{a}{b})^2 e_{aik}\cdot h_i\end{aligned}\right\} \tag{4-34}$$

式中：a、b——拱圈的长、短轴长度，m。

3. 对于局部拱圈，可将其视为超静定两脚拱，并根据结构力学的知识进行内力计算。

4.2 桩墙式支挡结构的构造与施工

4.2.1 排式灌注桩支挡结构的构造与施工

排式灌注桩支挡结构主要有钻（冲）孔灌注桩桩排和人工挖孔桩桩排，图1-4。按布置形式又可分为密排桩排、疏排桩排和双排桩排，如图1-3。根据工程地质情况，对于疏排桩排和双排桩排一般与隔水帷幕一起使用。

1. 构造

用于支护结构的钻（冲）孔灌注桩的直径一般为500～1 200 mm。邻桩的中心距一般不大于桩径的1.5倍，最大不超过桩径的2倍。对于疏排桩和双排桩，为防止桩间土的剥落，可采用桩间土表面抹水泥砂浆或对桩间土进行注浆加固加以保护。灌注桩的混凝土强度等级不低于C20。对于异形变截面桩，桩间应设连接钢筋，并预埋在桩体内，如果用作主体结构的一部分，则必须预埋与主体结构的梁、板、柱连接钢筋。

（1）桩顶圈梁构造

如图4-10。圈梁的宽度不小于桩径，高度一般为桩径的0.5～0.8倍，且不小于400 mm。桩顶纵向钢筋应锚入圈梁内，且锚固长度不小于30倍纵向钢筋直径。桩、圈梁主筋焊接接头必须分散布置，一个截面的接头数不得超过钢筋数的一半。使用混凝土的强度等级不小于C20。对处于转角及高差变化部位应予以加强。

当圈梁兼作支撑围檩或顶部拉锚腰梁时，其截面尺寸根据静力计算确定，并作抗剪和抗弯验算，梁宽通常不小于支撑间距的1/6，且不小于500 mm。其剪力和弯矩可按连续梁或简支梁计算：

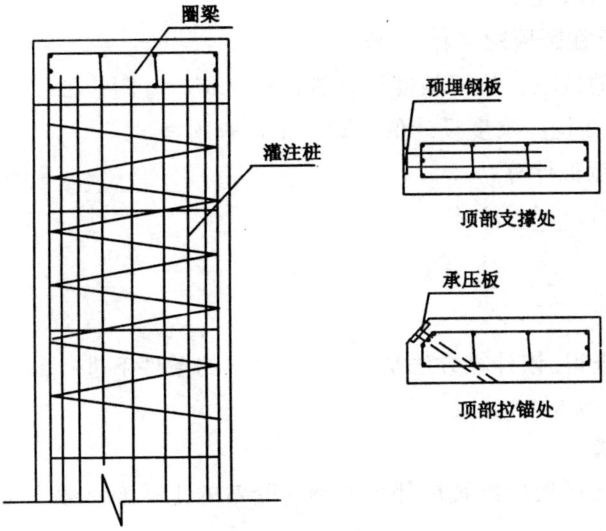

图 4-10　圈梁构造示意图

$$\left.\begin{aligned}Q&=q\cdot l/2\\M&=\alpha\cdot q\cdot l^2\end{aligned}\right\}\qquad(4\text{-}35)$$

式中：α——内力系数，对等跨连续梁取 1/16，对简支梁取 1/8；

l——相邻两支撑（或拉锚）之间的距离，m；

q——支护结构作用在圈梁上的水平力，kN/m。

（2）圆形截面桩身配筋

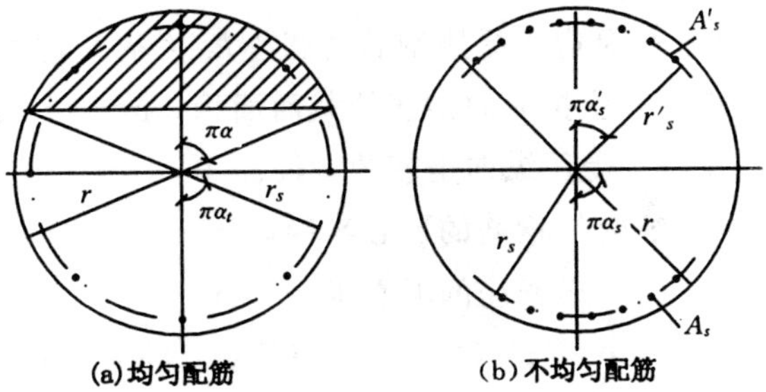

图 4-11　圆形桩身截面配筋

根据支挡结构设计计算出的内力，按现行《钢筋混凝土结构设计规范》(GBJ10-89)中的圆截面受弯杆件进行计算，当同时受水平荷载和垂直荷载作用时可按弯压构件计算，如图 4-11。

①圆截面均布配置

当配筋数量不少于 6 根时，其正截面受弯计算公式为：

$$\left.\begin{aligned}&M\leqslant\frac{2}{3}f_{cm}\cdot A\cdot r\frac{\sin^2\pi\alpha}{\pi}+f_y\cdot A_s\cdot r_s\frac{\sin\pi\alpha+\sin\pi\alpha_t}{\pi}\\&\alpha\cdot f_{cm}\cdot A\left(1-\frac{\sin2\pi\alpha}{2\pi\alpha}\right)+(\alpha-\alpha_t)f_y\cdot A_s=0\end{aligned}\right\}\qquad(4\text{-}36)$$

式中：α——对应于受压区混凝土截面面积圆心角（rad）与 2π 的比值；

α_t——纵向受拉钢筋截面面积与全部纵向钢筋截面面积的比值，$\alpha_t=1.25-2\alpha$，当 $\alpha>0.625$ 时，$\alpha_t=0$；

A——圆桩截面面积，m^2；

A_s——全部纵向钢筋的截面面积，m^2；

r——圆桩截面半径，m；

r_s——纵向钢筋所在圆周的半径，m；

f_y——纵向钢筋的抗拉、抗压强度设计值，kN/m^2，查附表 2；

f_{cm}——混凝土弯曲抗压强度设计值，kN/m^2，查附表 3。

另外，也可按下式近似计算：

$$\left.\begin{aligned} A_s &= \frac{f_{cm} \cdot A}{f_y}\xi \\ m &= \frac{M}{f_{cm} \cdot A \cdot r} \end{aligned}\right\} \tag{4-37}$$

ξ 可根据附表 7 中的 m 查得。该计算方法是在 $r_s=0.86r$ 的条件下进行的，若不符合此条件时，由该表求得的 A_s 乘以系数 $0.86r/r_s$。

②圆截面不均匀布置

沿截面受拉区和受压区周边配置局部纵向钢筋受弯的正截面承载力按下式计算：

$$\left.\begin{aligned} & M \leqslant \frac{2}{3} f_{cm} \cdot A \cdot r \frac{\sin^2\pi\alpha}{\pi} + f_y \cdot A_s \cdot r_s \frac{\sin\pi\alpha_s}{\pi\alpha_s} + f_y \cdot A_s' \cdot r_s' \frac{\sin\pi\alpha_s'}{\pi\alpha_s'} \\ & \alpha \cdot f_{cm} \cdot A\left(1-\frac{\sin 2\pi\alpha}{2\pi\alpha}\right) + (A_s'-A_s) f_y = 0 \end{aligned}\right\} \tag{4-38}$$

式中：α——对应于受压区混凝土截面面积圆心角（rad）与 2π 的比值；

α_s——对应于受拉钢筋的圆心角（rad）与 2π 的比值，一般在 1/6～1/3 之间取值，通常取 1/4；

α_s'——对应于受压钢筋的圆心角（rad）与 2π 的比值，一般取 $\alpha_s' \leqslant 0.5\alpha$；

A_s——受拉纵向钢筋的截面面积，m^2；

A_s'——受压纵向钢筋的截面面积，m^2；

r_s——受拉钢筋的形心半径，m；

r_s'——受压钢筋的形心半径，m。

另外，也可按式（4-37）近似计算，同时假定受拉钢筋对称分布在合力方向两边各 45°的范围内，但此时 ξ 应根据附表 7 的续表中的 m 查得。

对于受弯压的桩，配筋根据现行《钢筋混凝土结构设计规范》(GBJ10-89）的有关规定进行。

桩的纵向配筋一般采用通长配筋，有时也可根据支护结构的剪力和弯矩分布情况，在纵向进行不等密度配筋。当在圆形截面上采用局部不均匀配筋时，在不配筋处应设置适量的纵向结构筋。

2. 施工

关于钻（冲）孔灌注桩和人工挖孔桩的详细施工工艺请参阅本丛书的《岩土工程钻进原理》分册。

用于支挡结构的桩排施工的要求：

(1) 沿支挡结构轴线和垂直于轴线方向的桩位偏差均不超过 50 mm，桩的垂直度偏差不大于 0.5%；

(2) 钻（冲）孔桩桩底沉渣不超过 200 mm，当用作承重结构时，桩底沉渣按《建筑桩基技术规范》进行。

(3) 排桩采用跳桩施工，并应在灌注混凝土 24h 后进行邻桩成孔施工；

(4) 不均匀配筋钢筋笼在绑扎、吊装和埋设时，应保证钢筋笼的安放方向与设计方向一致；

(5) 圈梁施工前，应将支护桩桩顶浮浆凿除清理干净，桩顶以上出露的钢筋长度应达到设计要求。

4.2.2 板桩支挡结构的构造与施工

1. 钢筋混凝土板桩

钢筋混凝土板桩一般由预制钢筋混凝土板桩组成，当考虑重复使用时，宜采用预制的预应力混凝土板桩。桩身截面通常为矩形，也可用 T 形或工字形截面。

(1) 构造

板桩两侧一般做成凸凹榫，如图 4-12。也有做成 Z 形缝或其他形式的企合口缝。阳榫各面尺寸应比阴榫小 5 mm。板桩的桩尖沿厚度方向做成楔形。为使邻桩靠接紧密，减少接缝和倾斜，在阴榫一侧的桩尖削成 45～60°斜角，阳榫一侧不削。角桩及定位桩的桩尖做成对称形。

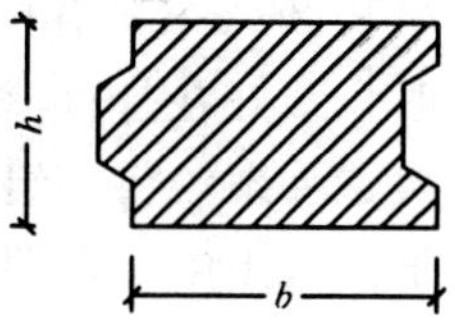

图 4-12 矩形钢筋混凝土板桩截面

矩形截面板桩宽度通常用 (b) 500～800 mm，厚度 (h) 100～450 cm。T 形截面板桩的肋厚一般为 200～300 mm，肋高 450～750 mm。混凝土强度等级不宜小于 C25，预应力板桩不宜小于 C40。

考虑沉桩时的锤击应力作用，桩顶部应配 4～6 层钢筋网，桩顶以下和桩尖以上各 1～5 m 范围内箍筋间距不大于 100 mm，中间部位箍筋间距 200～300 mm。当板桩打入硬土层时，桩尖宜采用钢靴，榫壁应配构造筋。

在基坑转角处应根据转角的平面形状做成响应的异形转角桩。转角桩或定位桩的长度应比一般部位的桩长 1～2 m。

截面内力根据支护结构的设计计算确定，同时，需考虑板桩在起吊和运输过程中产生的内力。截面承载力按现行《钢筋混凝土结构设计规范》(GBJ10-89) 的有关规定进行。

(2) 施工

钢筋混凝土板桩通常采用锤击、静压或振动等方法沉入土中，这些方法可以相互配合使用。打桩前应根据板桩支挡结构的水平总长和板桩规格，事先确定所需的板桩数量。沉桩应分段进行，不应单独打入。定位桩应确保其沉桩的垂直度。其他板桩在定位桩打好后，依次沿着导架逐块打入土中。

2. 钢板桩

钢板桩支护结构一般采用 U 形或 Z 形截面钢板。当基坑较浅时也可采用正反扣的槽钢，当基坑较深时、荷载较大时也可采用钢管、H 钢及其他组合截面钢桩。

(1) 构造

对于 H 钢和 U 形钢板桩，其平面结构形式如图 1-5、图 1-6。

带锁口的钢板桩一般能起到隔水作用，但考虑到施工中的不利因素，在地下水位较高的地区环境保护要求较高时，在钢板桩的背侧需加设隔水帷幕。

钢板桩支护结构可以用于圆形、矩形、多边形等平面形状的基坑。对于矩形和多边形基坑在转角处应根据转角平面形状做相应的异形转角桩，如果无成品转角桩，可将普通钢板桩裁开后，加焊型钢或钢板后拼制成转角桩。转角桩的长度一般要加长。

（2）施工

钢板桩通常采用锤击、静压或振动等方法沉入土中，这些方法可以单独使用，也可相互配合使用。沉桩前，现场钢板桩应逐块检查并编号，钢板桩尺寸的允许偏差一般按下面标准进行控制：截面高度±3 mm；桩端平面平整度<3 mm；截面宽度［－5，＋10］mm；长度挠曲<1%。钢板桩边缘锁口应以一块长约 1.5～2 m 同型标准锁口做通长检查，不合格时应予以调整。经检查合格的锁口应涂上黄油或其他优质油脂后待用。

当钢板桩长度不够时，可采用相同型号的板桩按等强度原则接桩，通常先对焊，再焊接头加强板。

钢板桩应分段打入，不宜单独打入。封闭或半封闭支挡结构应根据板桩规格和封闭段的长度事先计算好块数，第一块沉入的钢板桩应比其他的桩长 2～3 m，并应确保它的沉桩垂直度。有条件时，最好在打桩前在地面以上沿支挡结构位置先设置导架，将一组钢板桩沿导架正确就位后在逐根沉入土中。如图 4-13。

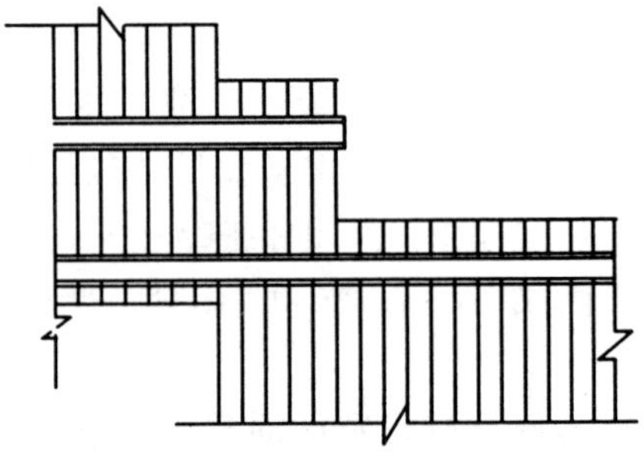

图 4-13　钢板桩施工示意图

钢板桩一般作为基坑临时性支护结构，在地下主体工程完成后即可将钢板桩拔除。但是，在拔除过程中易引起周围土体的侧向位移和沉降，从而影响周边环境的安全。防止此现象发生的措施一般有两种：一是沿着拔桩方向在钢板桩外侧土中事先插入注浆管，待板桩拔起后随即通过邻近的注浆进行注浆，使浆液充填到板桩留下的空隙；二是在板桩拔起后，随即在桩位孔中插入套好布袋或塑料袋的注浆管直至空隙底部，然后立即注浆，浆液使布袋或塑料袋膨胀而充填空隙。

4.2.3　水泥土挡土墙支护结构的构造与施工

1. 构造

格栅状或块状布置的水泥土挡土墙的水平结构形式如图 1-1。

采用格栅布置时，水泥土的置换率：淤泥不小于 0.8；淤泥质土不小于 0.7；粘土或砂土不小于 0.6。格栅长宽比不小于 2，横向墙肋的净距不大于 2.0 m。

桩与桩之间的搭接宽度根据挡土和止水要求确定。当考虑止水作用时，搭接宽度不小于 150 mm；当不考虑止水作用时，搭接宽度不小于 100 mm。

水泥土挡土墙桩顶应作桩顶钢筋混凝土压顶梁，如图 4-14。梁高不小于 200 mm，宽不小于墙宽，混凝土的强度等级不小于 C15。压顶梁一般用混凝土摩阻键与桩体连接。

2. 施工

水泥土挡土墙采取切割搭接法施工，应在前桩水泥土尚未固化时进行后续搭接桩的施工。施工开始和结束的头尾搭接处，应采取加强措施，消除搭接沟槽。墙体桩位偏差不大于 50 mm，垂直度偏差不大于 0.5%。当设置插筋时，桩身插筋应在桩顶搅拌完成后及时进行。

深层搅拌桩施工前，应进行成桩工艺及水泥掺入量或水泥浆的配合比试验，以确定相应的水泥掺入比或水泥浆水灰比。喷浆深层搅拌桩的水泥掺入比 15%～18%；喷粉深层搅拌桩为 13%～16%。

采用高压旋喷桩时，施工前应通过试喷试验，确定不同土层旋喷固结体的最小直径、施工工艺参数。高压旋喷桩水灰比为 1.0～1.5。

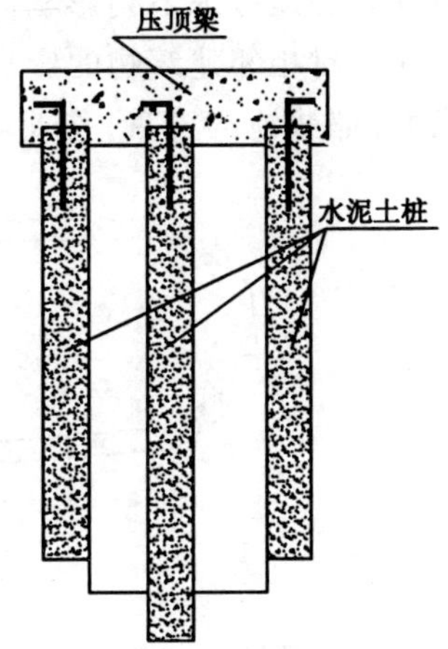

图 4-14　水泥土挡土墙示意图

4.2.4　槽壁式地下连续墙的构造与施工

1. 导墙构造的构造和施工

目前，槽壁式地下连续墙的导墙多采用现浇混凝土结构、钢结构或预制混凝土的移动结构，但不管采用何种形式，导墙都应具有足够的强度、刚度和精度，而且必须满足成槽机的施工要求。导墙的一般结构形式和构造如图 4-15、图 4-16。

现浇钢筋混凝土导墙的施工顺序为：平整场地→测量放线→挖槽及处理废土→绑扎钢筋→支模板→浇注混凝土→拆模并设置横撑→导墙外侧回填土。导墙的施工精度关系到地下连续墙的精度，在构筑导墙时，必须保证：导墙的内墙面应平行于地下连续墙轴线，对轴线距离的最大偏差为±10 mm；内外导墙的净距应为地下连续墙名义厚度加 40 mm，净距的允许偏差为±5 mm，墙面应垂直；导墙顶面应水平，全长范围内的高差应小于±10 mm，局部高差应小于 5 mm。导墙的混凝土强度等级一般为 C20。

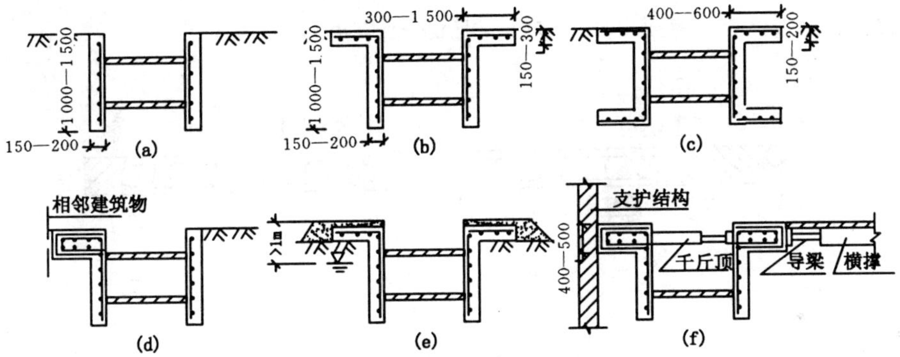

图 4-15　导墙结构形式与构造

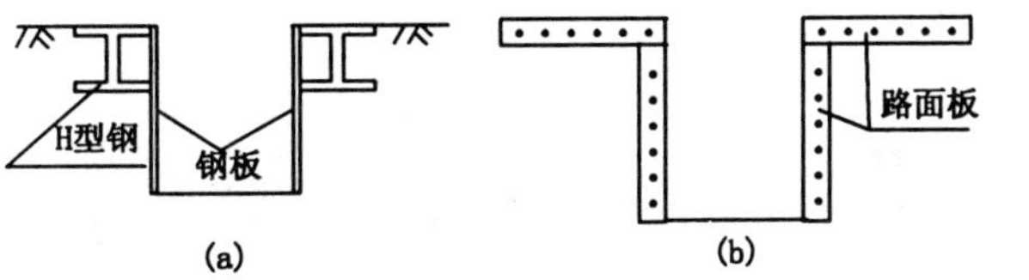

图 4-16　移动式导墙

2. 槽段构造和施工

（1）单元槽段划分

地下连续墙施工时，沿着墙体长度方向把墙体分成若干单元槽段，如图 4-17。在进行槽段划分时必须考虑下列影响因素：地下连续墙的使用目的、构造、形状；墙的厚度、深度；地层条件；对相邻建筑物的影响；成槽机的最小成槽长度；钢筋笼的重量与尺寸；混凝土的供应能力；储浆池的容量；作业场地的大小；可连续作业的时间等。单元槽段长度一般为3～6 m。

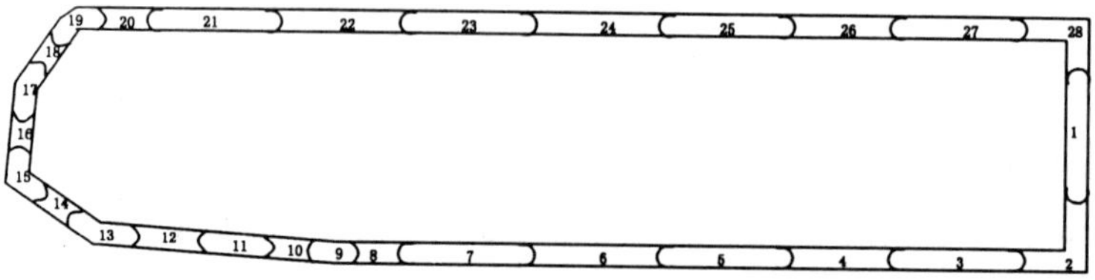

图 4-17　单元槽段划分

（2）槽段接头构造和施工

槽段接头是地下连续墙施工的关键部位，每段墙间的连接是否紧密而不透水，取决于槽段接头的施工质量。

①平接接头。如图 4-18（a）、图 4-18（b）。此为早期用的一种接头，图 4-18（b）所示接头是为了提高图 4-18（a）接头的抗渗性能和抗剪强度的改良形式。

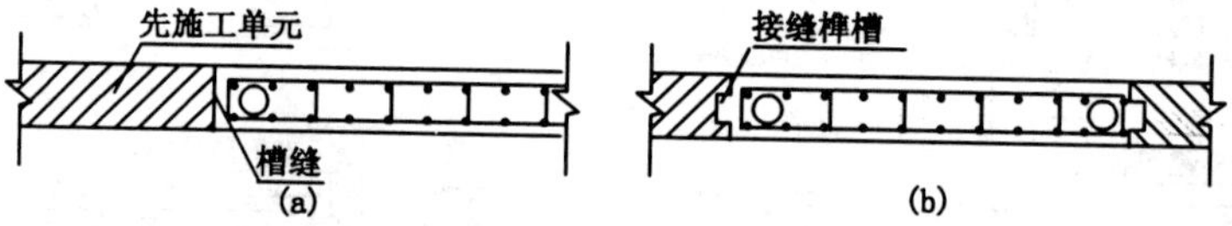

图 4-18　平接接头

②连接管接头。如图 4-19。这是一种较常用的简单接头。它利用接头管阻挡混凝土，连接管拔出后，在槽段端部形成串圆形榫槽。除圆形接头管外，还有 U 形接头管和 V 形接头管等，如图 4-20。

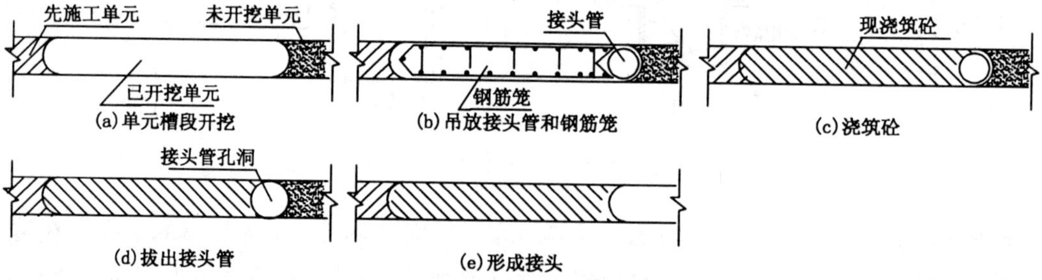

图 4-19　接头管接头的施工程序

③预制混凝土板接头。如图 4-21。这种接头是将预制板固定在先施工的钢筋笼端部，在预制板外的沟槽中可以插入连接管、安装气袋或回填碎石来防止预制板的侧向移动。这类接头的优点是开挖后露出的预制板，其内侧钢筋可和凿出的连续墙的横筋相互连接，增强了接

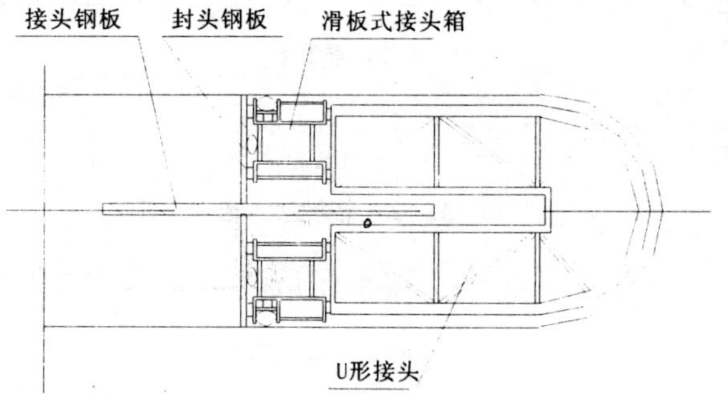

图 4-20　U 形接头管

缝的整体性，但预制板笨重，当连续墙较深时，吊放困难。

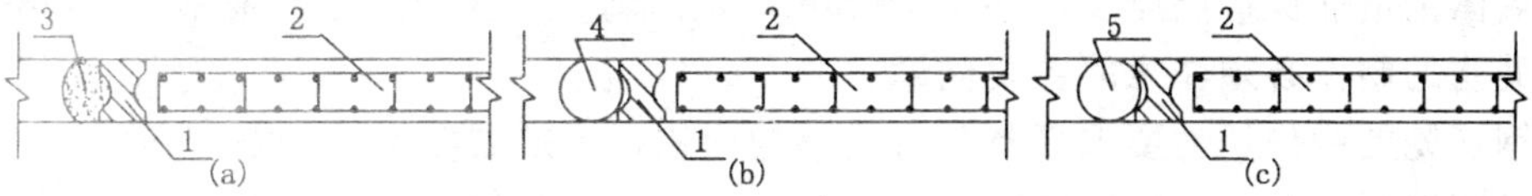

图 4-21　预制板接头

1—预制混凝土板；2—先施工单元；3—碎石；4—连接速锁管；5—气袋

④隔板式接头。如图 4-22。这种接头可分为平隔板、榫形隔板和 V 形隔板接头。为防止混凝土通过隔板和槽壁之间的混凝土漏出，要在钢筋笼的两边铺贴化纤布，化纤布可把单元槽段钢筋笼全部罩住。

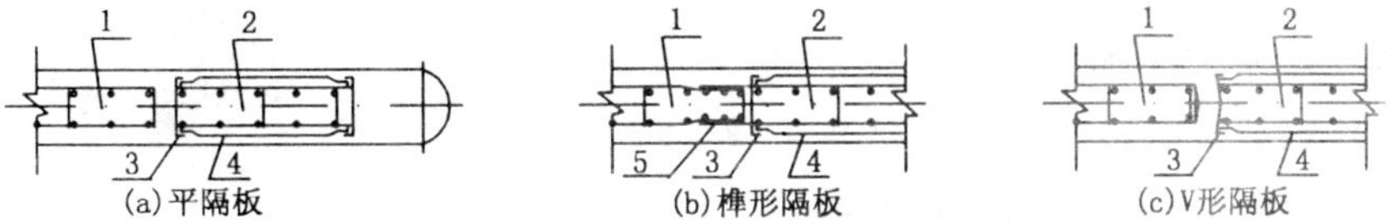

图 4-22　隔板式接头

1—现浇混凝土槽段钢筋笼；2—已浇混凝土槽段钢筋笼；3—钢隔板；4—化纤布；5—接头钢筋

⑤箱形接头。如图 4-23。这种接头使连续墙的整体性和接头处的刚性更好。接头箱和接头管的施工相似，只是以接头箱代替接头管，单元槽段开挖后，先吊放接头箱，再吊放钢筋笼。

(3) 钢筋笼构造与施工

钢筋笼的构造一般要合乎下列要求：

①受力钢筋应尽量采用Ⅱ级钢筋，主筋直径不小于 16 mm。构造筋可采用Ⅰ级钢筋，直径不小于 12 mm。连续墙与主题结构的预埋连接钢筋宜采用Ⅰ级钢筋。预制连续墙的构造钢筋直径不小于 10 mm。主筋净距不小于 75 mm；骨料粒径大于 20 mm 时，主筋净距不小于

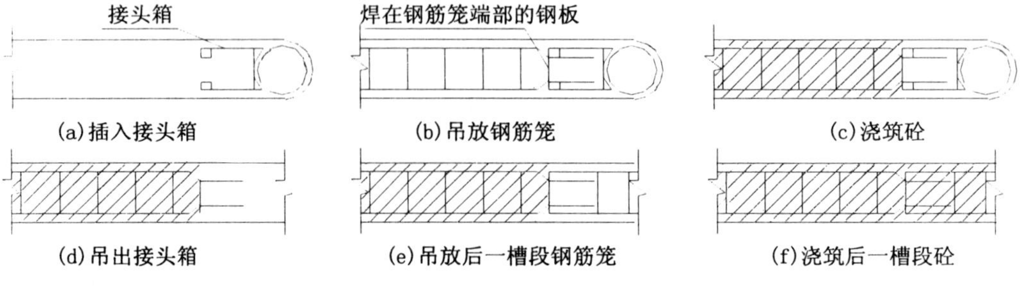

图 4-23　箱形接头的施工

100 mm。

②钢筋笼应尽量配成整体。必须分段搭接时，搭接位置应选在受力较小处，并应相互错开，受力筋搭接时，最小搭接长度为 $45d$，接头在同一截面时，最小搭接长度为 $70d$，且不小于 1.5 m，墙体与主体结构连接时，预埋在墙体内的受拉（剪）钢筋、连接螺栓或连接板锚筋应满足受力计算要求，锚固长度应不小于 $30d$。

③墙体主钢筋保护层厚度不小于 70 mm，预制墙主筋保护层厚度不小于 30 mm。

钢筋笼的制作必须注意的主要问题：

①钢筋笼的制作场地要求平整且有足够的面积，一般需要 150～200 m^2。

②钢筋笼制作时，纵向钢筋接头可以采用对焊、双向焊单面焊、套筒式连接接头等。在施工前必须对接头作检查试验，以确认电焊的质量或套筒接头的工艺标准。纵向钢筋底端应距槽底 100～200 mm，水平钢筋的端部距相邻段混凝土表面要有一定的空隙（一般为 50～150 mm）。钢筋笼制作需在平台上进行，除按图纸施工外，还需考虑钢筋笼吊放时钢筋不得变形，为此常需增加一部分施工钢材。为方便混凝土导管插入和拔出，常将纵向钢筋布置在水平钢筋的内侧。

3．结构接头构造

地下连续墙与建筑物内部结构的楼板、柱、梁、底板等连接的结构接头常有下列几种：

（1）预埋连接钢筋法。如图 4-24。这是一种较常用的构造方式，它是在钢筋笼制作时，将加设的设计连接钢筋与钢筋笼连接，弯折后一起下入槽内，浇筑墙体混凝土后被预埋在墙体内。待基坑土体开挖后露出墙体时，凿出预埋钢筋，并拉弯成结构设计的连接形状，与后筑结构的受力筋连接。为便于施工，预埋连接钢筋一般不大于 22 mm。由于连接处往往是结构的薄弱处，设计时一般使连接筋有 20%的富余。

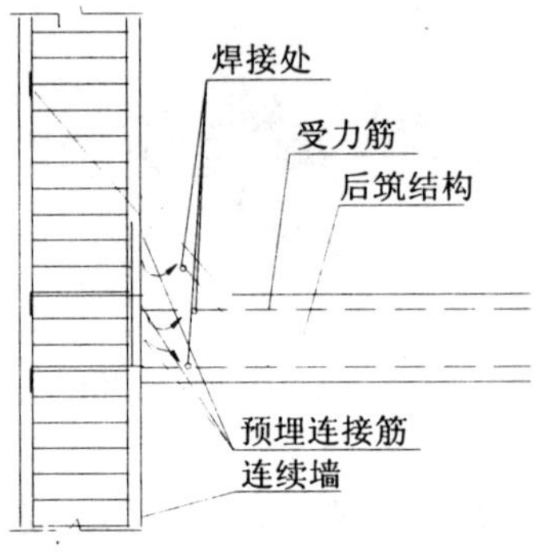

图 4-24　预埋连接钢筋法

（2）预埋连接钢板法。如图 4-25。这是一种间接连接接头法，它是在钢筋笼制作时，将预埋连接钢板与钢筋笼固定。浇筑墙体混凝土后被预埋在墙体内。待基坑土体开挖后露出墙体时，凿出预埋钢板，用焊接方式与后筑结构的受力筋连接。施工时要注意保证预埋连接钢板后面的混凝土饱满。

（3）预埋剪力连接件。如图 4-26。剪力连接件先预埋在连续墙内，然后弯折出来与后筑结构连接。

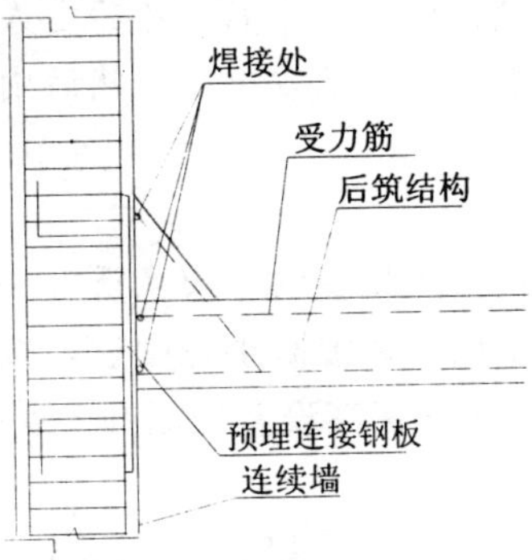

图 4-25　预埋连接钢板法

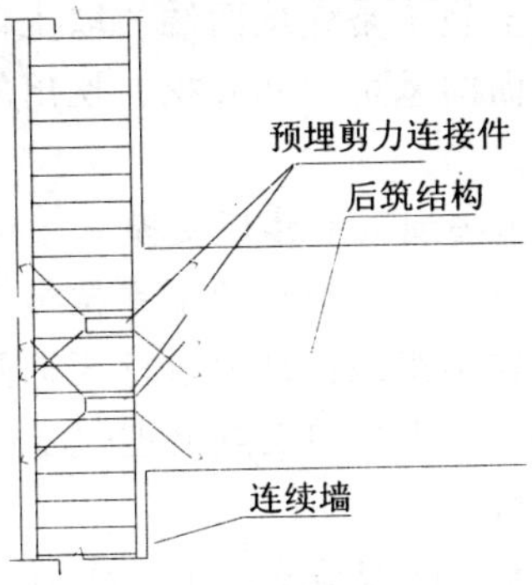

图 4-26　预埋剪力连接件法

4.2.5　基坑工程的全逆作法施工

采用逆作施工技术能有效地保护周边环境，且具有施工工期快、支护费用省等优点。如图 1-8。

1. 逆作法的特点

（1）利用柱下桩及地下连续墙（以下简称地下墙）作为逆作法施工期间承受地上、地下结构荷载及其施工荷载的构件；利用地下室楼板，作为基坑施工的支撑。其中柱桩的深度、柱径与地下墙的深度、厚度需经过计算确定。

（2）地下多层逆作法挖土。采用地下室首层楼板结构完成后，由专用取土设备与人力相结合在楼板底下挖土，挖至下一层楼板标高后，浇筑该层楼板结构，然后再用相同方法挖土，浇筑楼板，如此直至地下室底板完成。

（3）逆作法施工土方。采用人力开挖与坑底水平运土，然后由设置在基坑两端的取土口专用取土设备，将挖出的土方提升装车外运。

（4）地下室楼板模。采用土模承重，当挖土至标高后做出混凝土垫层，并在模板搁支点上用砂浆找平，直接将模板搁置在砂浆找平层上，挖土、混凝土垫层、砂浆找平，必须按要求严格控制标高误差。

2. 工艺原理

多层地下室的传统施工方法是“敞开式”，而“逆作法”是一种“封闭式”施工方法。其工艺原理是：先沿建筑物周围施工地下墙，在建筑物内按柱网轴线施工柱下支承桩，然后进行地下首层施工。完成后同时施工地下、地上结构。待地下室底板完成后，再进行复合柱、复合墙的施工。

3. 适用范围

本工法适用于高层建筑、多层地下室结构施工及类似于地下室结构的地下构筑物的结构施工。但地下墙中柱桩沉降量必须经过计算。柱、梁、板节点必须符合设计要求。

4. 施工工艺

（1）逆作法施工方法

逆作法施工方法是首层楼板结构完成后，即架设专用取土设备，然后地下挖土施工与地上结构施工同时进行。根据地下一层的埋深，如施工地下二层楼板开挖深度不大且围护墙经计算满足悬挑受力要求，可直接明挖一层，施工地下二层楼板后，再地上地下同时施工（如图 1-8）。

地下挖土施工是先从两端的取土口，直接用取土设备挖出工作面，然后由人力从取土口的挖土工作面向基坑中间开挖。挖出的土方用双轮手推车，运至取土口，然后由取土设备取土装车外运。

（2）逆作法地下室楼板支模

模板设计原则：根据地下室楼板结构的形式，模板采用相应的土模承重方法。首先将基坑内的土按施工组织设计要求挖至标高，做好混凝土垫层，待混凝土稍硬后，按图弹出轴线与梁边线，并在模板的支点上进一步用水泥砂浆找平，使其标高误差控制在“规范”要求内，然后搁支模板。

模板拆除：随着地下挖土工作面的推进，当楼板底的模板外露后，即可将模板逐块拆下，并翻转至下一层施工。为防止摔坏模板，拆模时应根据模板的形式采取相应的保护措施，并把该措施编制在施工组织设计内。

（3）逆作法地下结构相关节点

逆作法施工竖向承重体系采用地下墙及轴线桩，故地下墙与楼板梁的连接，应事先按设计图纸要求，在施工地下墙与中柱桩时埋设各类节点钢板及连接钢筋。

柱梁节点是先在施工中柱桩时即在相应楼板标高处预埋设钢板或锚筋节点，待地下开挖暴露出节点后，清除节点上的淤泥，按设计要求焊接或机械连接各类锚固钢筋。使楼板结构与中柱桩的连接可靠、安全，并满足逆作法施工状态下的施工荷载要求。待地下室底板完成后，再由下至上施工中柱桩外侧的复合柱，使完全满足结构设计要求。

墙、梁、板节点与柱梁节点类似，首先是在地下墙施工时在相应的楼板标高埋钢板与锚筋节点，开挖后的节点施工、复合墙施工则同柱梁。

（4）逆作法施工期间的结构沉降差控制

在逆作法施工期间，其全部的结构施工荷载主要靠中柱桩和周边的地下墙承担。控制整个结构的不均匀沉降是逆作法的关键技术措施之一。

为提高中柱桩与周边地下墙的垂直承载力、减小沉降差，在施工地下墙与中柱桩时预埋注浆管，并对桩底和墙底的沉渣部位进行压密注浆。

根据工程桩的静载试验 P-S 曲线及地质报告等数据，暂定一个地基垂直承载刚度，然后按实际施工的各工况荷载计算出在极限沉降差内（极限沉降差由设计决定，一般为 2cm）上部结构能施工至几层。

在结构的平面柱网线上和周边地下墙轴线上设置沉降观察点。一般情况下每 2d 观察 1 次，当上部结构施工浇捣一个楼层混凝土后一周内每天观察 1 次。各点的高程均采用二次闭合测量。

根据计算处理后的沉降观察数据和观察沉降时的上部荷载进行荷载（P）、沉降（S）的 N 次多项式曲线拟合。根据得到的 P-S 荷载沉降拟合曲线来预测施工下一层楼板和上一层楼板结构后的沉降差，从而协调地下、地上结构施工进度。使整个结构沉降差控制在设计范围内。

（5）其余相关工艺

地下施工通风措施：在各层地下室楼板上预留通风口，洞口平面按挖土工作面的推进路线设置，随着地下挖土工作面的推进，当露出通风口后，及时安装大功率轴流风机，并启动风机向地下施工操作面送风，清新空气由各送风口流入，经地下施工操作面从取土口流出，形成空气流通，保证施工安全。

地下用电安全措施：地下施工动力、照明线路应设置专用的防水线路，并事先按布置图在板、梁柱中埋设穿线钢管，随着地下挖土工作面的推进，及时穿线设置防水电箱。自电箱至各电器设备的线路采用双层绝缘电线，并架空铺设在楼板底下。

钢筋工程：地下室楼板、梁与地下墙、中柱桩的连接，均按设计图的要求采用预埋钢板或插筋，然后与梁板内的钢筋电焊连接或机械连接。

混凝土工程：采用商品混凝土，根据施工组织设计的要求布置硬管直接接入地下各层楼面，并用混凝土输送泵送料。

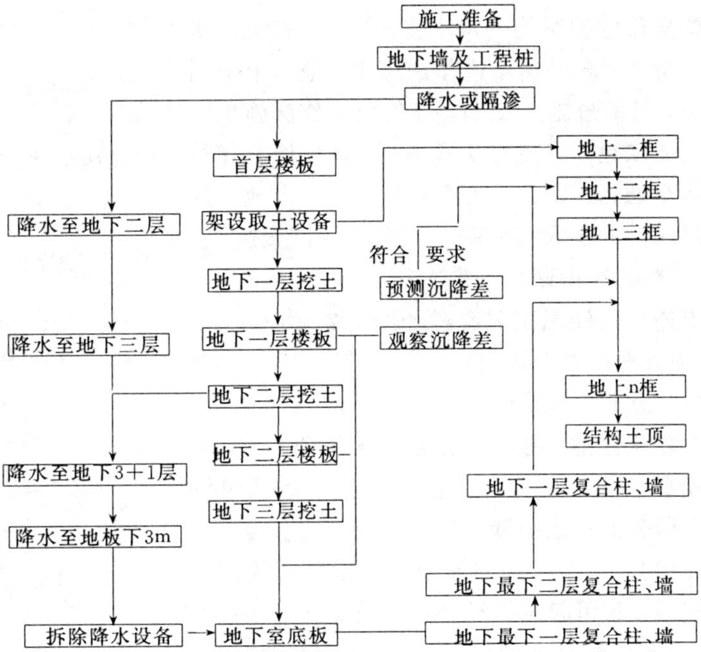

图4-27　全逆作法工艺流程

基坑地下水控制：可根据基坑深度、地质条件、地下室结构形式等情况采用降水（真空深井、电渗井、喷射井点、轻型井点）和防渗帷幕方法。降水范围、降水量及降水速率必须经过计算确定并满足地下施工各工况的施工要求。

（6）施工工艺流程

全逆作法工艺流程见图 4-27。

4.2.6　基坑工程的半逆作法施工工程实例

天信国际金融培训大厦占地面积 4 200 m²，总建筑面积 40 086 m²，总高 105.9 m，地上 27 层，地下 2 层，基础底标高为－10.7 m。基础为钢筋混凝土箱形基础，下设混凝土灌注桩，基础平面尺寸 66.1 m×55.7 m。本工程北距中环线干道 1.2 m，西距 6 层住宅楼 6.5 m，南距民房 0.8 m，东距工商行天津市分行超高层大厦 10.7 m。由于紧临城市要道，地下管网复杂，给基础施工方案的选择带来了众多限制。

1. 土质情况

本工程场地属海相冲积平原，从自然地坪至－18.6 m 为淤泥及淤泥质粘土，地表 4 m 内含水率为 23.7%～62.6%，土壤最大摩擦角为 19.5°。其主要特点为：土质条件差，含水率高，渗透系数小，内聚力小。

2. 基坑支护结构选择

由于场地狭窄，不允许大开挖。若采用锚杆，在软土地区可靠性低，施工复杂，工期长。经比较最后选用以地下连续墙作基坑护壁，以平衡土体保证地下连续墙稳定，待零层梁板施工完毕作为水平内支撑的半逆作法施工工艺，其优点是：①利用地下连续墙作工程的承重结构墙体，能有效地降低工程造价；②利用地下结构层梁板作围护结构的水平支撑，可节省坑内水平支撑费用；③采用半逆作法施工，地面上下同时施工，可缩短施工工期，避免全逆作法施工出土量大的缺点；④结构变形小，可确保原有建筑安全及交通、道路、管线不受影响；⑤因地下连续墙封闭，采用大口井降水不影响周围设施。

3. 半逆作法施工工艺流程

半逆作法施工工艺流程如图 4-28 所示。

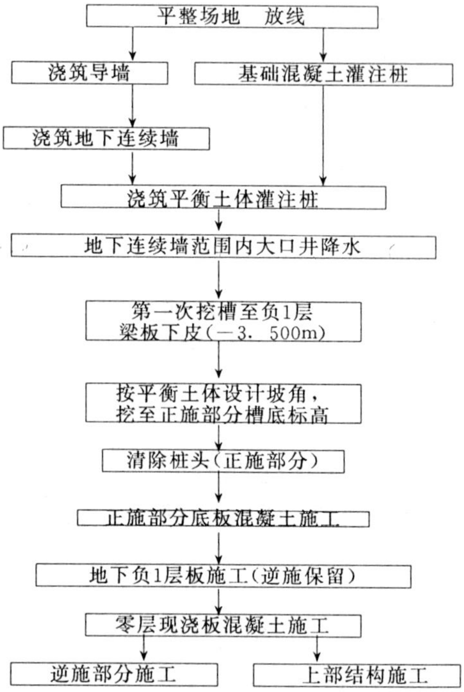

图4- 28　半逆作法施工工艺流程

4. 主要施工方法

(1) 地下连续墙施工方法

开挖土方前，用专用成槽机械（GZQ1250 双钻成槽钻机）在所定导墙位置开挖一条狭窄深槽，用膨润土泥浆护壁。每次开挖一定长度（一个单元槽长 3～5m），挖至设计深度并清除沉淀的泥渣后，利用起重机械将钢筋骨架（俗称钢筋笼）放入充满泥浆的槽内，用导管法浇筑混凝土。混凝土由槽底部开始逐渐向上浇筑，将泥浆置换出来。浇至设计标高后一个单元段即告施工完毕，各单元墙段间相互连接，形成的地下连续墙既可挡土又可挡水。

(2) 降水方式

基坑利用大口井降水，井深 18m，抽水深度 16.5m，采用 20m 扬程的潜水泵抽水，坑内共布置 20 口井。地下连续墙封闭后立即抽水，1 周后即可开始挖土，随挖土逐步裁井。视出水量及降水情况，在浇筑底板混凝土前保持少量水井抽水，并做好底板混凝土施工后的封井处理。为避免由于坑内降水造成坑外水位下降而损伤周围建筑及管网，在地下连续墙外侧设置回灌井，并安排专人观测水位变化情况。若水位下降过大应及时灌入足够数量的水，以阻止因地下水流失造成地基下沉。

(3) 土方开挖

土方开挖分二步三次进行，即第一步采用机械挖至－3.5 m 标高；第二步充分发挥机械化施工的优势，挖至正施部分基底标高。注意挖第二步时，控制标高视地下连续墙悬臂的最大允许应力值和变形量而定，注意保留平衡土体，并使坡角符合设计要求（如图 1-9）。挖至第二步后基槽呈盆状，基坑中心（正施部分）可挖至－10.7 m 的设计底标高。为便于逆施部分结构层支模，采用退踏放坡。第三次采用人工开挖。

(4) 施工程序地下 1 层（标高－3.5 m）梁板混凝土浇筑完成后（逆施除外），按正常施工进行零层梁板及以上部分混凝土施工。待零层板达到 100%设计强度标准值后，再同时进行下部施工，即开挖逆作部分平衡土体，由预留出土孔连续挖土至负 1 层板标高后浇筑混凝土。待混凝土强度达到 100%设计强度标准值后，进行负 2 层逆作施工（如图 1-9）。

5. 逆作支撑桩、柱施工

逆作支撑桩不仅在逆作状态下承受地上、地下楼层结构自重和全部施工荷载，而且该桩连柱也是工程正式结构桩。基桩采用桩径 600 mm、长 28 m 的钻孔灌注桩，支撑桩采用钢格构柱，嵌入灌注桩内 200 mm。应对基桩承载力及理论沉降做充分验算，以确保正、逆施工时变形一致。

6. 地下连续墙与内部结构钢筋连接

为保证地下连续墙体与结构层板连接的整体性，先将连接面处混凝土表面凿毛，结构楼层水平钢筋与地下连续墙连接采用钻孔、插筋、CGM 灌浆锚固连接技术。CGM 灌浆料是一种具有高流动性、早强、高强、微膨胀性能的复合灌浆材料。对圆钢该材料粘结强度 1d 可达 6.1MPa，螺纹钢可达 31MPa，且 1d 膨胀率可达总膨胀率的 80%以上。对于螺纹钢，钻孔长度为 15 倍钢筋直径，灌浆 7d 后可确保钢筋拔断而不拔出。施工简便易行，质量可靠。

7. 逆作法施工区混凝土浇筑

由于逆作法施工后浇混凝土位于先浇混凝土的下部，故应尽可能减少支撑系统沉降和结构变形，保证上下层混凝土连接紧密，并使混凝土空隙内的气体全部顺利排出。为此，在混凝土入口处模板随混凝土表面上升至顶部，逐步封浆；直墙模板顶部设喇叭口；在混凝土配合比设计时也考虑了微膨胀及预埋 DN15 钢管、压浆等措施。

8. 垂直运输预留孔洞设置

由于采用半逆作法施工，±0.00 结构梁板已完成，逆施部分土方及施工材料由上下贯通的垂直运输通道进出。本工程利用南侧车库坡道外运土方，并在北侧和东侧预留 4 m×3 m 孔洞，利用井架运输。

9. 防水作法

地下连续墙及底板均采用抗渗混凝土，但槽段接头、地下连续墙与底板连接处、正施底板施工缝处和中间支撑桩穿透底板处都是防水薄弱环节。为此在底板施工缝处加设德国罗美克斯注入式止水条，地下连续墙和底板内侧做 1.5 mm 厚硅橡胶防水涂料，并在地下连续墙内侧浇筑 200 mm 厚 C20、P8 钢筋混凝土内衬。

10. 深基坑围护监测

基坑开挖阶段半逆作法施工，仅靠平衡土体保证地下连续墙的稳定，而平衡土体提供被动土压力必然需要发生一定的位移，为确保基础施工安全，采用信息化施工。经实测长边中部最大位移值为 8 cm，短边中部为 6.5 cm。水位无明显变化，证明连续墙施工无渗漏。地下连续墙水平位移随挖土深度而不断增加，然后逐渐减慢，最后达到稳定；从挖土至基础施工完毕，周围楼房相对沉降仅为 9 mm。

11. 技术经济效益

（1）采用地下连续墙结构自支护的半逆作法施工工艺，不受土质条件限制，适用于土层复杂的软土地基。

（2）在地下水位较高地区，能有效地避免由于施工降水而引起的地面沉降及相邻建筑物的沉降，尤其适用于城市建筑物稠密地区施工。

（3）由于采用连续墙作为地下围护及结构外墙，故在正施过程中能以平衡土体来确保地下连续墙的稳定，在逆施过程中能以结构层作为内支撑，从而有效降低了工程造价，比传统的支护方式节约费用 7%～11%。

（4）采用连续墙施工，降水不需完整的降排水系统，综合比较其施工费用比传统作法降低 5%～8%。

5 支撑和拉锚技术

支撑或拉锚是支护结构的主要组成部分，也是基坑设计的重要内容。其设计的合理可靠程度、施工的质量好坏不仅对基坑的工程造价和施工周期影响很大，而且直接关系到土方开挖和基坑的安全。

5.1 拉锚技术

锚杆和锚索加固是岩土工程加固的一种重要手段。近十几年来，锚固技术以其独特的效应、简便的工艺、广泛的用途和经济的造价，在岩土加固领域中显示出越来越旺盛的生命力，几乎已触及土木建筑领域的各个角落。

由于基坑工程的锚杆和锚索所涉及的大多为第四系土层，故一般称之为土层锚杆或土层锚索，简称土锚。土锚是一种新型的受拉杆件，它的一端与支护结构等联结，另一端锚固在土体中，将支挡结构和其他结构所承受的荷载（侧向土压力、水压力以及上浮力、倾覆力、拉拔力等）通过拉杆传递到处于稳定土层中的锚固体上，再由锚固体将传来的荷载分散到周围稳定的土层中去。土锚不仅可用于临时性支护结构，在永久性建筑工程中应用也较广泛。

5.1.1 土层锚杆的构造

土层锚杆一般为灌浆锚杆，由拉杆、锚头、腰梁、自由段保护套管和锚固体等组成。如图 5-1。

1. 锚头

如图 5-2。当锚头是支挡结构与拉杆的连接部分时，为了保证来自支挡结构和其他结构上荷载的有效传递，一方面必须保证锚头构件本身有足够的强度，并紧密固定；同时应尽量将较大的集中荷载分散开。国内目前常用的锚头有 VOM 系列、JM12 系列以及 QM 系列等。锚头一般由锚座、承压板、紧固器组成。

当支挡结构与拉杆方向不垂直时，常用锚座来调整锚头的空间状态，使锚头的轴线与拉杆一致。另外，锚座也兼作张拉支座。锚座一般用钢板或混凝土制作。

承压板的主要作用有两点：一是避免由于锚座与紧固器接触面的不平整，而使紧固器轴线不能与拉杆一致，影响拉杆的受力状态；二是有时用来分散拉杆的集中力，改善锚头和拉杆的受力状态。

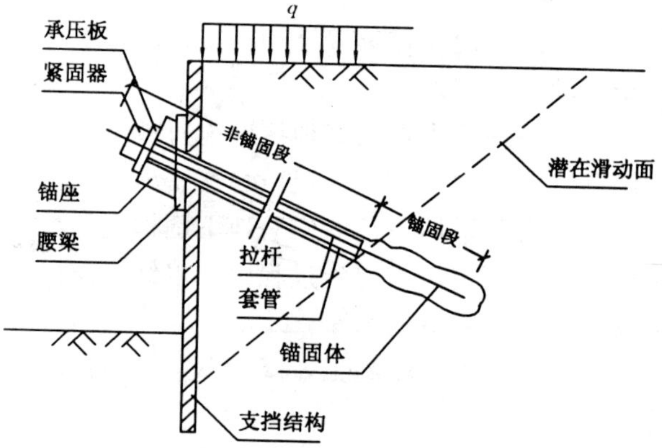

图 5-1 土锚结构组成示意图

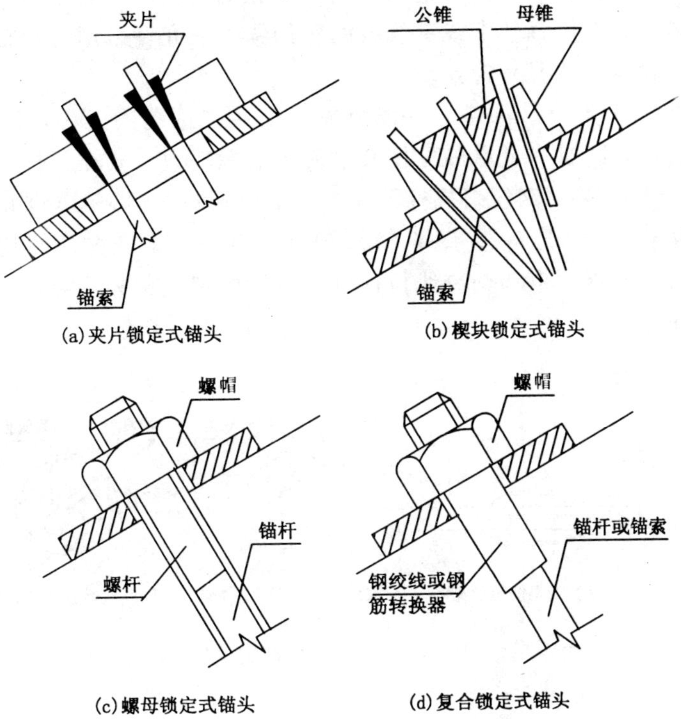

图 5-2　锚头装置

紧固器可以保证拉杆、锚座、承压板、支挡结构、腰梁等的紧密配合和牢固连接。由图 5-2 可以看出。不同的拉杆材料一般要采用不同的紧固器。

2. 腰梁

腰梁是传力结构，将锚头的轴向拉力传导支挡结构上。腰梁设计要充分考虑支护结构的特点、材料、锚杆倾角、受力（特别是轴向力的垂直分力的大小）等情况。图 5-3 是土锚腰梁的三种常用形式。

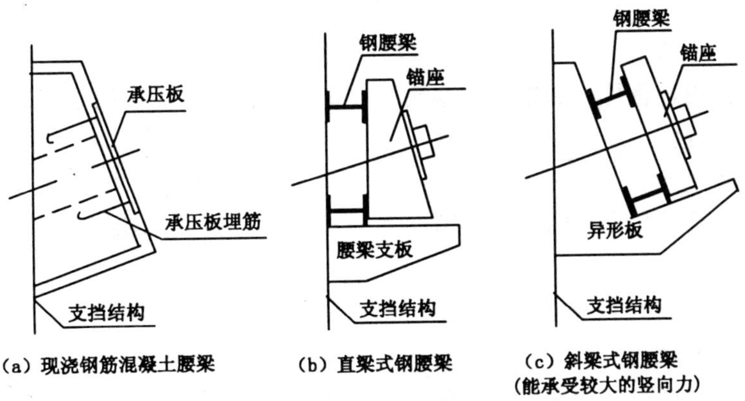

图 5-3　腰梁示意图

3. 拉杆

常用的土层锚杆拉杆有钢管、粗钢筋、钢丝束和钢绞线，一般把采用钢管或粗钢筋作拉杆的土层锚杆称锚杆，而用钢丝束或钢绞线的称为锚索。究竟采用何种拉杆，主要根据设计轴向承载力和现有材料的情况来选择。

为了使拉杆顺利下到设计深度，并能将拉杆安装在钻孔的中心，防止非锚固段（自由段）产生过大的挠曲，同时为了增加拉杆和锚固体的握裹力，故在拉杆上必须按一定的间距（一般钢筋拉杆为 2 m 左右，钢丝束拉杆不大于 1 m，钢绞线为 1～2 m）设置一定数量的定位架（导正架、隔离件），如图 5-4、图 5-5、图 5-6。钢筋或钢管拉杆的定位架用细钢筋制作（一般按 120°焊接），而钢丝束和钢绞线拉杆则需特制的定位架和隔离件。定位架的直径一般比钻孔直径小 1 cm。

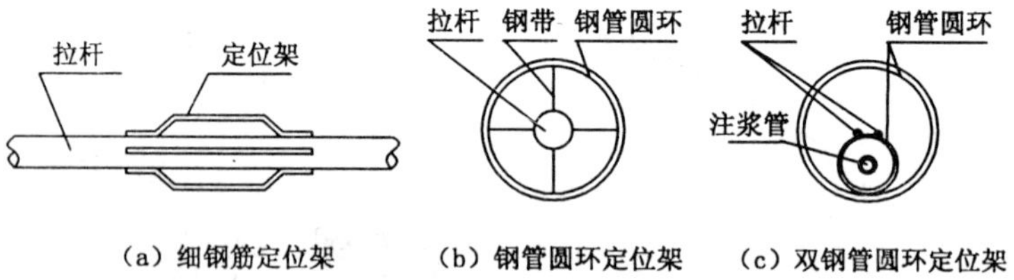

图 5-4　粗钢筋拉杆定位架

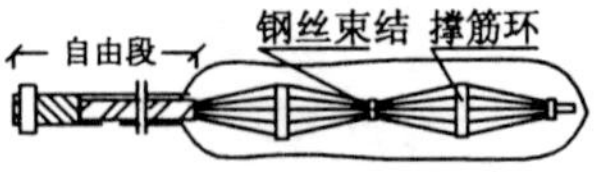

图 5-5　钢丝束拉杆撑筋定位架

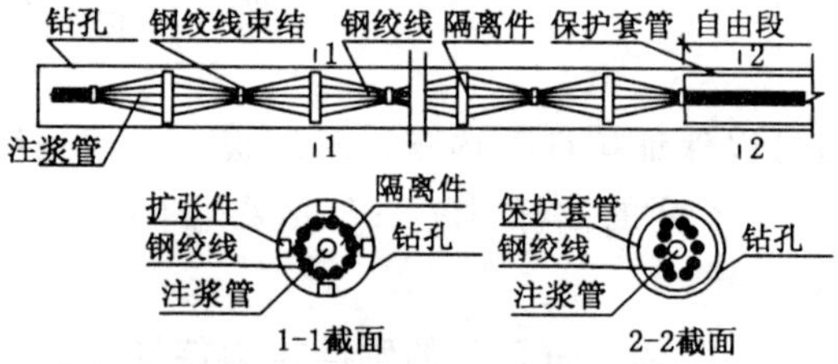

图 5-6　钢绞线拉杆定位架

4. 锚固体

如图 5-7。锚固体是指处于潜在滑动面以外的稳定土体中的锚杆尾端部分，通过锚固体与土体之间的相互作用，将拉杆的轴力传递到稳定地层。锚固体提供的锚固力的大小是保证支挡结构等稳定的关键。

5. 自由段保护套管

自由段保护套管对自由段的栏杆起防腐和隔离作用。如图 5-6。

5.1.2　土层锚杆的类型

1. 按拉杆材料分类

土层锚杆按拉杆材料可分为：钢管锚杆、钢筋锚杆、钢丝束锚杆、钢绞线锚杆。

2. 按锚杆在土体中的形状分类

按照锚杆在土体中的形状，土层锚杆一般有三种类型：

(1) 如图 5-7 (a)。此为一般注浆（压力为 0.3～0.5MPa，全孔注浆）圆柱体，孔内注水泥浆或水泥砂浆。适用于轴向力不大的临时性锚杆。

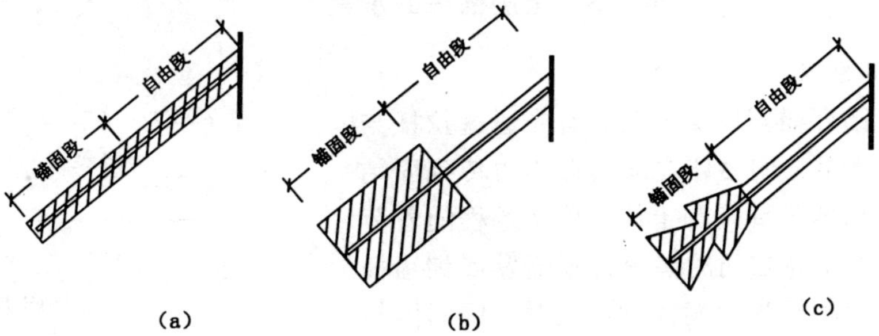

图 5-7 锚杆在土体中的形状示意图

(2) 如图 5-7 (b)。此为扩大的圆柱体或不规则体，采用二次高压注浆，压力从 2MPa（二次注浆压力）到高压注浆 5MPa 左右，在粘土中形成的扩大区一般相对较小，而在无粘性土中扩大区则相对较大。

(3) 如图 5-7 (c)。这一种锚杆是采用特殊的扩孔机具和工艺，在孔眼中沿长度方向扩一个或多个扩大头的圆柱体，在粘土和无粘性土中都适用，可以承受较大的拉拔力。

3. 按锁定应力情况分类

按锁定应力情况可分为：预应力锚杆、普通锚杆。

普通锚杆因锚头与腰梁和支挡结构之间、锚固体与土体之间均无应力状态，只有当潜在滑动面内的土体发生滑动或存在滑动趋势时，锚杆才发挥作用，也就是说，普通锚杆要发挥作用，土体和支挡结构必须产生一定的位移。如果对支挡结构和周边土体的位移控制要求严格，则必须人为地对锚杆预先施加拉力，使锚杆、支挡结构和土体首先产生约束应力和摩阻力。另外，预加应力也是锚杆在土层中的一次荷载试验。预应力锚杆只是减少支挡结构和土体等的位移，并不能增强锚杆的抗拔性能。

预应力锚杆与普通锚杆的拉力位移曲线如图 5-8。

预应力锚杆一般张拉至锚杆轴向力的设计值控制，且应力不应超过拉杆标准强度的 65%。锁定值应根据地层条件和支挡结构的变形控制要求确定，一般不大于锚杆轴向力设计值的 75%。另外，在锁定和后续预应力锚杆的施工过程中，由于相邻锚杆的影响和随着时间的增加，预应力值会有损失。因此，张拉时必须考虑预应力的可能损失程度。

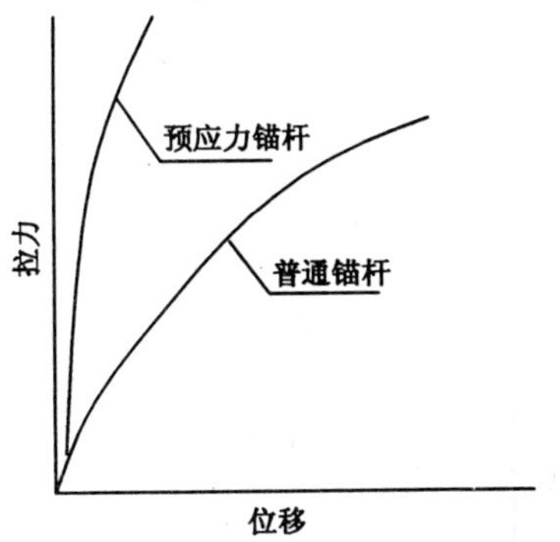

图 5-8 预应力锚杆与普通锚杆的比较

4. 按使用期限分类

按使用期限可分为临时性锚杆和永久性锚杆。作为永久性锚杆应避免锚固段设置在未经处理的下列土层中：①有机质土层。因为有机质土会引起锚固体腐蚀破坏；②液限 WL＞50%的高塑性土层。土层的高塑性会引起明显蠕变，从而导致锚固力的损失或丧失；③相对密度 Dr＜0～3 的松散地层。此类地层单位面积上的摩阻力极低，难以达到工程所需的锚固力。

5.1.3 土层锚杆的承载力

1. 锚杆的作用原理

如图 5-9。当锚杆锚固段受力时，首先通过拉杆与周边水泥砂浆（水泥浆）固结体之间的握裹力传到固结体中，然后通过固结体传到周围土体。传递过程随着荷载的增加，拉杆与固结体之间的握裹力逐渐发展到锚杆的下端，待锚固体内的握裹力发挥到最大时，锚固体与土体之间就会发生相对位移，产生土与锚固体之间的摩阻力，直到极限摩阻力。

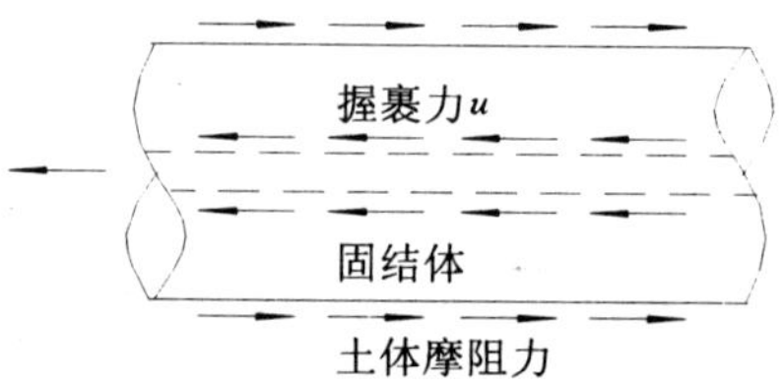

图 5-9 锚杆受力的传递原理示意图

抗拔试验证明，锚杆的位移随着拉拔的增加而增加，当拉拔力达到一定值后，位移将持续增加（即使不加力），此时认为锚杆达到了极限状态，土与锚固体之间的摩阻力为极限摩阻力。

2. 影响锚杆抗拔力因素及抗拔力计算

（1）土体的抗剪强度

土层锚杆与周围土体之间的摩阻力取决于土体的抗剪强度。土体抗剪强度可用库仑定律表示如下：

$$\tau=C+\sigma\tan\varphi \tag{5-1}$$

式中：C——锚固区内土体的粘聚力，kPa；

φ——锚固区内土体的内摩擦角，°；

σ——孔壁周边法向应力，kPa；

对于一般注浆锚杆（注浆压力为 0.3～0.5MPa）：

$$\sigma=K_0\cdot\sigma_{aik}$$

K_0——锚固段孔壁土压力系数（0.5～1.0），一般粘土取 0.5，砂土取 1.0；

σ_{aik}——第 i 层锚杆锚固段中点的竖向应力，根据本分册第 2.4 节计算。

在进行设计时也可参考有关资料选取土体抗剪强度，如表 5-1、表 5-2、表 5-3、表 5-4。

表 5-1 土体抗剪强度

（取自中华人民共和国行业标准《建筑基坑支护技术规程》(JGJ120-99)）

土层类型	土的状态	抗剪强度（kPa）
粘性土	坚硬	65～80
	硬塑	55～65
	可塑	45～55
	软塑	35～45
粉土	中密	60～110
砂性土	松散	50～90
	稍密	90～130
	中密	130～170
	密实	170～220

表 5-2　土体抗剪强度

（取自湖北省标准《深基坑工程技术规定》(DB42/159-1998)）

土层类型	土的状态	抗剪强度（kPa）
淤泥、淤泥质土	流塑	20～25
粘性土	坚硬	60～75
	硬塑	50～60
	可塑	35～50
	软塑	25～35
砂性土	松散	50～90
	稍密	90～150
	中密	160～210
	密实	220～300

表 5-3　土体抗剪强度

（取自上海市标准《基坑工程设计规程》(DBJ08-61-97)）

土层类型	埋藏深度，m	抗剪强度（kPa）
褐黄色粉质粘土层	0.0～3.0	33
灰色粉质粘土层	1.5～7.5	43
灰色淤泥质粘土层	3.0～6.5	22
灰色粉质粘土层	6.5～14.0	22～40
灰色粘土层	14.0～20.0	32
灰色粘土层	20.0 以下	64

表 5-4　岩石与锚固体之间的抗剪强度

（取自广州市标准《广州地区建筑基坑支护技术规定》(GJB02-98)）

岩石类型	风化程度	抗剪强度（kPa）
泥岩、页岩	强风化	100～150
	中风化	150～250
	微风化	250～350
白云岩、石灰岩	强风化	120～150
	中风化	200～350
	微风化	350～450
砂岩、砂砾岩、花岗岩	强风化	200～300
	中、微风化	350～550

对于一般注浆锚杆，极限抗拔力由下式计算：

$$T_u = L_e \cdot \pi \cdot D \cdot \tau \tag{5-2}$$

式中：L_e——锚固段长度，m；

D——锚杆钻孔直径，m。

（2）注浆压力及二次注浆的影响

试验和实践表明：锚杆的抗拔力随注浆压力的增大而增大，但不是无限的，一般当注浆压力超过 4MPa 时，抗拔力就增加很小了。

采用二次注浆时，由于第一次注浆压力较大，使浆液向土体渗透、挤压和扩散，形成不规则的浆液固结体，提高了原状土体的力学性能和抗剪强度，同时也使锚固体与土体之间的摩擦面积增大，因而使锚杆的抗拔力增加。

(3) 锚固体的形状对抗拔力的影响

如图 5-10。对于端部扩大头锚杆，极限抗拔力由下式计算：

$$T_u = L_{e1} \cdot \pi \cdot D_1 \cdot \tau + L_{e2} \cdot \pi \cdot D_2 \cdot \tau + q_z A \tag{5-3}$$

式中：q_z——锚固体扩大部分受压强度，kPa；

A——锚固体扩大部分的受压面积，m^2。

其余字母意义见图 5-10 所示。

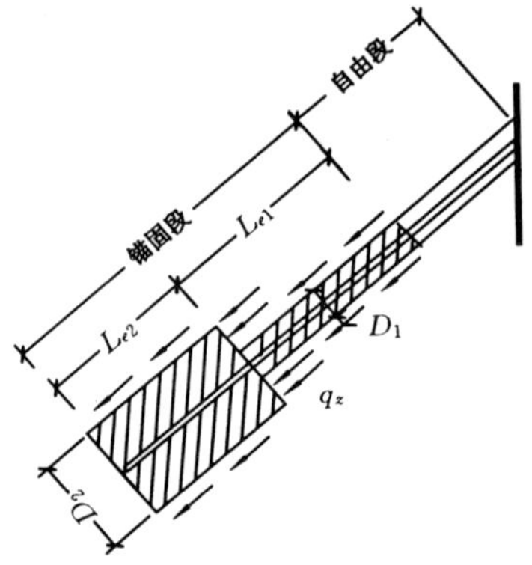

图 5-10　护孔锚杆抗拔力计算简图

5.1.4　土层锚杆的设计

土层锚杆的设计主要考虑的内容包括：锚杆的布置、锚杆抗拔力确定、锚杆截面设计、锚杆长度设计、腰梁截面设计、整体稳定性验算等。腰梁截面设计必须对腰梁的抗弯强度和抗剪强度进行验算。整体稳定性验算请参阅本分册的第 3.3 节。

1. 锚杆布置

锚杆布置包括确定锚杆的层数、锚杆的水平间距和锚杆的倾角等。

(1) 锚杆的层数

锚杆的层数取决于支挡结构的截面和其所受的荷载，要考虑挖土后未设置锚杆时支挡结构所能承受力的大小和位移控制的要求。锚杆层数越多施工工期越长。因此，锚杆层数的多少，必须根据支挡结构承载力的大小、基坑工程的位移控制要求和基坑的稳定性进行合理的计算确定。在设计锚杆层位时，应尽量避免在流砂层设置锚头，以防流砂从锚孔流出。一般情况下，首层锚杆的锚固段的上覆土层不小于 4 m，相邻排间距不小于 2 m。

(2) 锚杆的水平间距

锚杆的水平间距取决于支挡结构承受的荷载和每根锚杆能承受的拉力值。在支挡结构的荷载一定的情况下，锚杆水平间距越大，每根锚杆承受的拉力则越大，因此，需经过计算确定。另外，锚杆的水平间距过小，则锚杆间会产生相互影响，使单根锚杆的抗拔力降低。锚杆的水平间距一般要大于 1.5。

(3) 锚杆倾角 α

锚杆倾角是指拉杆轴线与水平方向的夹角，其大小决定了锚杆水平分力和垂直分力的大小，也影响作锚固段和自由段的划分，对锚杆的整体稳定性和施工的便易也有影响。锚杆倾角一般为 13°～35°，且不大于 45°。

2. 锚杆抗拔力的设计值

锚杆抗拔力的设计值应根据本分册第 4 章计算的水

平支点力确定。

$$T_a = 1.2\gamma_0 \cdot T \cdot S_x / \cos\alpha \qquad (5\text{-}4)$$

且：

$$T_a \leqslant T_u / \gamma_0 \qquad (5\text{-}5)$$

式中：T——按第 4 章计算的水平支点力，kN/m。

3. 锚杆长度计算

锚杆锚固段长度 L_e 可按下式计算：

$$L_e = \frac{T_a}{\pi \cdot D \cdot \tau} \qquad (5\text{-}6)$$

自由段的长度根据潜在滑动面确定，且自由段长度不小于 5 m，如图 5-11。

$$L_f = \frac{(H + h_d - h_1)\tan(45° - \frac{\varphi}{2})\sin(45° + \frac{\varphi}{2})}{\sin(135° - \frac{\varphi}{2} - \alpha)} \qquad (5\text{-}7)$$

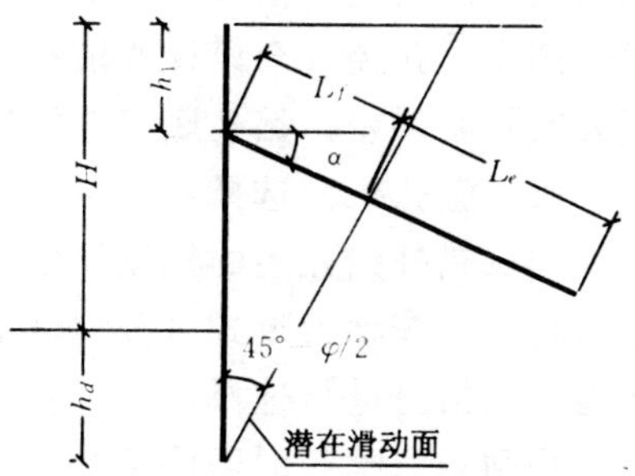

图 5-11　锚杆自由段长度计算简图

4. 锚杆拉杆截面设计

（1）钢筋拉杆

拉杆钢筋的截面积：

$$A_s = \frac{T_a}{f_y} \qquad (5\text{-}8)$$

式中：f_y——钢筋强度标准值，查附表 4 可得。

（2）钢绞线拉杆

拉杆钢绞线的束数：

$$n = \frac{T_a}{A_s f_y} \qquad (5\text{-}9)$$

式中：f_y——钢绞线强度标准值，查附表 3 可得；

A_s——每束钢绞线的截面面积，m^2。

5.1.5　土层锚杆施工和质量控制

土层锚杆施工包括钻孔、安放拉杆、灌浆、养护和张拉与锁定，施工的一般工艺流程如下：施工准备→钻孔→安放拉杆→插入注浆管→灌浆→养护→上腰梁及锚头→张拉→锁定。

1. 施工前的准备

在土层锚杆正式施工前，一般需进行下列准备工作：

（1）熟悉和掌握场地土层分布和各层的物理力学性质，以及地下水情况；

（2）查明场地附近锚杆施工区内的地下管线、构筑物等的位置和状况，研究分析锚杆施工对他们的影响，并制定相应的措施；

（3）要认真检查原材料、机具的型号、品种、规格及锚杆各部件的质量、主要技术性能是否符合设计和规范要求；

（4）平整好场地道路，搭设好钻机平台；

（5）做好锚杆所用砂浆的配合比及强度试验，锚杆焊接的强度试验，验证能否满足设计要求。

2. 钻孔

土层锚杆的钻孔工艺直接影响锚杆的抗拔能力、施工效率和整个基坑支护工程的施工成本。钻孔时应尽量不要扰动土体、减少土的液化和原应力场的变化。钻孔作业的一般要求：①根据不同的土质情况采用不同的成孔作业法进行施工，掌握好钻机钻进速度，保证孔内干净、圆直，孔径符合设计要求；②严格控制钻孔的偏差。保证钻孔的水平方向孔距误差、垂直方向孔距误差、钻孔底部的偏斜误差、钻孔深度误差在规范和设计要求允许范围以内。

（1）钻孔机械选择

土层锚杆钻孔用的机械设备——锚杆钻机，按工作原理可分为三类：回转式、冲击式、冲击回转式，按动力形式可分为电动式、风动式、液压式、内燃式。主要根据土层、钻孔深度和地下水情况进行选择。

我国目前常用的锚杆钻机，一部分为进口专用锚杆钻机，如美国英格索兰公司的KR系列、德国宝峨公司的UBW系列、德国KRUPP公司的DHR系列、日本矿研公司的RDP系列、意大利土力公司的SM系列、意大利卡萨特兰地公司的C系列钻机等；一部分是利用国内的地质钻机和工程钻机加以改装成的锚杆钻机，如XU-300型、XU-600型、XJ-100型、XY-1型等钻机；另外，还有我国自行研制生产的部分锚杆钻机，如香港豪顿公司的HD系列、西安煤科分院的MK系列、镇江煤矿设备厂的MZ系列、北京机械施工公司MZ-Ⅰ、MZ-Ⅱ螺旋钻机等。

（2）钻孔方法选择

钻孔方法的选择主要取决于土质、钻孔机械。常用的土层锚杆钻进方法有：

①冲洗液循环回转钻进湿作业成孔法

该方法在实际工程中应用较广泛，软硬地层都适用，但需要有配套的冲洗液循环系统。锚杆成孔钻进用冲洗液一般为清水，也有用水泥浆的（据资料介绍，此时锚杆抗拔力可提高150%）。在砂层、卵砾石层等易塌孔地层中施工时，一般要采用跟套管钻进。在软粘土中成孔时，如果不采用跟管钻进，则应在孔口设置0.5～1.0 m的保护套管，以防止孔口塌坍。

该成孔方法的钻机可采用国产地质钻机改装的XU-300-2型、XU-600型、XU-600型-3、XJ-100-1型、XY-1型等钻机及进口专用钻机。

使用清水钻孔湿作业的工艺流程：施工准备→移机就位→安装钻杆、校正孔位调整角度→打开冲洗液输送泵→输送冲洗液、钻孔→关泵、接钻杆→继续输送冲洗液、钻至设计深度→泵送清水洗孔→关泵、退钻杆。

跟管钻孔湿作业的工艺流程：施工准备→移机就位→安装钻杆和套管、校正孔位调整角度→打开冲洗液输送泵→输送冲洗液、钻孔→关泵、接钻杆及套管→继续输送冲洗液、钻至设计深度→泵送清水洗孔→关泵、退钻杆。套管的拔出在灌浆结束后进行。

使用清水钻孔时，由于清水在钻进过程中的自然造浆作用，易在孔壁形成泥皮，同时清水对孔壁土层的浸泡降低了土层的粘聚力，因此，该法施工的锚杆的抗拔力相对于螺旋钻孔干作业的要低。

②螺旋钻孔干作业

当土层锚杆处于地下水位以上，呈非浸水状态时该方法叫适用，该法适用于粘土、粉质粘土、密实性和稳定性较好的砂土等地层。

该法可采用工程地质钻机（如XU-600型）带动螺旋钻杆施工，也可采用MZ-Ⅰ、MZ-Ⅱ螺旋钻机。使用的螺旋钻杆每节长度一般为2～6 m，螺叶外径和螺距应根据设计钻孔直径选择。

用该法成孔有两种施工方法：一种方法是钻孔与插入锚杆拉杆合为一道工序，即钻孔时将拉杆插入空心的螺旋钻杆内，随着钻孔的深入，拉杆与螺旋钻杆一同到达设计深度，然后边灌浆边退出钻杆，而拉杆留在孔内；另一种方法是钻孔与安放拉杆分两道工序进行，即成孔后，退出螺旋钻杆，再插入拉杆。

③潜钻成孔法

此法是利用风动冲击式潜孔冲击器成孔。由于冲击器始终处于钻杆的下部潜入孔内工作，冲击功在传递过程中损失小，具有成孔效率高、噪音低等特点。该法适用于孔隙率大、含水量较低的土层施工，尤其适用于嵌岩土层锚杆嵌岩段的施工。由于成孔过程中不排土，所以，孔壁光滑而坚实，孔壁无坍落和堵塞现象。

常用的国产冲击器有C80、C100和C150型等。

(3) 扩孔

关于锚杆钻孔的扩孔，观点不尽一致。德国认为扩孔锚杆的效果不显著，而二次压力灌浆更能有效地提高土层锚杆的抗拔能力。而英、美国家则认为扩大头锚杆对提高土层锚杆的抗拔能力是起作用的，且英国试验表明，扩大头越大，土层锚杆的抗拔能力越高，因此，英、美等国家采用扩大头锚杆较多。我国也有采用扩大头锚杆的工程实例。

二次高压灌浆技术是应用液压原理局部破裂地层，使高压浆液渗透、挤压和扩散，形成不规则的水泥浆镶嵌体，从而提高原状土体的力学强度、增大锚固体表面的粘结力或摩阻力，锁住钻孔周围的径向高压，以达到提高土层锚杆的抗拔能力目的。所以，高压灌浆方法常用于松软土层及淤泥、淤泥质土层。该技术的应用在我国已获得成功。

扩大头型锚杆是通过局部加大锚杆的直径，一方面可以增大锚固体与土层的接触面积，从而增大相互间的粘结力并提高抗拔能力，更重要的是土层锚杆的局部扩径，无论是端部扩大头型还是多扩孔锥型锚杆，改变了抗拔力的产生方式，体现为未扩径段向扩径段过渡处出现了一个“台阶”，该“台阶”提供了土体对扩大头环形部分或扩孔锥侧面的支承作用，或称之为“咬合”作用。这种作用的产生大大提高了土层锚杆的抗拔能力。另外，锚杆重复加载试验的资料表明，最适宜的能承受重复加载的锚杆形式极可能是具有明显突出体的锚杆，即扩大头型锚杆，因为该锚杆的“突出台阶”能咬住相邻地层。扩大头型锚杆的关键技术在于如何实现有效安全的扩孔。

扩孔的方法一般有4种：机械扩孔、爆破扩孔、水力扩孔和压浆扩孔。

国内采用高压水力扩孔方法和爆破扩孔方法都有成功的先例，但由于这些方法在应用中的种种局限性，使其至今尚未得到推广。国外及我国台湾有多项专利机具能完成锚杆扩孔技术，如日本的SSL永久性地锚工法；英国专门用于粘土层扩孔的M/S多扩孔锥体设备；台湾的保壮PCBA扩孔地锚等。

在北京名人投资广场深基坑锚杆工程中使用了一种压张式机械扩孔钻具，压张式机械扩孔钻具是利用锚杆施工钻机加压来扩张孔内钻具上的刀具而专门设计的。刀具扩张后在回转驱动下即可实现某局部孔段扩孔，从而经灌浆形成扩大头型锚杆。压张式扩孔钻具是利用连杆原理进行设计的。具体施工方法是在成孔后换上该扩孔机具，在重力作用下，原内管位于下止点，扩刀闭合，可以将其下至孔底，钻机加压后，内外管产生相对移动，内管上移，扩刀打开，钻具同时旋转，开始扩孔。随着钻压的增加，扩刀打开的角度也越大，直扩至最大直径处。撤去钻压、提钻，扩刀在重力作用下收缩（其间也有孔壁给予扩刀的部分作用力），提出孔外，完成扩孔。至于排渣方式，可以采用循环介质排渣，当进行的是无循环钻进时，可以利用钻具端部的沉渣筒和扩孔钻具上部连接螺旋钻杆在提钻时带出沉渣。从扩孔过程可以看出，这种方法操作方便，钻具结构简单，扩孔有效。在 ϕ150 mm 原锚杆钻孔中将孔底扩成最大锥径为 450 mm 的锥形端，符合工程施工的要求。

压浆扩孔在国外广泛使用，但需用堵浆设施。我国多用二次灌浆法来达到锚固段直径的目的。

3. 拉杆的安放

(1) 拉杆要求顺直，应除油、除锈并作好防腐处理，按要求设置好对定位架；

(2) 拉杆插入时，应防止扭压、弯曲，拉杆安放后不得随意敲击和悬挂重物。

4. 灌浆

灌浆是土层锚杆施工中的一个重要工序。灌浆的作用是：①形成锚固段，将锚杆锚固在土层中；②防止拉杆腐蚀；③充填土层中的孔隙和裂缝。灌注的浆液为水泥浆或水泥砂浆。

灌浆方法有一次灌浆法和二次灌浆法两种。一次灌浆采用一根注浆管（一般为直径 30 mm 左右的钢管或胶皮管），注浆管一端与压浆泵连接，一端与拉杆同时送入孔内，注浆管管端距孔底 50 cm 左右。通过孔口流出的浆液浓度与搅拌输送的浆液浓度的比较，可以判断孔内浆液是否已经灌满。对于压力灌浆锚杆，待孔口流出浆液后，用水泥袋纸等捣塞入孔口，再用湿粘土等封堵，严密捣实，再以 2～4 MPa 的压力进行补浆，稳定数分钟后灌浆才告结束。

二次灌浆法适用于压力注浆锚杆，要用两根注浆管管端距孔底 50 cm 左右，管端用胶布、塑料等封堵，以防插入时土进入注浆管。第二次灌浆用的注浆管，其管端距离锚杆末端 100 cm 左右，管端出口用胶布、塑料等封堵，且从管端 50 cm 处开始对锚固段注浆管每隔 2 m 左右作出 1 m 长的花管，花管的孔眼一般为 ϕ8 mm。花管做几段视锚固段的长度而定。第二次灌浆在第一次灌注的浆液初凝后进行。

灌浆一般要符合下列要求：

(1) 水泥浆水灰比控制在 0.4～0.5，砂浆灰砂比采用 1∶1 或 1∶0.5，应采用水泥标号不低于 425 号普通硅酸水泥配制；

(2) 应采用机械均匀拌制浆体，要随搅随用，禁止人工搅浆，浆液应在初凝前用完，并严防石、杂物混入浆液；

(3) 常压注浆压力控制在 0.3～0.5MPa，二次高压注浆压力控制在 2.0～5.0MPa。

5. 锚杆张拉与锁定

目前我国土层锚杆的张拉多采用单作用千斤顶。当采用 QM 系列锚具时，张拉要采用与其配套的千斤顶 YCQ-100、YCQ-200 等。

(1) 锚杆张拉前应严格检查锚头、锚具质量和张拉设备是否符合设计要求；

(2) 锚杆张拉应在浆体强度达到 80%以后进行；

(3) 锚杆张拉应按规范要求逐级加荷，并按规定的锁定荷载进行锚杆锁定。

5.1.6 土层锚杆的试验

1. 基本试验

基本试验目的是确定所设计的锚杆在设计位置的极限抗拔力，了解锚杆抵抗破坏时和承受荷载后的力学性状，为锚固工程设计提供可靠的依据。基本试验数量不应少于 3 根，其锚杆参数、材料、施工工艺、地质条件和拟设计的锚杆相同。

2. 验收试验

验收试验目的是为了检验锚杆在超过设计拉力并接近极限拉力条件下的工作性能，及时发现锚杆设计施工中的缺陷，并判定工程锚杆是否符合设计要求。验收试验锚杆的数量应取锚杆总数的5%，且不得少于最初施做的3根。

3. 试验结果的分析曲线

施工完成后待砂浆达到70%以上的强度后才能进行拉拔试验，试验开始时每级荷载按事先预计极限荷载的1/10施工，同时按有关规程读数，最终绘制成荷载-变位曲线（P-S）图和变位量-稳定时间曲线，以明显的转折点作为屈服拉力。

5.2 支撑结构的设计与施工

5.2.1 支撑结构设计的内容及应注意的问题

1. 支撑结构设计的内容

支撑结构设计一般包括以下内容。

（1）支撑结构材料选择和结构布置。

（2）支撑结构的内力和变形计算。

（3）支撑结构构件的强度和稳定性验算。

（4）支撑结构构件的节点设计。

（5）支撑结构的安装和拆除设计。

2. 支撑结构设计时应注意的问题

支撑结构设计时应注意如下几个方面的问题：

（1）支撑结构一般只适合在由钢或钢筋混凝土材料组成的支挡结构基坑中使用，如钢板桩、钢筋混凝土板桩、灌注桩和地下连续墙等。

（2）支撑结构必须是自稳定的结构体系，并有可靠的连接构造，具有较大的平面刚度。

（3）支撑结构形式应力求荷载传递路径简单，受力明确，施工方便。

（4）支撑结构设计应结合土方开挖方式，尽可能为土方作业创造条件。

（5）支撑布置不应妨碍主体结构的施工。

5.2.2 支撑体系的结构形式和布置

一般情况下，支撑体系的结构形式有平面支撑体系和竖向斜撑体系两种。

1. 平面支撑体系

平面支撑体系由围檩、水平支撑和立柱组成。水平支撑可以分为：①贯通基坑全长或全宽的对撑或对撑桁架；②位于基坑角部两邻边之间的斜角撑或斜角桁架；③位于对撑或对撑桁架端部的八字撑；④由围檩和靠近基坑边的对撑为弦杆的边桁架；⑤支撑之间的连系杆；⑥加强围檩式；⑦环梁式等。如图5-12、图5-13、图5-14。平面支撑体系具有整体性好，水平力传递可靠，平面刚度较大，适合于大小深浅不同的各种基坑，适用范围较广。

（1）平面布置

支撑布置要注意不妨碍主题工程的施工，通常支撑轴线平面位置应避开主体工程的柱网轴线。相邻支撑之间的水平间距一般不小于4 m，当采用机械挖土时，不小于8 m。当基坑平面有向坑内凸出的阳角时，支挡结构的内力比较复杂，应在阳角的两个方向上都设置支撑，如图5-12（a）。在软土地区，必要时还应对阳角部位的坑外地基进行加固。各层支撑端部与支

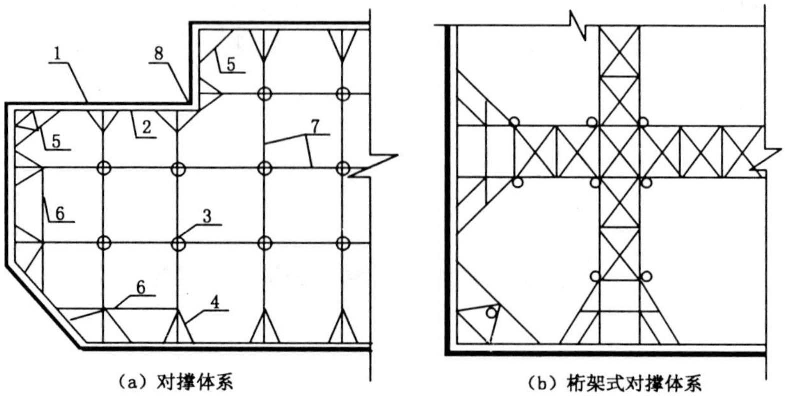

（a）对撑体系　　（b）桁架式对撑体系

图 5-12　平面钢支撑平面布置

1—支挡结构；2—围檩；3—立柱；4—八字撑；5—角撑；6—连系杆；7—水平横撑；8—阳角

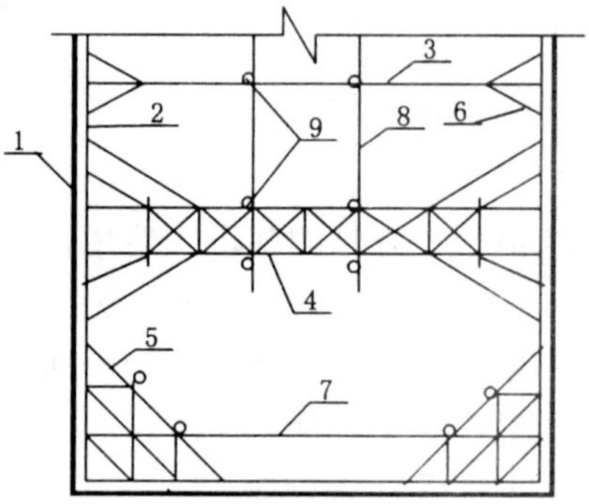

图 5-13　平面混凝土支撑平面布置

1—支挡结构；2—围檩；3—对撑；4—对撑桁架；5—斜撑桁架；6—八字撑；7—边桁架；8—连系杆；9—立柱

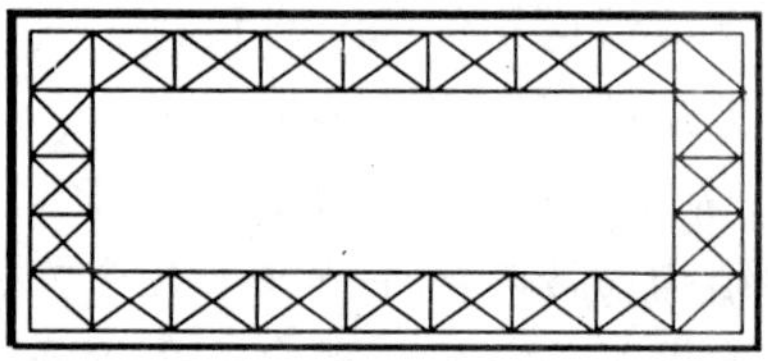

图 5-14　加强围檩式支撑平面布置

图 5-15　环梁式支撑平面布置

挡结构之间一般都应设置围檩。当采用地下连续墙时，如果在每个槽段的墙体上有不少于 2 个支撑点，则可用设置在墙体内的暗梁代替围檩。

对于钢结构支撑，因为围檩和支挡结构之间的水平剪力传递性能较差，不宜采用以斜角撑或斜撑桁架为主体的体系，一般情况下应优先采用相互正交、均匀布置的对撑或对撑桁架。后者可为土方开挖留出较大的作业空间，如图 5-12（b）。对于宽度较小的长条形基坑，可以采用单向布置的对撑体系。当相邻支撑之间的水平距离较大时，为减少围檩的计算跨度，可在支撑端部设置八字撑。八字撑应左右对称，长度不宜大于 9 m，与围檩夹角一般为 60°。沿围檩长度方向上的支撑点（包括八字撑）间距一般不大于 4 m，以减少围檩的端面尺寸。

混凝土支撑除可以采用钢结构支撑的布置形式外，根据具体情况还可以采用以下布置形式：①平面形状比较复杂的基坑可采用边桁架和对撑或斜角撑组成的平面支撑体系，如图 5-

13。边桁架可以加强支撑体系的整体刚度，提高围檩的水平抗弯能力，布置在基坑形状复杂的地段。边桁架的失高不宜大于 12 m，在其两端支撑点处应设置对撑或斜角撑。②在基坑平面中需留设较大的作业空间时，可采用边桁架和对撑桁架或斜撑桁架组成的平面支撑体系。对于规则的方形基坑可采用布置在基坑四角的斜撑桁架所组成的平面支撑体系。

在布置对撑桁架或斜撑桁架时，要注意避免支撑两端受到相差悬殊的侧压力。否则，支护结构容易产生不对称变形，导致部分构件或局部节点受到非预计的内力和变形而提前破坏。

（2）竖向布置

在基坑垂直平面内，根据需要可以设置一道或多道支撑。具体数量根据本分册的第 3 章、第 4 章的计算确定。在地下水位较高的软土地区，可参照表 5-5 确定。

表 5-5　软土地区支撑竖向布置

基坑深度（m）	竖向支撑层数
≤7	≥1
≤10	≥2
≤13	≥3
≤16	≥4

当有多道支撑时，上、下各层水平支撑轴线应尽量布置在同一竖向平面内。竖向相邻支撑的净距离不小于 2.5m，采用机械下坑挖土时不小于 3.5 m。

一般情况下，应利用支挡结构的顶梁作为第一道支撑的围檩。当第一道支撑标高低于顶梁时，应另设围檩，但在软土地区不宜低于自然地面以下 3 m，在其他地区亦不宜超过 4 m，此时应考虑支撑设置前支挡结构所产生的初始位移对支护结构各个计算工况的影响。在不影响地下室底板施工的情况下，最下面一道支撑的标高应尽可能降低，以改善支护结构的受力性能。

立柱应布置在纵横向支撑的交点处或桁架式支撑的节点位置上，并应避开主体工程的柱、梁及混凝土承重墙的位置。立柱的间距应根据支撑构件的稳定性要求和竖向荷载的大小确定，一般情况下不宜小于 15 m。立柱下端应支承在较好的土层上，开挖面以下的埋入长度应满足支撑结构对立柱承载力和变形的要求。

2. 竖向斜撑体系

如图 5-16。竖向斜撑体系由围檩、竖向斜撑、斜撑基础以及水平连系杆及立柱等构件组成。竖向斜撑体系要求土方采用“盆式”开挖，即先开挖基坑中部土方，沿四周支挡结构边预留土坡 5，待斜撑安装后，再挖除四周土坡。竖向斜撑支护的基坑变形受到土坡和斜撑基础变形的影响，其一般适用于环境保护要求不高、开挖深度不大的基坑。对于平面尺寸较大、形状复杂的基坑，采用竖向斜撑方案可以获得较好的经济效果。

斜撑坡度应与土坡的稳定边坡一致。为防止开挖面以下墙前土体被动抗力受到斜撑基础上水平作用力的影响而降低，斜撑基础边缘与支挡结构内侧之间的距离应不小于墙体在开挖面以下埋入深度的 1.5 倍。在不影响主体结构施工的前提下，斜撑应尽可能沿围檩长度方向均匀对撑布置，水平方向的间距一般不大于 6 m。在基坑的角部可辅以布置水平角撑。当斜撑长度超过 15 m 时，应在斜撑中部设置立柱，并在立柱与斜撑的节点上设置纵向连系杆。

5.2.3 支撑结构设计

1. 支撑结构的荷载和内力计算

作用在支护结构上的竖向荷载除了自重外，还应考虑一定数量的施工活荷载，一般可取 4kPa。当支撑结构兼作施工作业平台或栈桥时，应进行专门设计。

作用在支撑结构上的水平荷载，主要是由支挡结构传来的侧向力，可根据本分册的第 3 章和第 4 章计算。当支撑长度超过 40 m 时，应考虑温度变化对支承轴力的影响。对于钢结构支撑，当实际建立的预加压力值大于侧向力所引起的轴向力的 50%时，还要考虑预压力对支撑轴向力的影响。支撑结构计算模型的尺寸取支撑构件的中心距。对于现浇混凝土支撑构件，考虑到有时可能会产生裂缝，所以抗弯刚度应乘以 0.8～0.9 折减系数。对于钢结构围檩，当采用分段拼装时，或拼接点的构造不能满足截面的等强度连接要求时，应把拼接点作为铰接考虑。

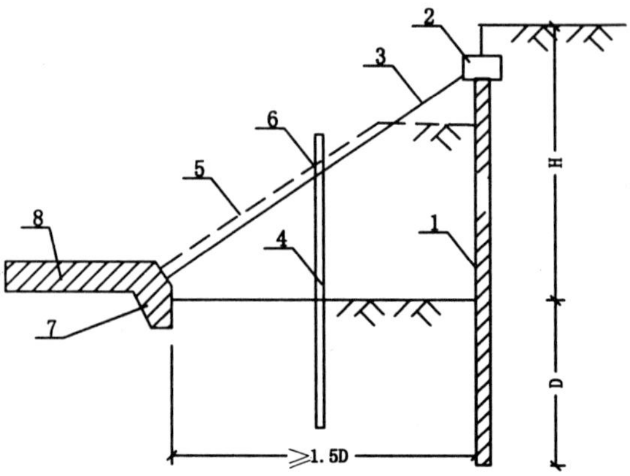

图 5-16 竖向斜撑体系

1—支挡结构；2—围檩；3—斜撑；4—立柱；5—土坡；6—连系杆；7—斜撑基础；8—压杆或底板

当支护结构设计采用简化的平面计算模型分析时，一般要给出单位支挡结构长在围檩上的分布反力，在这种情况下，支撑结构的内力和变形可以按以下方法确定：

(1) 采用相互正交支撑体系的形状比较规则的基坑

支撑轴力可近似采用支挡结构在围檩上的水平分布反力沿支撑长度方向上的投影乘以支撑中心距。在垂直荷载作用下的内力和变形可近似按单跨或多跨梁分析，其计算跨度取相邻立柱中心距。则水平横撑上的轴力可按下式计算：

$$N=q_{R}l \tag{5-10}$$

对于斜撑，为：

$$N=q_{R}l\sin\alpha \tag{5-11}$$

式中：q_R——支挡结构作用在围檩上的水平线荷载，kN/m；

l——相邻支撑中心距，m；

α——支撑与围檩之间的夹角，°。

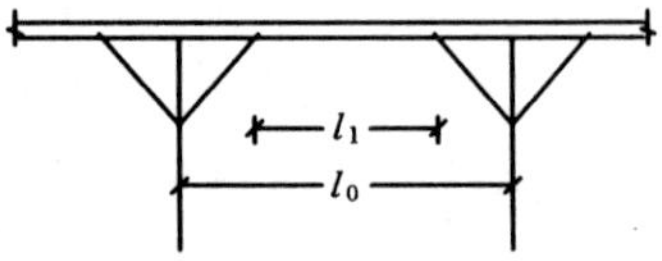

图 5-17 钢围檩计算跨度

围檩在水平分布力作用下的内力和变形，可以近似按多跨或单跨水平梁分析。计算跨度一般可取相邻支撑点中心距。对于钢围檩，如果拼接点不能保证截面连续，则宜按单跨梁计算，如图 5-17。计算跨度取 $l=(l_0+l_1)/2$。围檩的剪力和弯矩可根据式（4-35）计算。当水平支撑与围檩斜交时，还应计算支撑轴力在围檩长度方向上的投影所引起的围檩轴向力。

立柱的轴力可取纵横向支撑在其上面的支座反力之和。

(2) 较为复杂的平面支撑体系

对于较为复杂的平面支撑体系，宜对每层支撑用空间杆系模型进行计算。

(3) 竖向斜撑体系

安装斜撑之前，作用在支挡结构背侧的侧向压力部分由支挡结构前开挖面以下的地基抗力承受外，其余的侧压力与支挡结构前预留土坡的抗力相平衡。在安装斜撑后，并挖除了支挡结构前的土坡，此时支挡结构背侧的部分侧压力通过支挡结构传到围檩上，再由围檩传给斜撑，并通过斜撑传给基础。作用在基础上的斜撑轴向力可以分解为垂直和水平方向的两个分力，垂直分力由基础地面的地基反力平衡，水平分力通常由基础压杆与基坑对面斜撑基础上的水平分力相平衡。当具备下列条件之一时，也可不设基础压杆：①斜撑基础支承在基岩上，水平分力可由基底与基岩之间的摩擦力平衡；②允许利用地下室底板兼作斜撑基础；③主体工程采用群桩、斜撑基础与主体结构整体铺设的混凝土垫层整浇，且垫层厚度大于150 mm，强度等级大于C15。

对于斜撑体系，支护结构的内力和变形也可用平面支撑体系的简化平面计算模型进行分析。当需要考虑支撑与支挡结构的变形协调时，应考虑斜撑基础位移的影响。如图5-18。支挡结构与斜撑顶端位置上的变形协调方程可以表示为：

$$N=\frac{EA}{l}\left(\frac{\Delta}{\cos\alpha}-\sqrt{\Delta_1^2+\Delta_2^2}\right) \tag{5-12}$$

式中：E、A、l——斜撑的弹性模量(kPa)、截面面积(m^2)和长度(m)；

Δ——斜撑与支挡结构连接点的水平位移，m；

Δ_1——斜撑基础的水平位移，m；

Δ_2——斜撑基础的垂直位移，m；

α——斜撑与水平面的夹角，°。

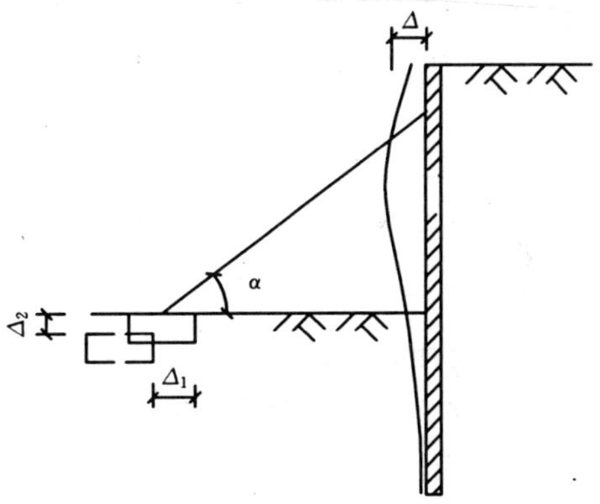

图 5-18　竖向斜撑的计算简图

假定 Δ_1 主要是由基础压杆的弹性压缩引起的，则：

$$\Delta_1=N\cos\alpha/K_1 \tag{5-13}$$

式中：K_1——基础压杆的轴向弹性刚度，假定压杆两端基础相对的水平位移相等时：

$$K_1=2E_1A_1/l_1$$

E_1、A_1、l_1——压杆的弹性模量(kPa)、截面面积(m^2)和长度(m)。

斜撑基础的垂直位移：

$$\Delta_2=N\sin\alpha/(K_vA_2) \tag{5-14}$$

式中：A_2——斜撑基础的底面面积，m^2；

K_v——基础底面地基的竖向刚度系数：

$$K_v=k_vbh$$

b、h——地基土弹簧的水平与垂直方向的计算间距，m；

k_v——地基土垂直方向的基床系数，kN/ m³，应由现场试验确定，或参照类似工程的经验确定。当无条件进行现场试验时，可按表 5-6 选用。

表 5-6　地基土的垂直方向基床系数 k_v

（取自上海市标准《基坑工程设计规程》（DBJ08-61-97））

地基土分类	k_v（kN/m^3）
流塑的粘性土	5 000～10 000
软塑的粘性土和松散的粉性土	10 000～20 000
可塑的粘性土和稍密至中密的粉性土	20 000～40 000
硬塑的粘性土和密实的粉性土	40 000～100 000
松散的砂土（不含新填砂）	10 000～15 000
稍密的砂土	15 000～20 000
中密的砂土	20 000～25 000
密实的砂土	25 000～40 000

由式（5-12）、式（5-13）和式（5-14）得：

$$N=K_z\Delta \tag{5-15}$$

K_z 为考虑了基础位移后的斜撑轴向刚度。

$$K_z=\frac{EA}{(l+EAF)\cos\alpha}$$

$$F=\sqrt{\left(\frac{\cos\alpha}{K_1}\right)^2+\left(\frac{\sin\alpha}{K_v}\right)^2}$$

式（5-15）是建立在弹性变形假设基础上的，所以不应使斜撑基础出现过大的沉降，则基础底面积 A_2 应满足下面要求：

$$A_2\geqslant\beta\frac{N\sin\alpha}{f} \tag{5-16}$$

式中：β——支撑轴向力增大系数，$\beta\geqslant1.30$；

f——地基承载力设计值，可按现行地基规范取用。

2. 支撑结构的构造

（1）钢结构支撑的构造

钢支撑和钢围檩的常用截面有钢管、H钢、工字钢和槽钢，以及它们的组合截面，如图 5-19。

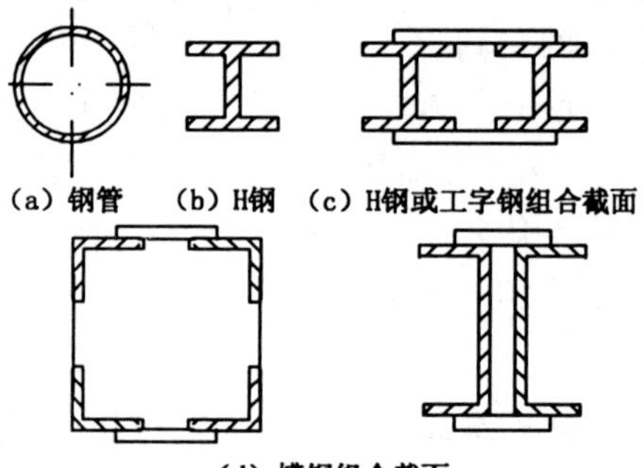

图 5-19　钢支撑和钢围檩截面形式

节点构造是钢结构支撑设计中需要充分注意的一个重要内容，不合适的连接构造容易使基坑产生过大变形。图 5-20 为 H 钢和钢管的几种主要拼接方法。

对于钢围檩的现场拼装，无论采用哪一种连接方法，由于受到操作条件的限制，很难使围檩在拼接点处的全截面强度得到发挥。所以，在设计时应把安装节点设置在内力较小的位置上，同时在可能的条件下应尽可能增加现场安装段的长度。在围檩内力分析时应把安装节

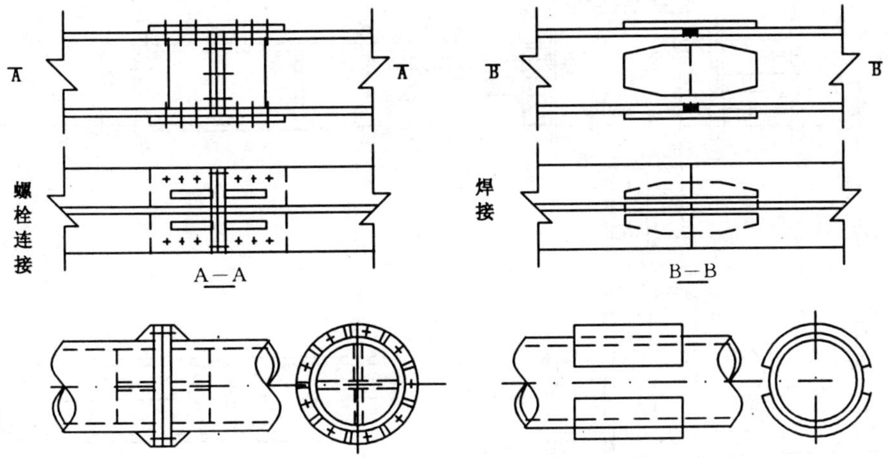

图 5-20　H 钢和钢管的拼接

点作为铰接处理。

图 5-21 为 H 钢围檩与支撑的连接，在围檩和支挡结构之间充填细石混凝土可以使围檩受力均匀，避免受偏心力作用和产生扭转；在围檩和支撑的腹板上焊接加劲板可以增强腹板的稳定性和提高截面的抗扭刚度，防止局部压屈破坏。

当支撑与围檩斜交时，或者对于承受较大轴向力的角撑，需要考虑把沿围檩长度方向的水平分力通过有效途径传给支挡结构，如图 5-22。通常钢围檩和混凝土支挡结构之间传递水平剪力的能力是有限的。因此在斜交的情况下，当支撑轴力较大时不宜采用钢围檩。

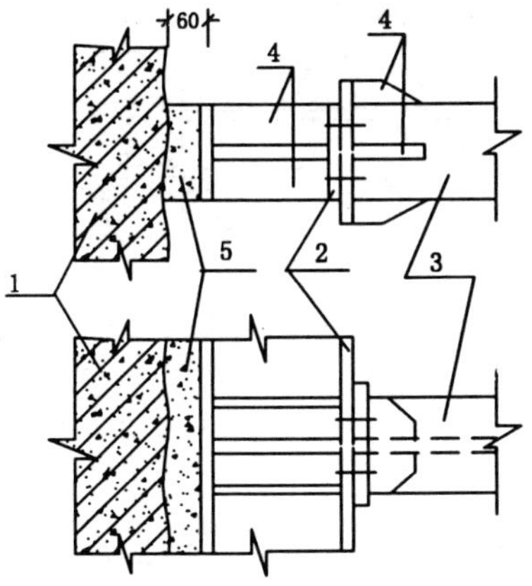

图 5-21　钢支撑与 H 钢围檩连接

1—支挡结构；2—钢围檩；3—钢支撑；4—加劲板；5—细石混凝土填缝

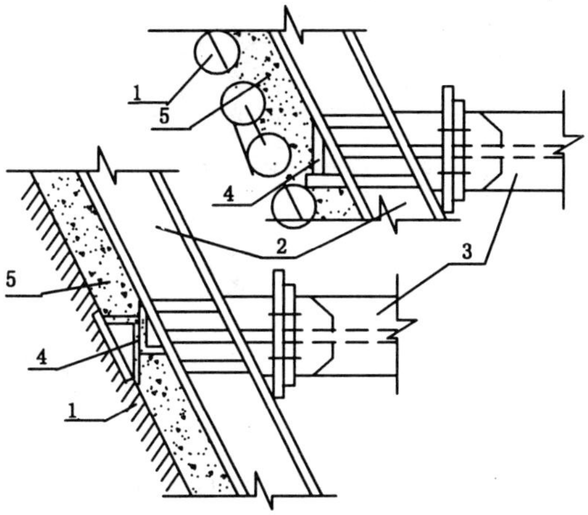

图 5-22　钢支撑与围檩交叉时的构造

1—支挡结构；2—钢围檩；3—钢支撑；4—剪力块；5—细石混凝土填缝

纵横向水平支撑交叉点的连接有平接和叠接两种，如图 5-23。一般来说，平接节点较可

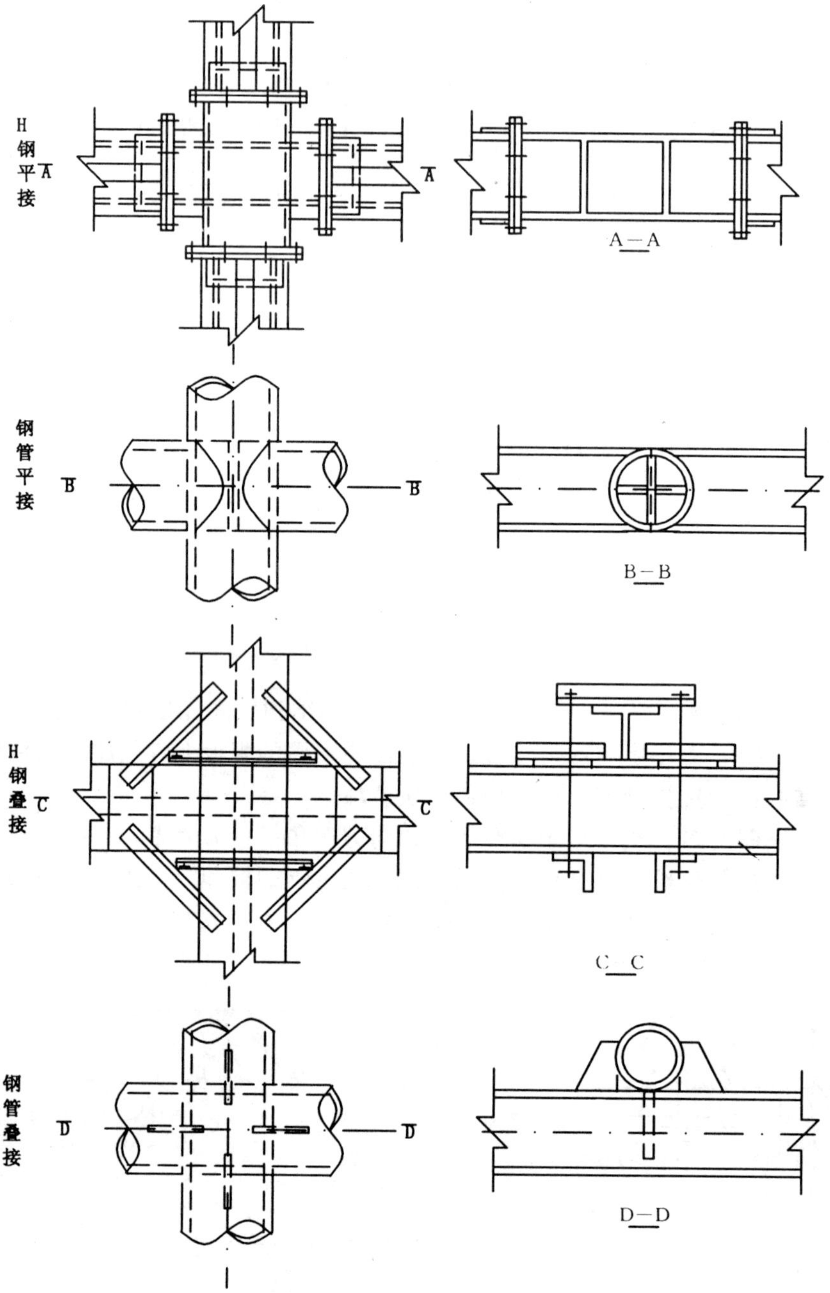

图 5-23　纵横向支撑的连接构造

靠，可以使支撑体系形成较大的平面刚度。叠接连接施工方便，但是这种连接是否能有效限制支撑在水平面内的压屈变形是值得怀疑的。对于纵横向水平支撑采用叠接连接时，相应的围檩在基坑转角处不在同一平面内相交，此时，应在围檩的端部采取加强构造措施，如图 5-24，以防止两个方向上围檩的端部产生悬臂受力状态。

(2) 现浇混凝土结构支撑的构造

现浇钢筋混凝土支撑和围檩一般采用矩形截面。支撑的截面高度除应满足受压构件的长细比要求（不大于 75）外，且不小于其竖向平面内计算跨度（一般取相邻立柱中心距）的1/20。

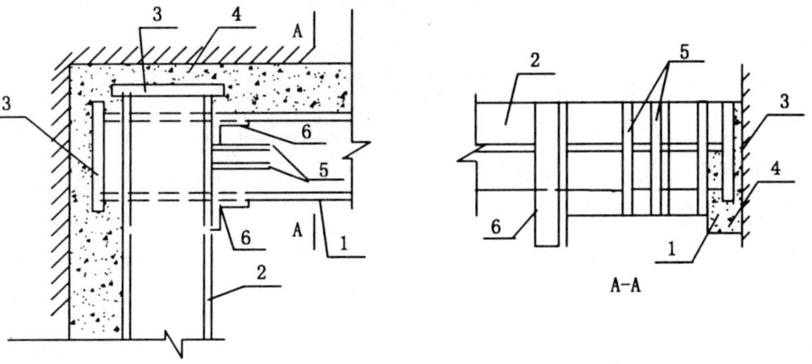

图 5-24　纵横向围檩叠接时的连接

1—下围檩；2—上围檩；3—围檩封头板；4—细石混凝土填缝；5—连接肋板；6—连接角钢

围檩的截面高度（水平向尺寸）不小于其水平方向计算跨度的 1/8，围檩的截面宽度（竖向尺寸）不小于支撑的截面高度。整个混凝土支撑体系应在同一平面内整浇。

支撑和围檩内的纵向钢筋直径不小于 16 mm，沿截面四周纵向钢筋的最大间距应小于 200 mm。箍筋直径不小于 8 mm，间距不大于 250 mm。支撑的纵向钢筋在围檩内的锚固长度不宜小于 30 倍的钢筋直径。

混凝土围檩与支挡结构之间不留水平间隙。对于地下连续墙，当支撑与围檩斜交时，应在墙体上沿围檩的长度方向预留经过验算的剪力钢筋或剪力槽，如图 5-25。

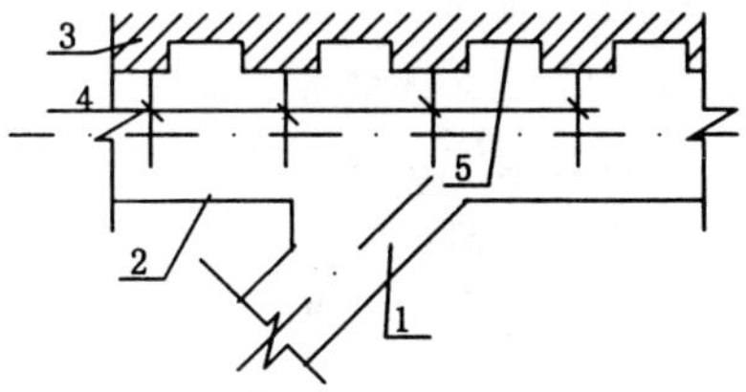

图 5-25　混凝土围檩与地下连续墙之间的剪力传递构造

1—混凝土支撑；2—围檩；3—地下连续墙；4—墙内预留筋；5—墙上预留剪力槽

（3）立柱构造

立柱截面可采用型钢或组合型钢，其长细比不大于 25。一般情况下，在基坑开挖面以上宜采用结构式钢柱，如图 5-26。以方便主体工程基础底板钢筋施工，同时也便于和支撑构件连接。立柱在开挖面以下部分可以用与开挖面以上相同截面的钢柱，当主体工程采用灌注桩时，一般要将上部钢柱插入灌注桩内，且插入长度不小于钢柱边长的 4 倍。有条件时应尽量利用工程桩支承上部钢柱。在软土地区，立柱在开挖面以下的埋置深度不小于基坑开挖深度的 2 倍。

立柱与水平支撑连接可采用铰接构造，但连接件在竖向和水平向的连接强度应不大于支撑轴力的 1/50，以保证支撑构件的稳定。当采用钢牛腿连接时，钢牛腿的强度和稳定应通过计算确定。

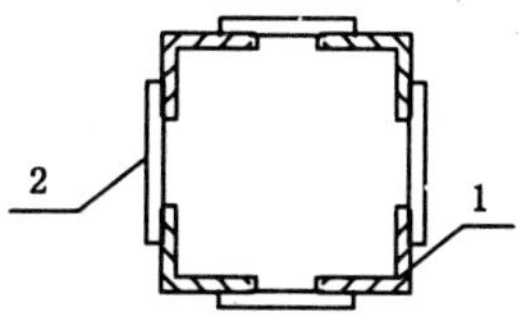

图 5-26　开挖面以上立柱截面形式

1—角钢；2—缀板或缀条

3. 支撑构件的截面承载力验算

（1）围檩截面验算

围檩的截面承载力一般情况下按受弯构件验算。当支撑与围檩斜交时，还应验算偏心受压时的截面强度，此时构件的受压计算长度取内力分析时的计算跨度。

对于按连续梁计算的钢筋混凝土围檩，支座负弯矩可以考虑塑性变形内力重分布，乘以调幅系数 0.8～0.9，但此时梁的跨中正弯矩应相应增加。

（2）水平支撑截面验算

水平支撑的截面承载力通常按偏心受压构件验算。在竖向平面内的立柱计算长度取相邻立柱中心距；在水平面内的受压计算长度取与计算支撑相交的相邻横向水平支撑的中心距；对于钢支撑，当纵横向支撑不在同一标高时，其平面内的受压计算长度取与之相交的相邻横向水平支撑中心距的 1.5～2.0 倍。

支撑截面上的偏心弯矩除由竖向荷载所产生的之外，还应考虑轴向力对构件初始偏心距所引起的附加弯矩。构件的初始偏心距可取支撑计算长度的 2‰～3‰，对于混凝土支撑不小于 20 mm，钢支撑不小于 40 mm。现浇混凝土支撑在竖向平面内的支座弯矩可以乘以 0.8～0.9 的调幅系数，但跨中弯矩应相应增加。

（3）立柱截面验算

立柱截面承载力应按偏心受压构件计算。其受压计算长度取竖向相邻水平支撑的中心距，最下一层支撑以下的立柱计算长度取该层支撑中心线至开挖面以下 5 倍立柱直径（或边长）处之间的距离。

立柱的偏心弯矩包括：竖向荷载对立柱截面形心的偏心距；使水平支撑纵向稳定所需的横向作用力对立柱计算截面的弯矩，此项横向作用力可取支撑轴向力的 1/50；作用于立柱的单向土压力对验算截面的弯矩。

对于立柱，除了验算截面承载力外，开挖面以下的立柱还应按单桩承载力的计算方法验算立柱的竖向和水平承载力。

（4）竖向斜撑体系截面验算

竖向斜撑体系应验算以下内容：

①预留土坡的稳定性验算，稳定安全系数不小于 1.5。

②斜撑截面承载力，近似按轴心受压构件验算，受压计算长度（不设立柱时）取支撑全长。

③围檩截面承载力验算，同水平支撑体系的围檩验算方法。

④斜撑基础验算，根据式（5-16）要求，按天然地基上的浅基础的设计方法验算其竖向承载力。

⑤基础压杆可近似按轴心受压构件验算截面承载力。

5.2.4 支撑结构的施工

支撑的安装和拆除顺序必须与支护结构的设计工况相符合，并与土方开挖和主体工程的施工顺序密切配合。所有支撑应在地基上开槽安装，当要在支撑顶面运行挖土机械时，支撑顶面的安装高度一般要低于坑内土面 25 cm 左右，钢支撑与基坑土之间的空隙用粗砂回填，并在挖土机及土方车辆的通道处架设道板，如图 5-27。在分层开挖时做到先安装支撑，后开挖下部土方，在同一层土开挖过程中做到边开挖边安装支撑。在主体结构底板或楼板完成后，并达到一定设计强度时，可借助底板或楼板后件的强度和平面刚度，拆除相应部位的支撑，但在此之前必须先在支挡结构与主体结构之间设置可靠的传力构造，如图 5-28。传力构件的截面应按楔撑工况下的内力确定。当不能利用主体结构楔撑时，应按楔撑工况下的内力先安装好新的支撑系统后，才能拆除原来的支撑系统。

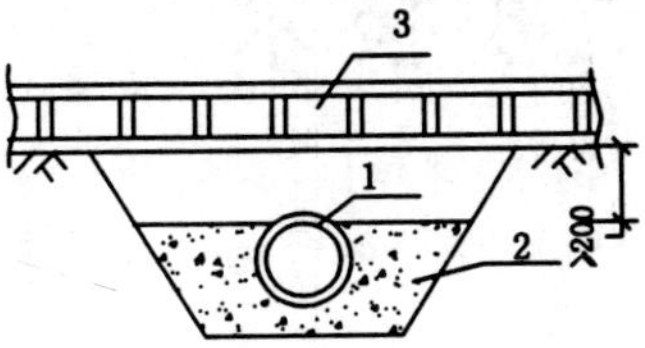

图 5-27　支撑开槽安装示意图

1—支撑；2—粗砂填实；3—道板

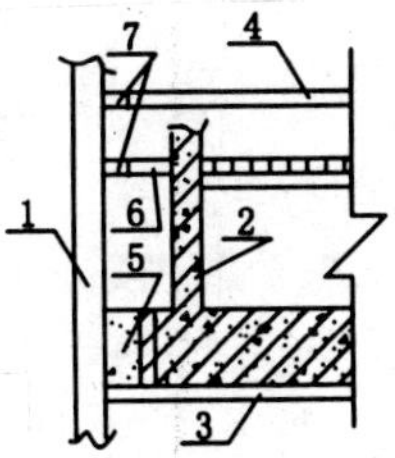

图 5-28　利用主体结构楼盖楔撑

1—支挡结构；2—地下室外墙；3—混凝土垫层；4—水平支撑；5—现浇混凝土带；6—短撑；7—围檩

对于混凝土支撑的施工应遵循现行的钢筋混凝土施工规程。一般应在混凝土强度达到设计强度的80%后，方可开挖支撑面以下的土方。混凝土支撑拆除一般采取爆破法，爆破作业事先应做好施工组织设计，严格控制药量和引爆时间，并做好安全防护措施。

对于钢支撑，必须有严格的质量检验措施，以保证构件和连接节点的施工质量。根据场地条件、起重设备能力和具体的支撑布置，尽可能在地面把构件拼接成较长的安装段，以减少在基坑内的拼接节点。钢围檩的坑内安装段长度不应小于相邻4个支撑点之间的距离。拼接点一般设置在主支撑点位置附近。支撑构件穿越主体工程底板或外墙时，应采用止水结构措施。

钢支撑在安装就位后，要按设计要求施加预压力，有条件时应在每根支撑上设置计量千斤顶，这样可以防止预压力松弛。当逐根加压时，应对邻近支撑压力复核。当支撑长度超过30 m时，一般要在支撑两端同时加压。支撑预压力不宜小于支撑轴力的30%，也不宜大于60%。

6 放坡和土钉墙支护技术

6.1 放坡设计和施工

基坑开挖时，如岩土体较为均匀且坡顶无堆积荷载、坡底以上无地下水，则可以采用放坡开挖。

放坡控制的边坡高度和坡度可根据经验或参照同类岩土体的稳定坡高和坡度确定。当无经验时，可按表 6-1、表 6-2 确定。

表 6-1 土层边坡允许坡度值

（取自中华人民共和国行业标准《建筑基坑支护技术规程》(JGJ120-99)）

土层类别	土的状态	坡高允许值（m）	坡度（高宽比）允许值
人工填土	中密以上	5	1：1.00～1：1.50
粘性土	坚硬	6	1：0.50～1：1.00
	硬塑	5	1：0.80～1：1.25
	可塑	5	1：1.00～1：1.50
粉土	中密	5	1：1.00～1：1.25
碎石土	稍密	5	1：0.75～1：1.00
	中密	5	1：0.50～1：0.75
	密实	6	1：0.40～1：0.50

表 6-2 岩石边坡允许坡度值

（取自中华人民共和国行业标准《建筑基坑支护技术规程》(JGJ120-99)）

岩石类别	岩石类型	风化程度	坡度（高宽比）允许值	
			坡高≤8m	8m≤坡高≤15m
硬质岩	砂岩、石灰岩、千枚岩、花岗岩	微风化	1：0.0～1：0.1	1：0.1～1：0.2
		中风化	1：0.1～1：0.2	1：0.2～1：0.4
		强风化	1：0.2～1：0.4	1：0.4～1：0.6
软质岩	泥岩、砂质泥岩、泥质砂岩	微风化	1：0.2～1：0.3	1：0.3～1：0.4
		中风化	1：0.3～1：0.4	1：0.4～1：0.6
		强风化	1：0.4～1：0.6	1：0.6～1：0.8
极软岩	泥岩、砂质泥岩	微风化	1：0.3～1：0.4	1：0.4～1：0.6
		中风化	1：0.4～1：0.6	1：0.6～1：0.8

注：①岩石单轴饱和抗压强度：小于等于 5MPa 时，为极软岩；在 6～30MPa 时，为软质岩；大于等于 30MPa 时为硬质岩。
②易风化的极软岩、软质岩、裂隙发育的破碎岩石边坡可采用水泥砂浆抹面或挂铁丝网喷抹水泥砂浆护面。
③有外倾斜软弱结构面、稳定性差的局部岩块应采用锚固措施加固或消除。

如果坡高大于表 6-1、表 6-2 允许值时，应设置过渡平台分级放坡，土质边坡的过渡平台的宽度一般为 1～2 m，岩石边坡的过渡平台宽度应不小于 0.5 m。

采用人工放坡开挖时，应采取坡顶、坡脚和坡面排降水措施。对坡面应采取水泥砂浆抹面、砂（土）包叠置、塑料薄膜覆盖、喷浆或挂网喷混凝土等保护措施。

岩质边坡一般按可滑动的软弱夹层或结构面进行验算。

土质边坡一般按圆弧滑动面条分法验算，请参阅本分册第 3.3 节。由于圆弧滑动面条分法验算需找到最危险滑动圆弧，工作量较大。为简化计算工作量，可利用前苏联学者洛巴索夫（П. Д. Лобасов）的土坡稳定计算简图进行近似分析，如图 6-1。对于均质的简单土坡，高度在 10m 以内时可以直接查用，对更高的土坡也有参考价值。利用图 6-1 可以较方便地解决下面两个主要的土坡稳定问题：

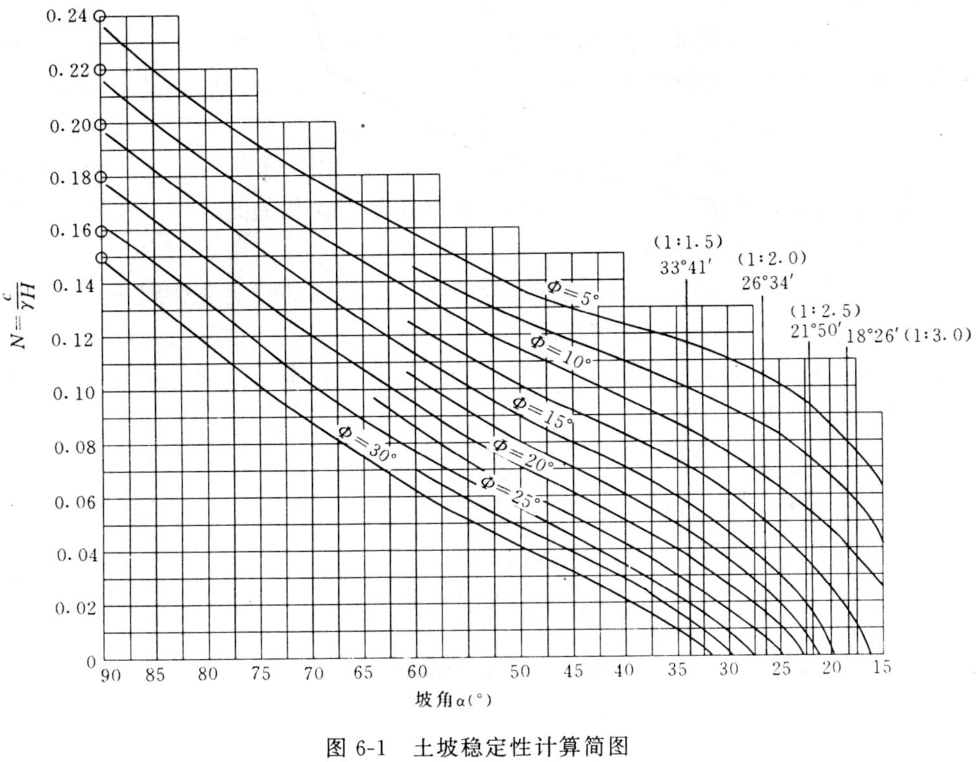

图 6-1　土坡稳定性计算简图

①已知坡角 α、土的内摩擦角 φ、粘聚力 C、容重 γ，求土坡的许可高度 H。

②已知坡高度 H、土的内摩擦角 φ、粘聚力 C、容重 γ，求许可坡角 α。

6.2 土钉墙支护技术

土钉墙支护技术的发展始于 20 世纪 70 年代，其设计思想源于 20 世纪 60 年代初的隧洞围岩支护的“新奥法”，即在充分考虑结构体本身的自承能力的前提下进行支护设计。

土钉墙支护技术是用于土体开挖和边坡稳定的一种新的挡土技术。由于其节约投资、施工占地少、进度快、安全可靠等优点，在深基坑开挖支护工程中得到较为广泛的应用。

6.2.1 土钉墙支护的特点及应用范围

1. 土钉墙支护的工作原理

土钉墙支护技术的工作原理是充分利用原状土的自承能力，把本来完全靠外加支护结构来支挡的土体，通过土钉技术的加固使其成为一个复合的挡土结构。土钉墙支护是由被加固土体、放置在其中的土钉体和喷射混凝土面层组成，天然土体通过土钉的加固并与混凝土面板相结合，共同抵抗土压力和其他荷载，以保证边坡的稳定性。如图 1-2（a）。

土钉在土钉墙支护体系中的作用主要有如下几个方面：

（1）骨架约束作用

由于土钉本身的强度和刚度，以及它在土体中的空间分布，并与土体构成一个整体，从而对土体变形起骨架约束作用。

（2）分担作用

一方面，土钉和土体共同承担外载和自重应力；另一方面，由于土体有较强的抗拉、抗剪强度和土体无法相比的抗顽强度，所以在土体进入塑性状态后，应力逐渐向土钉转移。当土体开裂时，土钉的分担作用更加突出，这时土钉内出现了弯剪、拉剪等复合应力，从而导致土钉体中浆体碎裂、钢筋屈服。工程实践和试验表明，因为采用了土钉，使土体的塑性变形延迟，土体开裂也呈渐进性，这与土钉的分担作用是密切相关的。

（3）应力传递和扩散作用

试验表明，随着荷载增加到一定程度，且边坡表面和内部裂缝发展到一定宽度时，此时坡脚应力最大。这时下层土钉伸入滑裂面外土体中的部分仍能提供较大的抗拉力。这样，土钉通过其应力传递作用，将滑裂面内部分应力传递到后部稳定土体中，并分散在较大范围的土体内，降低了应力集中程度。

（4）坡面变形的约束作用

坡面混凝土面板与土钉连接在一起，一方面，它可以有效发挥土钉的作用；另一方面，面板也起到对坡面变形的约束作用。

2. 土钉墙的构造特点

土钉墙的主要构造特点是：

（1）土钉的倾角较小，一般为水平或近水平布置；

（2）土钉通长注浆；

（3）土钉不施加或施加较小的预应力；

（4）土钉布置比较密集；

（5）土钉露头部分一般挂网并喷射混凝土，形成钢筋混凝土面层。

3. 土钉墙支护的工作原理特点

土钉墙的上述构造特点，决定了其作用机理特点：

（1）土钉较密集地置于土体中，与周围土体通长粘结，起到加固约束土体的作用，提高了原位土体的整体性及粘聚力值；

（2）土钉不施加预应力，只在土体变形时被动受力；

（3）内力分布为枣核形，在潜在破裂面附近受力最大，如图 6-2。

4. 土钉、锚杆与加筋土的区别

土钉、锚杆与加筋土的区别见表 6-3。

5. 土钉墙支护的应用范围

土钉墙支护技术主要在以下几个方面得到广泛应用：

（1）用于高层建筑、地下结构等基坑开挖和土坡开挖的临时性支护。

（2）用作洞室围岩支护、路堑路堤的土坡挡墙等永久性挡土结构。

（3）现有挡土墙的维修加固和各类临时性支护失稳时的抢险加固。

（4）边坡加固。

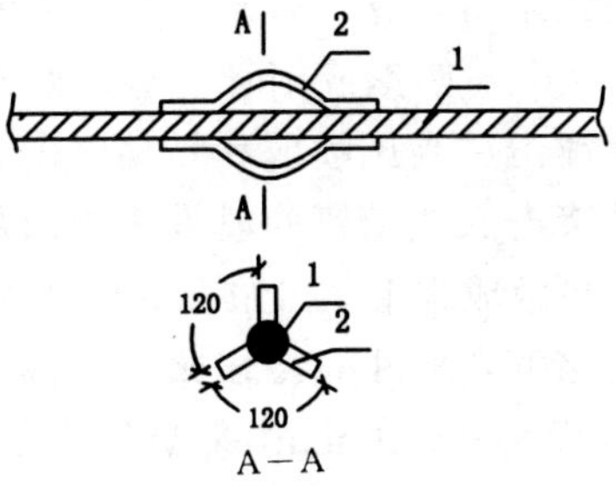

图 6-2　土钉内力分布示意图

表 6-3　土钉、锚杆与加筋土的区别

序号	土　　钉	锚　　杆	加筋土
1	成孔下入、打入	成孔下入	在人工填土成坡过程中边填土边在填土中加筋，以增加土坡稳定性
2	通长注浆	一般情况下仅锚固段注浆	
3	不施加或施加较小的预应力	可施加预应力	
4	土钉露头部分挂网喷混凝土	锚杆露头部分设置锚头	
5	长度较短，布置较密，	长度较长，布置较稀疏	
6	内力沿全长变化呈枣核形	自由段内力不变	
7	整个支护体系随土方开挖逐层施工	在先施工了支挡结构后，随土方开挖逐层施工	

土钉墙支护适用于地下水位以上或经过降水措施后的杂填土、粘性土或非松散性的砂土，一般认为可用于标贯击数 5 以上的砂土和 3 以上的粘性土。在软弱或高水位土体中设置临时性土钉墙支护必须与其他的土体加固措施或其他支护方案联合使用，如图 1-2（b）、图 1-2（c）、图 1-2（d）。

6.2.2　土钉墙支护的构造

除土体外，土钉墙一般由三部分组成，即土钉、面层和泄防水系统。土钉墙的构造与土体特性、支护面的坡角、支护的功能（临时性或永久性支护）、环境安全要求等因素有关。

1. 土钉

①钻孔注浆土钉。这是一种最常用的土钉，即先在土中成孔，置入变形钢筋，然后沿全长注浆填孔，这样整个钢筋就由土钉钢筋和外裹的水泥砂浆（细石混凝土或水泥浆）组成。为了保证土钉钢筋处于钻孔中心位置，周围有足够的浆体保护层，需沿钉长每隔 2～3m 设置对中定位架，如图 6-3。土钉钢筋直径一般为 20～32 mm，钻孔直径多为 70～150 mm。土钉钢筋多为Ⅱ、Ⅲ级螺纹钢。

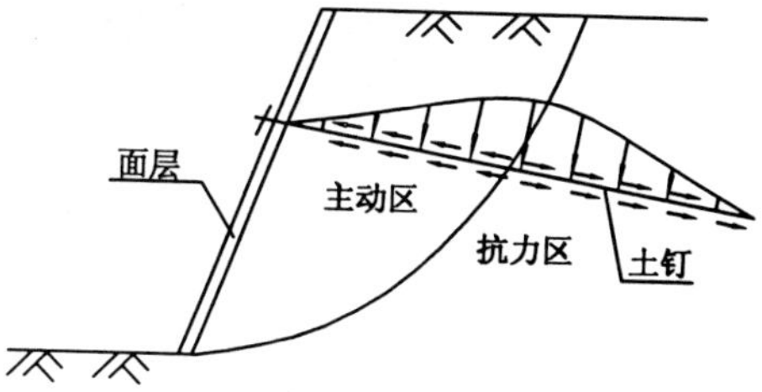

图 6-3　钻孔注浆土钉的一般构造

1—土钉钢筋；2—定位架

②击入式土钉。击入式土钉多用角钢（L50×50×5或L60×60×6）、圆钢或钢管。击入方式一般有：振动冲击、液压锤击、高压喷射和气动射击。

对于注浆击入式土钉一般采用周面带孔的钢管，其端部封闭，并做成锥形，出浆孔处可加焊倒刺形角钢以防止出浆孔堵塞，如图6-4。出浆口的间距一般为200～500 mm，直径为7～10m m，靠近露头1～2m距离内不设出浆口。钢管连接采用焊接，接头处应拼焊不少于3根ϕ6的加劲筋。钢管直径一般不小于48 mm，壁厚不小于3.5 mm。

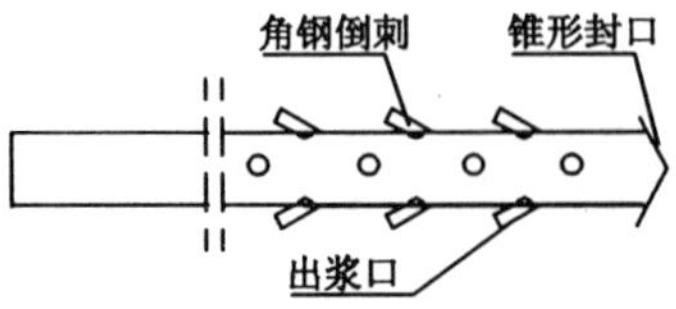

图6-4 击入式注浆钢管土钉

2. 面层

如图6-5，面层由混凝土、纵横主筋、网筋构成。喷射混凝土面层的厚度一般大于80 mm，混凝土的强度等级C20。网筋直径一般为6～10 mm，间距多为150～300 mm，坡面上下的网筋搭接长度应大于300 mm。纵横主筋一般采用16 mm螺纹钢，间距与土钉间距相同。根据工程实际要求，钢筋网可为单层或双层。

土钉墙顶应做砂浆或混凝土抹面护顶。

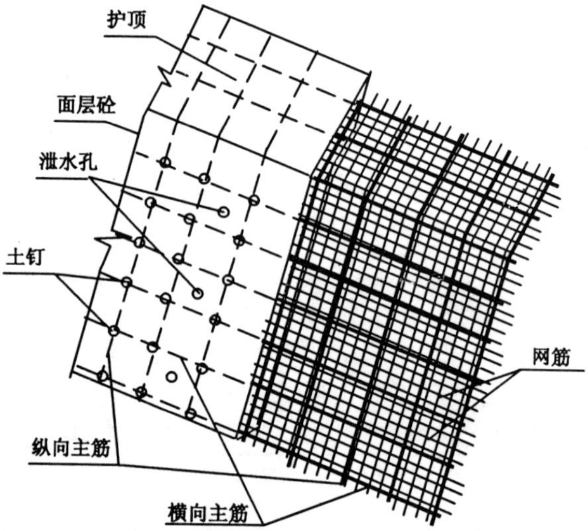

图6-5 面层构造示意图

3. 土钉与面层连接

土钉可以布置在面层的纵横主筋交叉处，也可布置在纵横主筋围成区域的中央，如图6-6。

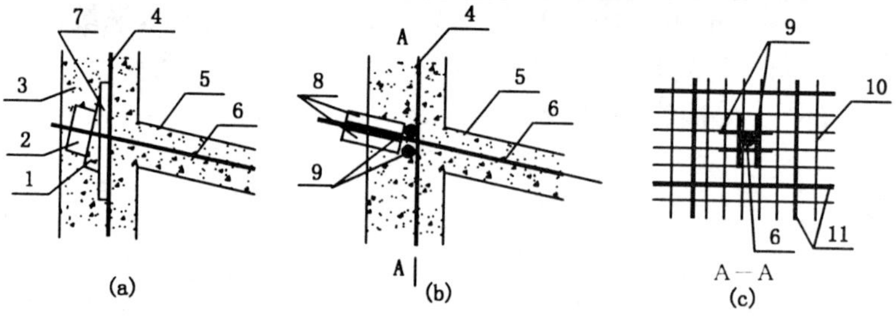

图6-6 土钉与面层的连接

1—垫块；2—螺母；3—喷射混凝土；4—钢筋网；5—土钉钻孔；6—土钉钢筋；7—钢垫板；8—锁定筋；9—井字形钢筋；10—网筋；11—纵横主筋

对于重要工程或面层受力较大时，土钉筋体头部应加工螺纹，通过螺母、垫板施加预应力，预应力大小可为土钉拉力设计值的10%～20%，如图6-6（a)。

将土钉筋体通过井字形钢筋网（一般300 mm，直径不小于16 mm）焊接固定到面层钢筋网上，再在土钉筋体端部两侧分别沿长度方向焊接100 mm长与筋体同直径的锁定筋，如图6-6（b)、图6-6（c)。

面层受力不大时，图6-6（b)、图6-6（c）所示的连接方式中可不加锁定筋。

土钉筋体采用钢筋束时，钢筋伸出面层长度不宜小于500 mm，然后将钢筋束向四周弯曲，与钢筋网绑扎。

4. 泄排水系统

为了防止地表水渗透对喷射混凝土面层产生压力，降低土体强度和土钉与土体之间的粘结力，土钉墙支护一般都需要有良好的排水系统。土方开挖施工前要做好地面排水，设置地面排水沟。随着土方的开挖和支护，可以从上到下设置浅表排水管，其直径为60～100 mm、长300～400 mm的短塑料管插入坡面以便将喷射混凝土面层背后的水排走，其间距和数量随水量而定，如图6-5。在基坑底部应设置排水沟或集水井。

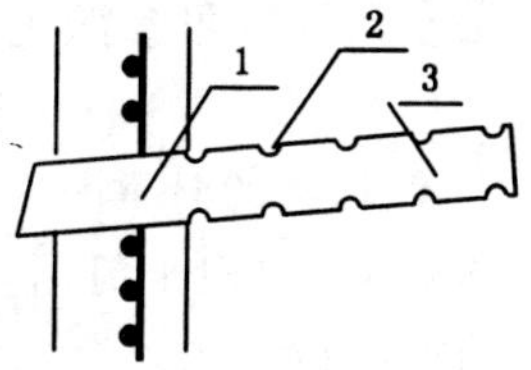

图6-7 面层背部排水

1—塑料管；2—孔眼；3—漏水材料

在永久性支护中，可以采用深部排水系统，埋设带孔的长管，如图6-7，直径为50～80 mm，长度超过土钉，向上倾斜5°～10°，约每3 m^2竖向设置一根，塑料管内要填漏水材料。

6.2.3 土钉墙支护设计

土钉墙支护作为一种挡土结构应满足规定的强度、稳定性、变形和耐久性等要求。土钉墙支护用于城市建筑物密集地区的基坑工程时，必须严格控制变形，保证周围建筑设施的安全。现有的工程设计分析方法都不能很好地定量分析支护体系的变形。另外，土钉墙支护的变形不仅与结构设计参数有关，而且在很大程度上取决于施工方法、施工工序和施工速度。

1. 土钉布置

（1）土钉密度及布置方式

为使土钉与周围土体形成一个组合的整体，土钉的间距显然不能过大，对这一要求虽然现在尚不能给出有足够理论依据的定性指标，但工程实践表明，土钉水平间距与竖向间距的乘积不应大于6 m^2。土钉可按矩形网格或梅花形布置，一般多取土钉水平间距和竖向间距相等，在非饱和土中为1.2～1.5 m，而对坚硬粘土或风化岩则可超过2 m。

（2）土钉长度

试验和实际工程测量表面，沿支护高度上下分布的土钉，其在使用状态最大内力相差很大，一般呈中部大，上部和底部偏小，所以中部的土钉所起的作用较大。但是顶部土钉对限制变形甚为重要，如果过短，在土钉尾部和尾部以外的上方土体容易出现较大的开裂。底部土钉也不宜过短，否则不利于支护体系作为整体抵抗滑动、倾覆和深部失稳。在城市内施工，一般非饱和土钉长度与基坑深度之比在0.6～0.8范围内，对于顶部土钉不宜小于0.8；而在饱和软土中，由于土体抗剪强度很低，而且土钉内力因水压作用增加，此时可能会超过2。

（3）土钉倾角

土钉倾角一般在0°～25°之间取值，其大小取决于土钉置入方式和土体分层特点等多种因素。由于土钉在土体中的作用是抗拔受拉，当倾角越小时，其水平拉力越大，越有利于土钉对土体的加固，但倾角过小，不利于施工。根据工程施工经验，土钉的倾角以不超过15°为宜。

(4) 分层开挖的计算高度

土钉墙是分层分段开挖施工的，每层开挖的最大深度取决于该层土体可以自立而不破坏的能力，在砂性土中每层开挖深度为0.5～2.0m；对于粘性土，可按太沙基公式确定深度：

$$h_{cr}=\frac{2.67C}{\gamma\tan(45°+\frac{\varphi}{2})} \tag{6-1}$$

(5) 面层参数

面层参数计算可参照现行有关钢筋混凝土结构设计规范进行，经验取值见上述6.2.2部分。

2. 土钉抗拔力计算

如图6-8，单根土钉由土体自重及附加荷载引起的轴向拉力为：

$$T_k=\zeta\cdot e_{aik}S_x\cdot S_y/\cos\alpha \tag{6-2}$$

式中：S_x、S_y——单根土钉与相邻其他土钉的水平和垂直间距，m；

e_{aik}——单根土钉孔口位置土压力强度，kN/m²，根据本分册第2.4节计算；

ζ——荷载折减系数：

$$\zeta=\frac{\tan\left(\frac{\theta-\varphi}{2}\right)\left[\frac{1}{\tan\eta}-\tan(90°-\theta)\right]}{\tan^2(45°-\frac{\varphi}{2})}$$

η——破裂面与水平面夹角，取$(\theta+\varphi)/2°$，

其余量意义见图6-8所示。

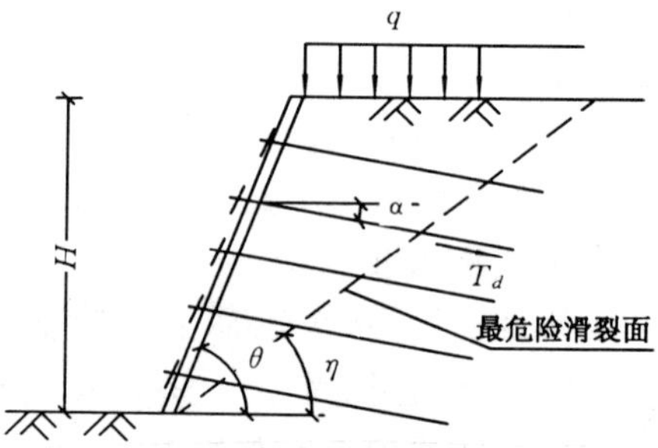

图6-8 土钉抗拔力计算简图

土钉抗拔力的设计值：

$$T_a=1.25\gamma_0 T_k\leqslant T_u/1.3 \tag{6-3}$$

式中T_u为单根土钉的极限抗拔力，如图6-9，可按下式计算：

$$T_u=\pi D\sum\tau_i l_{ei} \tag{6-4}$$

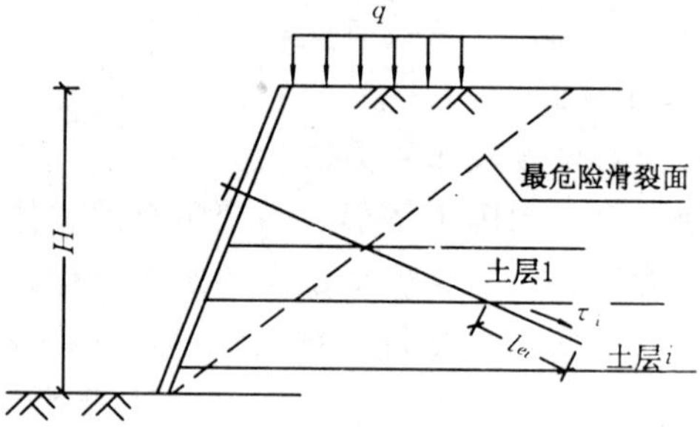

图6-9 极限摩阻力计算简图

式中：l_{ei}——破裂面外第i层土中土钉长度，m；

D——土钉体直径，m；

τ_i——土钉破裂面外第i层土的极限摩阻力，kPa，可由现场试验确定，如无试验资料，可按表5-1（或表5-2、表5-3、表5-4）和下式确定，并取其中的较小值：

$$\tau_i=\sigma_{aik}\tan(45°-\frac{\varphi_i}{2})+C_i$$

式中：σ_{aik}——破裂面外第i层土中土钉中点的竖向应力，根据本分册第2.4节计算；

φ_i——破裂面外第i层土体的内摩擦角，°；

C_i——破裂面外第 i 层土体的粘聚力，kPa。

破裂面外土钉长度为：

$$l_e = \sum l_{ei}$$

土钉的截面尺寸和支护的稳定性的验算，请参阅本分册的第 3.3 节。

6.2.4 土钉墙支护施工

下面主要介绍钻孔注浆土钉支护的施工技术要求。

土钉墙的施工一般按以下程序进行：施工准备→开挖工作面、修整边坡、坡面排水→喷射第一层混凝土→设置土钉（包括成孔、置筋、安装、注浆等）→绑扎安装钢筋网→喷射第二层混凝土。

1. 施工前的准备

(1) 在进行土钉墙施工前，应充分核对设计文件、土层条件和环境条件，在确保施工安全的情况下，编制施工组织设计；

(2) 要认真检查原材料、机具的型号、品种、规格及土钉各部件的质量、主要技术性能是否符合设计和规范要求；

(3) 平整好场地道路，搭设好钻机平台；

(4) 作好土钉所用砂浆的配合比及强度试验，各构件焊接的强度试验，验证能否满足设计要求。

2. 土方开挖

土方开挖必须紧密配合土钉墙施工，具体要求如下：

(1) 土方必须分层开挖，严格做到开挖一层、支护一层。

(2) 每层开挖深度按设计要求并视现场土质条件而定，开挖要到位，不得欠挖，绝对禁止超挖。

(3) 每层开挖的长度主要取决于土体维持不变形的最大长度和施工流程的相互衔接，一般为 8～15 m。

(4) 机械开挖后，应及时对壁面进行人工修整。

(5) 对较软弱的土体，需采取必要的超前支护措施。

3. 钻孔

(1) 根据不同的土质情况采用不同的成孔作业法进行施工。对于一般土层，孔深小于等于 15 m 时，可选用洛阳铲或螺旋钻施工；孔深大于 15 m 时，宜选用土锚专用钻机和地质钻机施工。对饱和土易塌孔的地层，宜采用跟管钻进工艺。掌握好钻机钻进速度，保证孔内干净、圆直，孔径符合设计要求；

(2) 严格控制钻孔的偏差。保证钻孔的水平方向孔距误差、垂直方向孔距误差、钻孔底部的偏斜误差、钻孔深度误差均在规范和设计要求允许范围以内。

(3) 钻孔时如发现水量较大，要预留导水孔。

4. 土钉制作和安放

(1) 拉杆要求顺直，应除油、除锈并作好防腐处理，按要求设置好定位架；

(2) 拉杆插入时，应防止扭压、弯曲，拉杆安放后不得随意敲击和悬挂重物。

5. 注浆

(1) 钻孔注浆土钉浆液配合比根据设计要求确定，一般采用水灰比为 0.4～0.45，灰砂比采用 1∶1～1∶2 的水泥砂浆。水泥一般采用 425 号普通硅酸水泥配制；

(2) 应采用机械均匀拌制浆体，要随搅随用，禁止人工搅浆，浆液应在初凝前用完，并严防石、杂物混入浆液；

(3) 对孔隙比大的回填土、砂砾土层，注浆压力一般要达到 0.6MPa 以上。

6. 喷射混凝土

(1) 喷射混凝土施工的设备

喷射混凝土施工的设备主要包括：混凝土喷射机、空压机、搅拌机和供水设施等。对各设备器具的要求如下：

①混凝土喷射机应满足如下要求：①密封性能良好；②输料连续、均匀；③生产能力（干混合料）为 3～5 m^3/h；④允许输送的骨料最大粒径为 25 mm；⑤输送距离（干混合料）水平不小于 100 m，垂直不小于 30 m。

②选用的空压机应满足喷射机工作风压和耗风量的要求，一般不小于 9 m^3。

③混合料的搅拌宜采用强制搅拌式搅拌机。

④输料管应能承受 0.8 MPa 以上的压力，并应有良好的耐磨性能。

⑤供水设施应保持喷头处的水压大于 0.2 MPa。

(2) 喷射混凝土施工

根据混凝土搅拌和输送工艺的不同，喷射分为干式和湿式两种。

①干式喷射：干式喷射是用混凝土喷射机压送干拌合料，在喷嘴处与水混合后喷出。

②湿式喷射：湿式喷射是用泵式喷射机，将已加水拌合好的混凝土拌合物压送到喷嘴处，然后在喷嘴处加入速凝剂，在压缩空气助推下喷出。

(3) 喷射作业的要求

喷射作业应满足如下规定：

①喷射作业前要对机械设备，风、水管路和电线进行全面的检查并试运转，清理受喷面，埋设好控制混凝土厚度的标志。

②喷射作业开始时，应先送风，后开机，再给料，料喷完后再关风。

③喷射时，喷头应与受喷面垂直，并保持 0.6～1.0 m 的距离。

④喷射作业应分段分片依次进行，同一分段内喷射顺序由上而下进行，以免新喷的混凝土层被水冲坏。

⑤喷射混凝土的回弹率不大于 15%。

⑥喷射混凝土终凝 2h 后，应喷水养护。养护时间，一般工程不少于 7d，重要工程不少于 14d。

7. 土钉的张拉与锁定

(1) 张拉前应对张拉设备进行标定；

(2) 土钉注浆固结体和承压面混凝土强度均大于 15MPa 时方可张拉；

(3) 锚杆张拉应按规范要求逐级加荷，并按规定的锁定荷载进行锁定。

6.2.5 土钉试验

土钉试验的内容和方法基本上与土层锚杆的试验相同。

6.2.6 常用辅助工程措施

1. 预应力锚杆（索）

在土钉墙支护工程中，当对基坑边壁变形需进行严格控制时，一般要用预应力锚杆（索）替代部分土钉，以达到对基坑边壁变形的有效控制。

2. 水患防治

水患是基坑边壁稳定的大忌，必须采取全方位的构造防治措施，以把水患影响减少到最低限度。水患防治措施主要是：排、挡、降、封、抽。

排：通过设置地面排水沟排除地面积水。

挡：对地处低洼地的基坑，在边壁附近地面可设止水墙挡水。

降：设置降水井降低地下水位。

封：采用喷射混凝土封闭基坑壁面及附近地面。

抽：在基坑内设置集水坑，用水泵及时抽除坑内积水。

3. 回填土层施工

回填土层一般较松散，开挖时必须严格控制每层开挖的深度和长度。若成孔困难，可采用击入式注浆钢管土钉。在极松散的回填土中，土钉墙的施工顺序一般为：土方开挖→初喷混凝土→打入注浆钢管→挂网→设置锁紧装置→终喷混凝土→注浆→补喷混凝土→养护。

4. 流砂层施工

在流砂层中，土方开挖前，一般要设置超前锚杆，超前锚杆的长度不小于单层开挖深度的2倍，其与垂直壁面的夹角以5°～10°为宜，上部须与已完成的支护连为一体。超前锚杆材料可以是角钢、槽钢、钢管、螺纹钢筋等，有时也可采用木桩、竹桩。超前锚杆注浆与否取决于工程的实际需要。

流砂层中的土方开挖一般采用跳挖方式，即隔一段开挖支护一段。每段开挖长度不宜大于8m。在不宜成孔地段，在保证设计抗拔力的前提下，可采用击入式注浆钢管土钉。

为了在流砂层中加快土钉墙支护的施工速度，钢筋网可在现场预先制作。

5. 饱和淤泥质土层施工

在饱和淤泥质土层中施工，土方应分层分段开挖，每段开挖长度不应大于15 m。土方开挖前，一般要设置超前锚杆，在淤泥深度大于4 m时，要采用刚度较大的超前锚管或木桩。成孔时，一般要采用套管护壁，且成孔后应立即下入土钉并边注浆边拔出套管，注浆一般采用孔底高压注浆。

7 地下水控制

7.1 地下水控制概述

工程实践表明，大大小小的基坑工程事故大多与地下水有关。在基坑开挖期间，一些最坏的情况都是出现在地下水位以下，它不仅使工作条件变得恶劣，而且易造成管涌、坑底隆起、流砂和坑壁的剥落、坍塌，甚至引起周围建筑物沉降、倾斜、裂缝和倒塌等。因此，基坑工程必须对地下水进行有效控制。

7.1.1 地下水的作用

地下水作为岩土体的组成部分直接影响岩土的性状和行为，同时也影响建筑物的稳定性和耐久性。在进行岩土工程勘察时应着眼于设计和施工的需要，提供地下水的完整、准确、详尽的资料并评价地下水的作用和影响，包括地下水对岩土体和建筑物的作用。按作用机理，地下水的作用可分为两大类：力学作用和物理-化学作用。

1. 力学作用

(1) 浮托作用

由于抽吸、集水和回灌引起地下水位或水压的变化，从而产生大面积地面沉降或上浮。

(2) 动水力

动水力的作用表现为渗流。渗流作用可能会产生潜蚀、流砂和涌土等渗流变形。从力的平衡来看，当渗流产生的向上的渗流力等于土的浮重度时，土体处于临界状态。表 7-1 说明了土质与渗流破坏的关系。

表 7-1 土质条件与渗流破坏

破坏形式	土 质 条 件
流砂	(1) 不均匀系数小于 10 的均质土； (2) 不均匀系数大于 10，含细粒量大于 35%的砂砾石
流土	(1) 不均匀系数小于 10 的均质土； (2) 不均匀系数大于 10，含细粒量大于 35%的砂砾石； (3) 缺乏中间粒径的砂砾石，细粒含量大于 30%
管涌	(1) 正常级配的砂砾石，当不均匀系数大于 10，含细粒量小于 35%； (3) 缺乏中间粒径的砂砾石，细粒含量小于 30%

(3) 静水压力

在地下水位以下全部水压力作用在支挡结构上。当坑内、外水位差较大时，可能会产生渗流作用，这将使主动土压力增加，而被动土压力显著降低。

2. 物理-化学作用

一方面含水量的减少会导致一些粘土层变弱及一些弱胶结岩石的崩溃；另一方面水能导致一些粘土层的膨胀。黄土层被水浸泡后原有的稳定结构会变弱。水能使石膏等物质溶解，并可能发生水合作用，腐蚀混凝土体。

7.1.2 防渗与降排水

防渗隔离和降、排水是地下水处理的主要方法。其目的是：①获得基坑开挖的干作业空间；②保证基坑边坡和底板的稳定性；③保证邻近基坑的建筑物正常使用。对地下水处理的好坏，是决定基坑工程成败的重要因素。

1. 地下水的防渗控制

地下水的防渗控制是通过在基坑周围设置防渗屏障来阻止水流进入开挖的基坑。有效的防渗隔离，可以保持基坑周围水位处于正常位置，避免沉降等问题发生。形成屏障的方法很多，包括板墙、排桩墙、地下连续墙、注浆帷幕等。形成有效隔离屏障依赖于在开挖面下面有一个不透水地层，如果这样的地层不存在，或其埋藏太深而很难利用它作为隔离层，那么在坑底会出现向上渗透，进而可能产生开挖处的不稳定。在这种情况下，屏障将不会有效，除非在开挖面以下能形成人工的水平屏障（常用的方法是注浆）。对于这种情况，也可在坑内设置一定数量的抽水井，以抽排透过屏障渗入坑内的水流。选择防渗隔离方法类型时必须考虑如下几种情况：①哪种隔离办法最适合本现场；②隔离是作为临时工程，还是作为永久工程；③隔离是否服务于未来的其他功用。并且，无论选择哪一种方法，在设计和施工时必须考虑和保证隔离屏障有很好的密闭性，有时（特别是在屏障的接缝处）甚至必须考虑同时采用多种防渗隔离措施。

2. 降、排水

排水主要指基坑的明沟排水。明沟排水主要适用于下列情况：①在人工填土及浅层粘性土中赋存的上层滞水，且水量不大；②放坡开挖边坡较平缓；③坑壁被覆较好。明沟排水必须考虑基坑周围地表水可能对基坑边坡的冲刷潜蚀作用，必要时要在基坑外围采取截水、封堵和导流等措施。

降水工程的设计应综合考虑支护结构形式、开挖深度、基坑面积的大小、地质条件、气候条件、环境要求和施工方法等因素。当承压水层埋藏较浅时，应设置减压井，以降低承压水头，或采取其他有效的坑底加固措施。

3. 降水和隔渗对环境的影响

降水和隔渗对环境的主要影响有：

（1）在降水漏斗半径范围内地表有不同程度的沉降，影响基坑周围建筑物；

（2）竖向隔渗形成的水压差异导致基坑支护体系的变形或位移，从而引起临近建筑物变形；

（3）因降水或隔渗工程的方案不当，或施工质量不良，或在降水、隔渗维持阶段组织管理不善，以至降水、隔渗工程失效，从而引起环境灾害。

4. 施工与监测措施

由于基坑稳定性（包括边坡稳定和渗透稳定）破坏引起的后果往往是灾难性的、突发性的，且补救困难。所以，不仅要保证基坑支护体系、降排水、隔渗方案选择和设计的可靠性，施工过程中还必须严格按图施工，并有科学的监测措施。

（1）基坑开挖时，应避免开挖设备对支护体系、隔渗墙和降排水设施的机械破坏；

（2）隔渗和降水必须采取信息法施工，进行严格的监测，及时反馈信息，修改和补充设计，指导下一步施工。

（3）降水往往会引起沉降，过度的沉降会导致邻近建筑物或管线的不均匀沉降或开裂，影响建筑物的安全。防治措施一般有两类：一是设置回灌井点、回灌砂沟，以防止或减少土层失水后产生的沉降；二是减缓降水速度，可采用调小离心泵阀，让水缓缓流出且不间断，使降水曲线较平缓。所以，降水和回灌过程中应监视水位和水的动态变化，同时要监测地面或地面建筑物的沉降和回弹位移，以控制降水和回灌的程度。另外，如果事先设置了隔渗墙，且降水井布置在隔渗墙的隔渗范围内，则降水时应保持墙体内外有较大的水头差。

（4）竖向隔渗时，应严密监测基坑开挖过程中基坑壁的侧向位移情况，以分析和估计竖向隔渗的有效性。

（5）水平封底隔渗要预留观测孔，定期测量承压水头的变化，指导渗流排水作业，减少底板受力。顶板应低于基坑底标高，使封底体有一定厚度的土层，以增加抗浮能力。

（6）在降水或隔渗过程中出现突发事故（如流砂、流土、管涌）时，应急措施的总原则是在封堵的同时应做好排水导流工作。若基坑侧壁渗水，视其水量大小用插管导流、草袋砖砌或混凝土封堵；若坑底涌水，可采用速凝喷灌、加井、埋管等措施。

7.2 隔渗设计

7.2.1 隔渗设计的一般要求

（1）采用隔渗应因地制宜，对场区及邻近场地的地层、水文地质特征需有足够的确切资料。

（2）在获得确切资料后，宜计算和绘制流网图，直观了解场地地下水渗透规律，较准确地预估基坑渗水量、隔渗帷幕内外的水压力差和坑底浮托力，以此作为隔渗帷幕或封底厚度计算的依据。

（3）隔渗体形成方法的优选次序：

①竖向隔渗：钢筋混凝土地下连续墙、SMW 水泥土连续墙、高压旋喷、深层搅拌、静压注浆（水泥、水玻璃）；

②水平封底隔渗：高压旋喷、深层搅拌、静压注浆（水泥、水玻璃）。

（4）隔渗体抗压强度宜根据具体情况确定，渗透系数小于等于 1×10^{-6}cm/s。

（5）隔渗体的厚度应综合考虑环境安全和经济效益，经过计算确定。

7.2.2 竖向隔渗设计

竖向隔渗按隔渗帷幕底部的透水性可分为：落底式竖向隔渗帷幕和悬挂式竖向隔渗帷幕。

采用落底式竖向隔渗帷幕时，帷幕的渗流量可按下式估算（如图 7-1）：

$$Q=\frac{KL(H_0^2-h_0^2)}{2D} \tag{7-1}$$

式中：Q——隔渗帷幕的渗流量，m^3/d；

k——帷幕渗透系数，m/d；

H_0——帷幕外侧基坑底面处水头，m；

h_0——帷幕内侧基坑底面处水头，m；

D——帷幕厚度，m；

L——基坑隔渗帷幕周长，m。

对帷幕底部为透水层的悬挂式帷幕或在粘性土不透水层下面含有承压水的砂层时，应进行抗管涌验算。如不能满足抗管涌要求时，应在基坑底部采取加固措施。

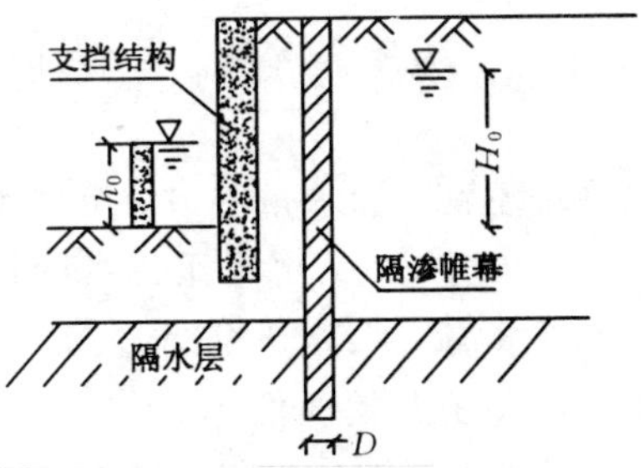

图 7-1　落底式帷幕基坑涌水量计算示意图

砂质地基土产生管涌的极限动水力坡度按下式计算：

$$i_0=\frac{G_s-1}{1+e} \tag{7-2}$$

式中：i_0——极限动水力坡度；

G_s——土颗粒比重；

e——土的孔隙比。

为防止管涌，可增加隔渗帷幕的插入深度。

高压旋喷和深层搅拌隔渗帷幕插入相对隔水层的深度可按下式计算：

$$h_d'=\frac{h-bi_c}{2i_c} \tag{7-3}$$

式中：i_c——接触面允许水力坡度，取 3～5；

h_d——帷幕插入相对不透水层的深度，m；

h——作用于帷幕底部的水头，m；

b——帷幕平均厚度，m。

当按上式计算结果 d 小于 1 m 时，取 1 m。当在不透水层下面有承压水头的砂层时，应按式（7-2）验算抗管涌要求。

当地下含水层渗透性较好、水头较大时，可采用悬挂式垂直隔渗与水平封底相结合或悬挂式垂直隔渗与基坑内井点降水相结合的方案。

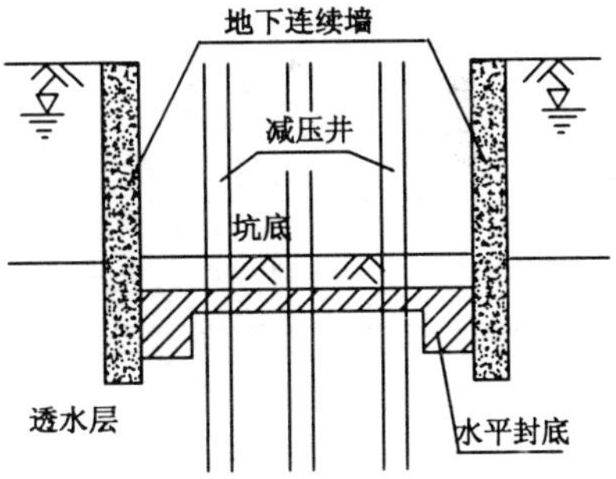

图 7-2　地下连续墙水平封底隔渗示意图

7.2.3　水平封底隔渗设计

水平封底隔渗一般与悬挂式垂直隔渗帷幕相结合，形成五面隔渗的“浮箱”式构筑物，如图 7-2 所示。可按下式进行底板厚度验算：

$$H_d\geqslant\frac{P_w}{\gamma_c} \tag{7-4}$$

式中：H_d——底板厚度，m；

γ_c——水泥土与其上存留的天然土的混合重度，kN/m^3；

P_w——单位面积承受的浮托力，kPa。

对于水平封底隔渗，当底板压力较大时，可在场区内均匀布设减压孔（井），实行封底与导渗相结合，减小底板受力。在底板与支挡结构结合处应增加封底厚度，加强水平封底与垂直帷幕之间的紧密结合，以堵塞该部位留下的漏洞，并增加支护体系的抗变形能力。

7.3 集水明排设计

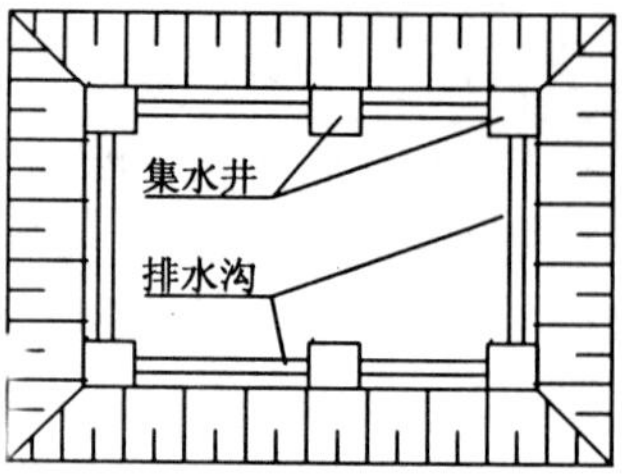

图 7-3 集水明排示意图

当基坑不深、涌水量不大、坑壁土体比较稳定、不易产生流砂、管涌和坍塌时，可采用集水明排疏干地下水，如图 7-3。

（1）排水沟边缘离开挖壁边脚不小于 0.3 m，排水沟底面应比相应的基坑开挖面低 0.3～0.5 m，沟底宽一般为 0.3 m，纵向坡度为 0.2%～0.5%。

（2）在基坑四角或坑边应每隔 30～40 m 布设集水井，集水井底应比相应的排水沟低 0.5～1.0 m，集水井直径一般为 0.7～1.0 m，井壁可砌干砖，插竹片、木板，或用水泥管等临时支护，井底一般铺设一层厚 0.3 m 的碎石作为反滤层。

（3）当基坑开挖深度较大且不同标高存在不同的含水层或透水层时，可在边坡不同高度分段放坡的平台上设置多层明沟。

（4）如果地表水量较大，应在基坑外采用截流、导流等措施。

（5）水沟或集水井的截面应根据基坑涌水量的大小确定，其排水量应满足下式要求：

$$V \geqslant 1.5Q \tag{7-5}$$

式中：V——排水量，m^3/d；

Q——基坑涌水量，m^3/d，可根据经验或参照邻近工程排水情况确定。在没有经验的情况下，可根据“大井法”估算，见表 7-2。

表 7-2 用“大井法”计算基坑涌水量公式

示 意 图	公 式	适用条件
潜水含水层计算公式（稳定流）		
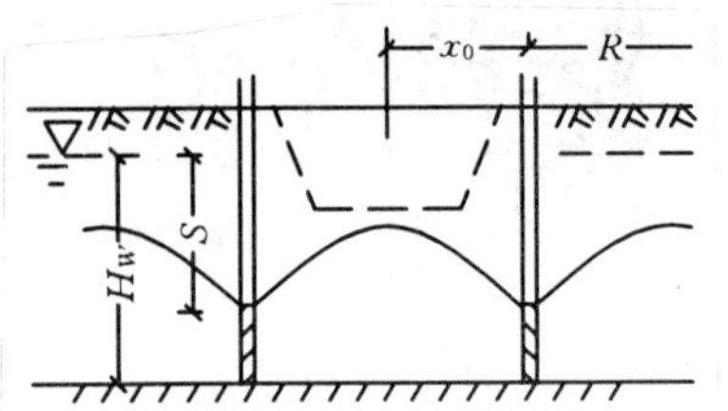	$Q=1.366k\dfrac{(2H_W-S)S}{\lg(R+x_0)-\lg x_0}$	（1）潜水完整井； （2）均质含水层； （3）基坑远离边界
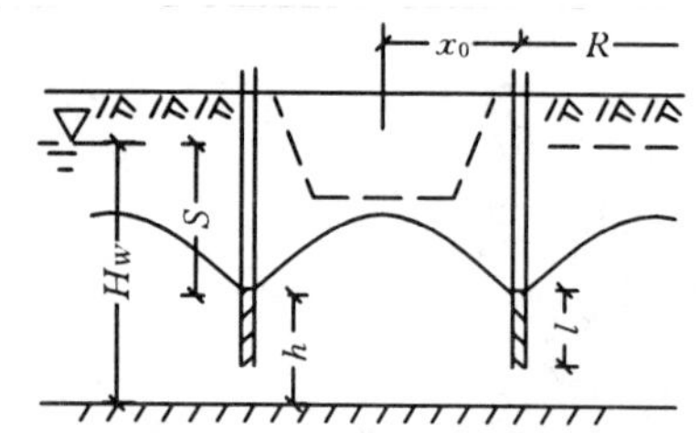	$Q=1.366k\dfrac{H_W^2-\bar{h}^2}{\lg\dfrac{R+x_0}{x_0}+\dfrac{\bar{h}-l}{l}\lg(1+0.2\dfrac{\bar{h}}{x_0})}$ $\bar{h}=\dfrac{H_W+h}{2}$	（1）潜水非完整井； （2）均质含水层； （3）基坑远离边界

续表 7-2

示　意　图	公　　式	适用条件
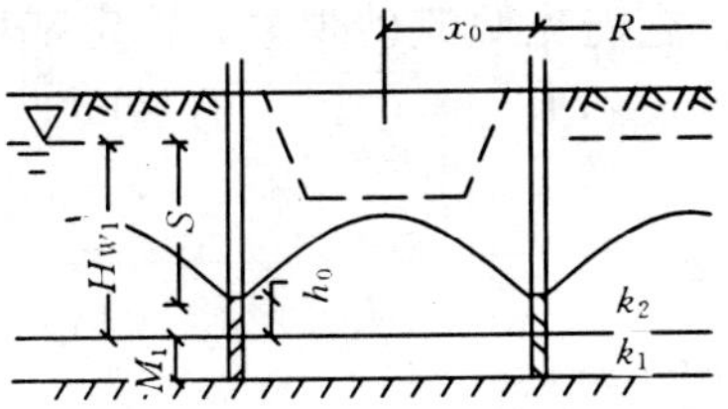	$Q=\dfrac{1.366k_2(H_{W_1}^2-h_0^2)+2.73k_1M_1(H_1-h_0)}{\lg(R+x_0)-\lg x_0}$	(1) 双层构造； (2) 上下层渗流系数相差不大； (3) 基坑远离边界
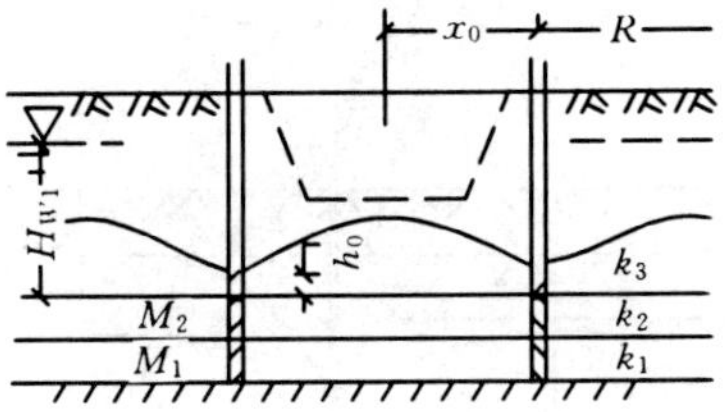	$Q=\dfrac{1.366}{\lg(R+x_0)-\lg x_0}(2M_1k_1+2M_2k_2+h_1k_3+h_0k_3)$	(1) 三层构造； (2) 其他条件同上
承压含水层计算公式（稳定流）		
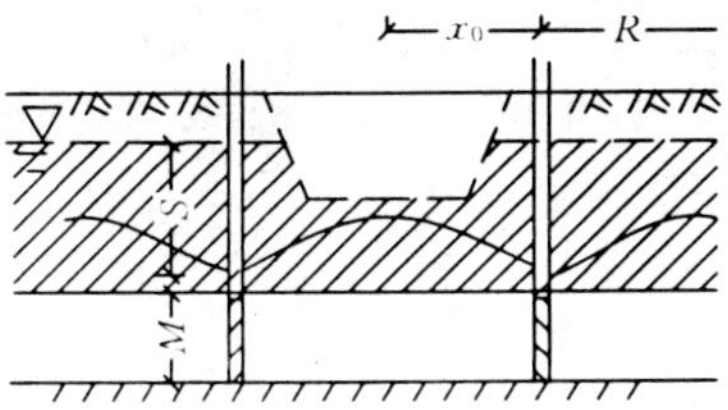	$Q=2.73k\dfrac{MS}{\lg(R+x_0)-\lg x_0}$	(1) 承压完整井； (2) 均质含水层； (3) 基坑远离边界
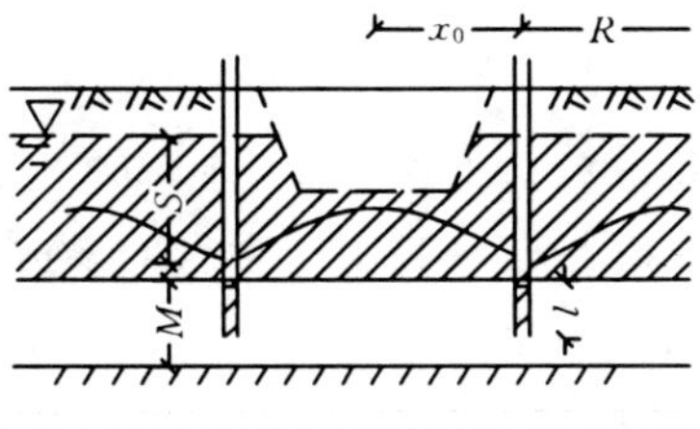	$Q=\dfrac{2.73kMS}{\lg\dfrac{R+x_0}{x_0}+\dfrac{M-l}{l}\lg(1+0.2\dfrac{M}{x_0})}$	(1) 承压非完整井； (2) 均质含水层
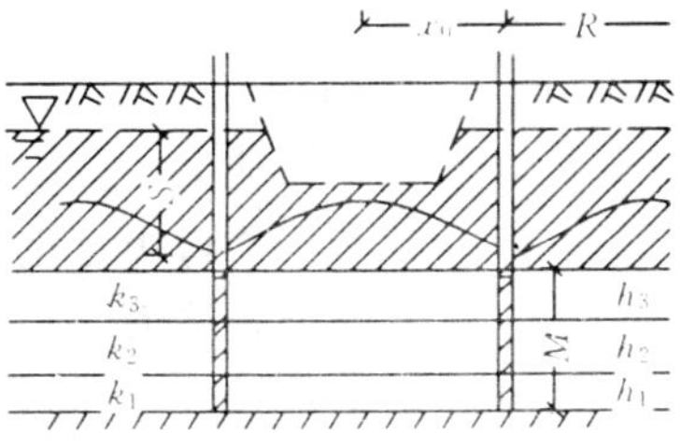	$Q=2.73\bar{k}\dfrac{MS}{\lg\dfrac{R+x_0}{x_0}}$ $\bar{k}=\dfrac{\sum k_iH_{Wi}}{\Sigma H_{Wi}}$ $M=h_1+h_2+h_3$	(1) 多层承压含水层； (2) 基坑远离地表水补给

注：h——基坑动水位至含水层底板深度，m；x_0——环形井点系统的引用半径，m；H_W——含水层厚度，m；S——地下水位降深，m；k——渗透系数，m/d；R——抽水影响半径，m；M——含水层厚度，m；l——滤管长度，m。其他符号含义如图

7.4 井点降水设计与施工

井点降水是高地下水位地区基坑工程施工的重要措施。它能克服流砂现象，稳定基坑边坡，降低承压水位，防止坑底隆起和加速土的固结，使位于天然地下水位以下的基坑工程能在较干燥的施工环境下进行。

井点降水法有轻型井点、喷射井点、电渗井点、管井井点、渗水井点法和深井泵法等。

7.4.1 井点降水原理

1. 轻型井点

轻型井点降低地下水位是沿基坑周围以一定的间距通过钻井埋入井管和滤管(处于井管下端),在地面用水平铺设的集水总管将各井管连接起来,再在一定位置设置真空泵和离心泵，开动真空泵和离心泵后，地下水在真空泵吸力作用下,经滤管进入井管，然后经集水总管排出，从而使地下水位形成下降漏斗曲线,这样就降低了地下水位，如图 7-4。

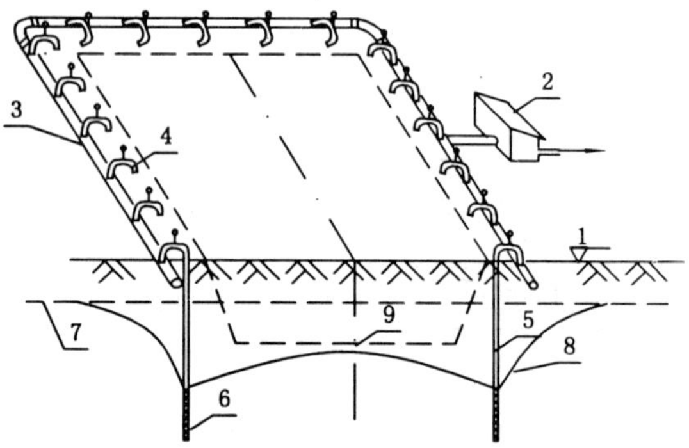

图 7-4　轻型井点降水示意图

1—地面；2—水泵房；3—总管；4—弯联管；5—井点管；6—滤管；7—自然地下水位线；8—降水后地下水位线；9—基坑

轻型井点降水主要适用于含水层的渗透系数为 0.1～50 m/d，降水深度在 3～9 m 的情况，如果降水深度大于 6 m，可采用二级或多级轻型井点降水。

2. 喷射井点

喷射井点有喷水井点和喷气井点之分，其工作原理相同，只是工作流体不同而已。前者以压力水作为工作流体，后者以压缩空气作为工作流体。喷射井点一般用于含水层渗透系数为 0.1～50 m/d 的深层降水，其一层井点可把地下水位降低 8～20 m，甚至 20 m 以下。其工作原理如图 7-5 所示。喷射井点的主要工作部件是喷射井管内管底端的扬水装置——喷射器(喷嘴和混合室)，根据喷嘴和混合室的布置方式，喷射器有两种形式：外接式和同心式，如图 7-6 所示。当喷射井点开始工作时，由地面高压离心泵供应高压工作水流，经过内外管之间的环状间隙直达底端，在此处高压水流由特制内管的两侧进水孔进入至喷嘴喷出，在喷嘴处由于过水截面突然收缩变小，使工作水流具有极高的流速（30～60 m/s），在喷口附近造成负压真空，因而将地下水经滤管吸入，吸入的地下水在混合室与工作水流混合，然后进入扩散室，水流从动能逐渐转变为位能，即水流的流速相对减小，而水流压力相对增大，把地下水连同工作水流一起扬升出地面，经排水管道系统排至集水池或水箱，由此再由排水泵排出。

3. 管井井点

管井井点适用于渗透系数大（20～200 m/d），地下水含量丰富，用轻型井点不易解决的地层。管井井点法是围绕开挖的基坑每隔一定距离（20～50 m）设置一管井，每个管井单独用一台水泵（离心泵或潜水泵）进行抽水，以降低地下水位。当降水深度很大时，在管井内

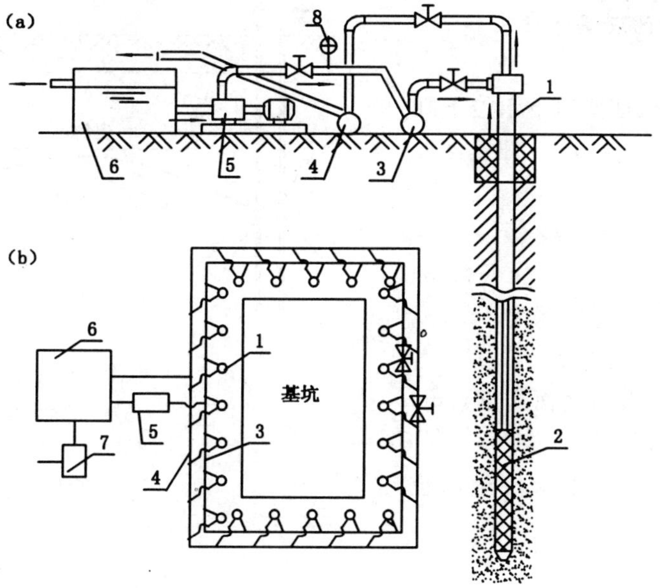

图 7-5 喷射井点降水示意图

(a) 喷射井点设备简图；(b) 喷射井点平面布置图

1—喷射井管；2—滤管；3—供水总管；4—排水总管；5—高压离心泵；6—水池；7—排水泵；8—压力表

用一般的水泵不能满足要求时，可改用特制的深井泵，即为深井泵法。

4. 电渗井点降水

电渗井点是在降水井点管的内侧打入金属棒(ϕ20～25mm 钢筋、ϕ50～75mm 钢管等)，连以导线。以井点管为阴极，金属棒为阳极，通入直流电后，土颗粒自阴极向阳极移动，产生电泳现象，使土体固结；地下水自阳极向阴极移动，产生电渗现象，然后通过将渗入井点管内的地下水抽走，从而达到降低地下水位的目的，如图 7-7。该法主要用于渗透系数小于 0.1 m/d 的土层。

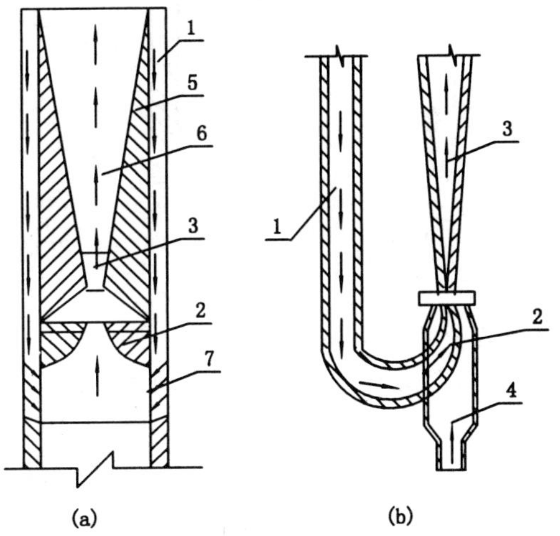

图 7-6 喷射器示意图

(a) 同心式；(b) 外接式

1—输水管；2—喷嘴；3—混合室；4—吸入管；5—内管；6—护散室；7—工作水流

电渗井点是以轻型井点管或喷射井点管作为阴极，当用轻型井点时，两者的距离为 0.8～1.0 m；当用喷射井点时则为 1.2～1.5 m。阳极入土深度应比井点管深 500 mm，露出地面 200～400 mm。阴、阳极数量相等，分别用电线连成通路，接到直流发电机或直流电焊机的相应电极上。

7.4.2 轻型、喷射、管井井点设计

1. 确定井点管的埋置深度 L

如图 7-8。

埋置深度必须保证使地下水位下降到基坑底面以下 0.5～1.0 m，埋置深度由下式确定：

$$L=H+h+\Delta h+i\cdot(h_1+r_0)+l \tag{7-6}$$

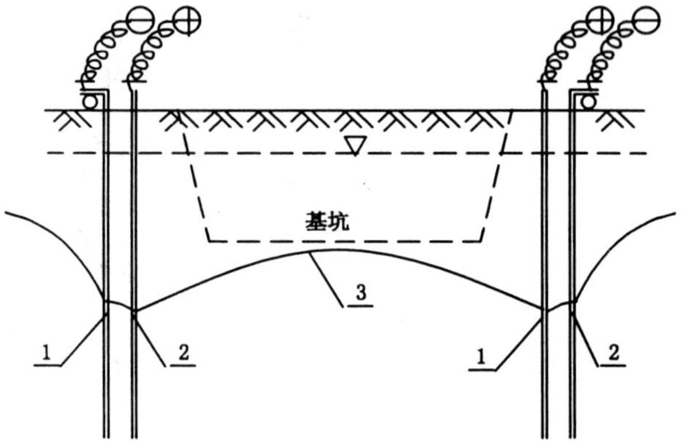

图 7-7　电渗井点降水原理图

1—井点管；2—金属棒；3—地下水降落曲线

式中：L——井点管的埋置深度，m；

H——基坑开挖深度，m；

h——井点管露出地面高度，m，一般取 0.2～0.3m；

Δh——降水后地下水位至基坑

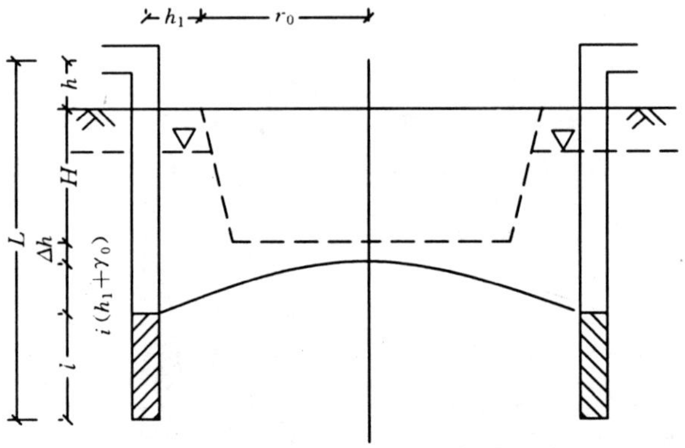

图 7-8　井点管的埋置深度计算图

地面的安全距离，m，一般取 0.5～1.0m；

i——降水漏斗曲线水力坡度，环状布置取 1/10，单排线状布置取 1/5；

h_1——井点管至基坑顶面边缘距离，m，一般为 0.7～1.2m；

r_0——基坑中心至基坑顶面边缘距离，m。

2. 确定环形井点系统的引用半径 x_0

采用"大井法"（见表 7-2），将矩形（长宽比不大于 10）基坑折算成半径为 x_0 的理想大圆井，按大井计算总涌水量。

长方形基坑：

$$x_0=\eta\frac{a+b}{4} \tag{7-7}$$

式中：a、b——基坑的长度、宽度，m；

η——系数，可由表 7-3 确定。

表 7-3　系数 η 表

b/a	0	0.05	0.10	0.20	0.30	0.40	0.50	0.60～1.00
η	1.00	1.05	1.08	1.12	1.14	1.16	1.17	1.18

不规则近似圆状基坑的引用半径：

a：b<2～3 时

$$x_0=0.565\sqrt{F} \tag{7-8}$$

a：b>2～3 时

$$x_0=0.159P \tag{7-9}$$

式中：F——不规则形状基坑面积，m^2；

P——不规则形状基坑周长，m。

不规则多边形基坑的引用半径：

$$x_0=\sqrt[n]{r_1 \cdot r_2 \cdots r_n} \tag{7-10}$$

式中：n——井点数；

r_1、r_2、…、r_n——多边形顶点到多边形中心点的距离，m。

3. 确定抽水影响半径 R

$$R=\sqrt{x_0^2+\frac{2ktH_W}{m}} \tag{7-11}$$

式中：t——时间，自抽水时间算起（2～5 昼夜），d；

m——土的给水系数，按表 7-4 确定。

表 7-4　土的给水系数

土的种类	砾石、卵石	粗砂	中砂	细砂	粉砂	粉质粘土	粘土	泥炭
m	0.30～0.35	0.25～0.30	0.20～0.25	0.15～0.20	0.10～0.15	0.10～0.15	0.04～0.07	0.02～0.05

工程中也常用库萨金公式计算抽水影响半径：

$$R=2S\sqrt{H_W \cdot k} \tag{7-12}$$

4. 基坑涌水量 Q 计算

(1) 对于窄长形基坑（长宽比大于 10）

当含水层为潜水时，流向完整基坑的涌水量用下式计算：

$$Q=\frac{ka(2H_W-S)S}{R}+\frac{1.366k(2H_W-S)S}{\lg R-\lg(\frac{b}{2})} \tag{7-13}$$

当含水层为承压水时，流向完整基坑的涌水量用下式计算：

$$Q=\frac{2kMaS}{R}+\frac{2.73kMS}{\lg R-\lg(\frac{b}{2})} \tag{7-14}$$

对于非完整基坑，可按完整基坑懂得涌水量予以折减的办法进行粗略的估算。

(2) 对于非窄长形基坑（长宽比不大于 10），可将不同形状的基坑简化为圆形基坑，其涌水量按表 7-2“大井法”估算。

5. 单井涌水量 q 计算

在井径相同的条件下，单井涌水量可取用抽水试验的单井涌水量。在无抽水试验的条件下，可采用下列方法计算。

(1) 对于完整承压水井：

$$q=\frac{2.73kMS}{\lg R-\lg r_W} \tag{7-15}$$

式中：r_W——水井半径，m；

q——单井涌水量，m^3/d。

(2) 对于非完整承压水井：

$$q=\frac{2.73klS}{\lg\frac{1.6l}{r_W}} \tag{7-16}$$

(3) 对于完整潜水井：

$$q=1.366k\frac{(2H_W-S)S}{\lg R-\lg r_W} \tag{7-17}$$

(4)对于非完整潜水井：

$$q=1.366kS\left[\frac{l+S}{\lg R-\lg r_W}+\frac{l}{\lg\frac{0.66l}{r_W}}\right] \tag{7-18}$$

6. 井点数量 n 和井点间距 S 计算

井点数量：

$$n=\frac{1.1Q}{q} \tag{7-19}$$

井点间距：

$$S=\frac{L_Z}{n} \tag{7-20}$$

式中：L_Z——基坑四周井点布置的总周长，m。

按上述方法计算出 n 和 S 后，尚应在满足降水深度的条件下，对群井抽水时各井点出水量进行验算，并以此来复合井点数量。

即：

$$\begin{cases} y_0>\dfrac{1.1Q}{n\psi} \\ \psi=\dfrac{q}{l} \end{cases} \tag{7-21}$$

式中：y_0——降水要求的单井井管进水部分的长度，m。

对于潜水完整井，y_0 按下式计算：

$$y_0=\sqrt{H_W^2-\frac{0.732Q}{k}\left[\lg(R+r_W)-\frac{1}{n}\lg nx_0^{n-1}r_W\right]} \tag{7-22}$$

对于承压完整井，y_0 按下式计算：

$$y_0=H'-\frac{0.366Q}{kM}\left[\lg(R+r_W)-\frac{1}{n}\lg nx_0^{n-1}r_W\right] \tag{7-23}$$

式中：H'——承压水头至该含水层底板的距离，m。

当滤管工作部分长度小于 2/3 含水层厚度时，应采用非完整井公式计算。若求出的 y_0 不满足 (7-21) 式时，应调整井点数量和井点间距，再进行上述演算，直至满足上述条件后，再进行基坑降水深度验算。

利用干扰井群抽水公式计算时，检验基坑中心处水位降深值，确定其是否满足设计水位降深的要求，并以此调整井点数量及井点间距。

对于潜水含水层：

$$S=H_W-\sqrt{H_W^2-\frac{0.732Q_0}{k}\left[\lg(R+r_W)-\frac{1}{n}\lg(x_1\cdot x_2\cdots x_n)\right]} \tag{7-24}$$

对于承压含水层：

$$S=\frac{0.366Q_0}{kM}\left[\lg(R+r_W)-\frac{1}{n}\lg(x_1\cdot x_2\cdots x_n)\right] \tag{7-25}$$

式中：S——基坑中心处地下水位降深值，m；

Q_0——由 n、y_0、ψ 的乘积得出的基坑抽水总流量，m^3/d；

x_1，x_1，…，x_n——基坑中心距各井点中心的距离，m。

若要求各井点降深 S_W 值时，则在（7-24）式和（7-25）式中，各井点距离 x_i 需与所求井点的半径 r_W 相乘，然后再按上面两式计算。

7. 滤管长度计算

$$l=\frac{Q}{\pi d\alpha v} \tag{7-26}$$

式中：d——滤管滤网外径，m；

v——地下水进入滤网的速度，m/d，与含水层的渗透系数 k 有关，可取经验值 $\sqrt{k}/15$；

α——滤网孔隙比，宜为 30%。

8 基坑工程监测

8.1 概 述

8.1.1 监测目的

基坑工程的监测目的主要有：①根据监测结果，判断工程的安全性，尽早发现可能发生危险的先兆，采取必要的防护工程措施，防止工程破坏事故和环境事故的发生；②以工程监测的结果指导现场施工，确定和优化施工参数，进行信息化施工；③检验工程勘察资料的可靠性，验证设计理论和设计参数的正确性。

8.1.2 监测方案

基坑开挖施工前，必须根据基坑工程的设计方案，制定监测方案，进行监测设计，其基本内容有：工程概况、工程地质条件和周围环境情况、监测的目的和内容、监测点的布置、监测的实施（包括仪器的选择、标定、埋设、测试及报表内容等）、报警数值及应急措施等。

8.1.3 监测项目

基坑工程的监测项目大致有：地表的竖向位移和水平位移；地层中土的竖向位移和水平位移；土中的应力与孔隙水压力；相邻建筑物或地下管线的位移；作用在支挡结构上的侧压力及支挡结构本身的内力、变形、支撑轴力等。在实际工程中，可根据要求基坑侧壁的安全等级，去确定具体工程的监测项目，如表 8-1。

表 8-1 基坑监测项目选择表

（数据取自广州市标准《广州地区建筑基坑支护技术规定 GJB02-98》）

监测项目 基坑侧壁安全等级	支护结构侧位移	监测范围内建（构）筑、地下管线变形	地下水位	锚杆拉力	支撑轴力或变形	支柱变形	桩墙内力	土体侧向变形	孔隙水压力	土压力
一级	√	√	√	√	√	√	√	√	△	△
二级	√	√	√	√	△	△	△	△	○	○
三级	√	√	△	○	○	○	○	○	○	○

注：√—必须监测项目；△—应测项目；○—可不测项目。

8.1.4 监测范围

基坑工程的监测范围应符合相应国家、地区或部门规范（规程）的规定。当基坑的长度与宽度之比较大时，应在基坑长度方向选择不少于2个断面来进行观测，并在每个断面上，其监测范围应根据位移影响范围的理论预测结果来确定。如果难以理论预测，监测范围可定为开挖深度的2～4倍。对于矩形基坑，应在两个方向上均匀布置监测断面。监测范围可根据工程性质、地质条件及周围环境具体确定。

8.1.5 监测点的布置

在现场监测中，应合理地确定监测范围及布置监测点，埋设必要的量测仪器，以便获得相关数据从而了解和掌握地层和地下结构中的应力场、位移场的实际变化规律，及时采取工程措施。位移监测点应根据理论预测的分布规律来布置，变化越大的地方，测点应布置得越密。离基坑或地下结构越近，测点也应越密。土层中的水平位移、土压力、孔隙水压力测点，应在预测的基础上，结合实际工程需要来布置。应力场、位移场变化剧烈的地方，测点间距宜小些。监测项目和测点布置要求如表8-2。

表8-2 监测项目、测点布置和精度要求

（数据取自广州市标准《广州地区建筑基坑支护技术规定GJB02-98》）

序号	监测项目	位置或监测现象	仪器	监测精度	测点位置
1	支挡结构水平位移	支挡结构上端部	经纬仪	1.0 mm	间距10～15m
2	孔隙水压力	周围土体	孔隙水压力计	≤1Pa	2～4孔，同一孔测点间距2～3m
3	土体侧向变形	靠近支挡结构的周边土体	测斜管、测斜仪	1.0 mm	2～4孔，同一孔测点间距0.5 m
4	支挡结构变形	支挡结构内	测斜管、测斜仪	1.0 mm	孔间距15～20 m，测点间距0.5 m
5	支挡结构侧土压力	支挡结构后和嵌固段支挡结构前	土压力计	≤1/100（F.S）	3～4孔，同一孔测点间距2～3 m
6	支撑轴力	支撑中部或	轴力计或应变仪	≤1/100（F.S）	每层8～12点
7	地下水位	基坑周边	水位管、水位仪	5.0 mm	孔间距15～25 m
8	锚杆拉力	锚杆位置或锚头	钢筋计、荷载计	≤1/100（F.S）	不少于锚杆总数的5%，且不少于5根
9	沉降、倾斜	需保护的建（构）筑物	经纬仪、水准仪	1.0 mm	孔间距15～20 m
10	地下管线沉降和位移	管线接头	经纬仪、水准仪	1.0 mm	孔间距5～10m
11	支撑立柱沉降观测	支撑立柱顶	水准仪	1.0 mm	不少于立柱总数的20%，且不少于3根

8.2 支撑轴力量测

支撑轴力的量测方法主要有钢玄式测力传感器（轴力计）和电阻应变计方法。

8.2.1 钢玄式测力传感器法

钢玄式测力传感器的弹性元件主要有空心管式和短柱式两种。国外普遍使用的钢玄式测力传感器是利用高强度厚壁空心钢管作受力元件。该类型的传感器往往把钢玄安装于管壁的钻孔中，用专门的钢玄夹紧装置把钢玄张紧夹住。一般多放三根钢玄，互成120°角均匀布置于管体中。当量测较大荷载时，允许传感器设计得较大，且为防止可能产生的偏心，可增设到6根或更多根钢玄。

8.2.2 电阻应变计法

电阻应变计方法是以应变——电阻变换原理为基础的应变电测技术。电阻应变计是应变电测法量测时的变换元件，一般都做成片状，通常又称为电阻应变片，简称应变片或应变计。

使用电阻应变计量测构件的应变时，一般将应变计粘贴在被测构件上，当构件受力产生变形时，应变计和构件一起变形，片内金属丝的电阻也产生变化，通过电阻应变仪测出产生的应变。应变计的品种繁多、性能各异，应根据测量的目的、被测构件材料、被测构件应力状态以及测量精度的要求，选择应变计的种类。常用的应变计粘贴剂有：502快干胶，914环氧树脂胶，x98-4酚醛-缩醛胶。应变计粘贴质量的好坏直接影响测量结果的精度和准确度，所以，一般要对应变计的轴线方向是否偏离贴计坐标、应变计电阻和绝缘电阻是否变化、胶层中有无气泡等进行检验，同时，要对粘贴部分进行防水和防潮处理。

8.3 土压力量测

根据土力学中的有效应力原理，作用在土中任意一点的总应力是由土颗粒接触面承担的有效应力与土体孔隙内的水所承受的孔隙水压力组成的。地基中出现的应力又可分为土中应力和土-结构边界的接触压力。岩土中某一点的应力矢量可以分解成法向的正应力和切向的剪应力。

土压力（主要针对法向的正应力，可能是土中应力，也可能是接触压力）一般用土压力盒进行量测。早期使用的土压力盒为一种油压式土压力盒，其为注满了油的扁平金属盒子，与土接触的一面做成薄膜，在土压力作用下产生变形，促使内部油压加大，压力的大小通过用紫铜管与压力盒相连通的压力计测读出来。现在使用的压力盒，从盒体构造可分为单膜压力盒与双膜压力盒。从土压力量测的原理上讲，主要采用的是电测法即采用电测传感器元件，其可分为电阻应变计式、变磁阻式及振玄式等。

8.3.1 土压力盒的选择

土压力量测前，应选择合适的土压力盒。当要长期量测静态土压力时，一般多采用钢玄式土压力盒，且以单膜和单线圈型的较为经济实用。传感器量程的选择，一般应比预计的土压力大2～4倍，应避免超量程使用。

现场使用的接收仪器多采用袖珍式的数字频率接收仪。

8.3.2 布点原则

监测点的布置应根据理论计算的结果和地质资料的分析进行，并应遵循下列原则：

(1) 布设在周围环境比较复杂，地下管线比较多的断面；

(2) 有必要取得那些解释预定现象特点的位置；

(3) 受力比较大或者比较典型的断面上；

(4) 用理论计算不能得到足够准确解答的位置；

(5) 那些能够得到结构或地基土受力状态和分布规律的位置。

8.3.3 地下连续墙土压力盒的现场埋设

1. 地下连续墙中埋设土压力盒的特点

(1) 在充满护壁泥浆的沟槽内埋设；

(2) 壁面平整度受挖槽机械性能和土质条件的限制，在传感器埋设部位的壁面无法修平；

(3) 在浇筑水下混凝土后，要保证压力传感器与槽壁面紧密接触，并且不能有护壁泥浆残留于压力传感器与护壁之间，更不允许有混凝土或砂浆流入其间。

2. 埋设方法

(1) 水压活塞式埋设法

该装置由活塞装置（包括活塞、活塞缸、密封圈、限位器、护盒、砂包等）、安装定位框架（包括承重角钢、U 型卡环、联接板及定位架等）及加压装置（包括手摇泵、水管及阀门等）三部分组成。

在 30～40 m 深的泥浆槽中，泥浆槽壁面凹凸不平，在此情况下埋设传感器时，关键是要保证传感器受压面与壁面紧密接触，混凝土浇注前后，均不应有护壁泥浆留于传感器与槽壁之间，也不应有混凝土或砂浆流入其间。而采用水压活塞式埋设装置，是将装有土压力传感器的活塞装置用螺钉与安装定位框架联结起来，这种装置根据土压力传感器的布置、安装及运输方便可分成若干节，在泥浆槽槽口处组装。然后用吊车将其对准槽中，徐徐放到预定高程，然后将进水管与加压装置联结适当，施加水压力推动活塞使土压力传感器压向槽壁。当仪器读数表明土压力传感器已与槽壁接触后，再适当增加水压使其紧贴槽壁，并保持这个压力到混凝土浇筑之后待混凝土初凝时再除去水压力。

(2) 挂布法

挂布法是将土压力传感器按布点的位置，先装在一定宽度的尼龙布上，然后将带有传感器的尼龙布铺挂在钢筋笼的表面相应位置上，随同钢筋笼一起吊入沟槽中，定位后向沟槽内浇注混凝土，随混凝土面的上升，借混凝土的侧向推力，将铺挂在钢筋笼表面的尼龙布连同土压力传感器一起压向沟槽的壁面。当混凝土继续上升时，推力不断增加，使传感器与槽壁侧面的土面接触得更加紧密。但注意在浇筑混凝土时要远离传感器一定距离，而在振捣混凝土时，振捣棒不要直接接触尼龙布上的传感器。

8.4 孔隙水压力量测

孔隙水压力的现场量测主要采用孔隙水压力计（或称孔隙压力计，或孔压计）。其基本工作原理是：把多孔元件放置在土中，使土中水连续通过元件的孔隙（透水石），将水收集在一个容器中，再量测容器中的水位或水压，即可测出孔隙压力。

8.4.1 孔隙压力计的要求

孔隙压力计的主要要求为：

（1）能准确测得土中的孔隙压力，不论是正的还是负的（吸力），误差在已知和容许范围内；

（2）在天然土中埋设孔压计时，对土的扰动最小；

（3）对孔隙压力变化的反应迅速；

（4）坚固可靠，长期稳定性好。

8.4.2 孔隙压力计类型及特点

孔隙压力计大致可分为：气压式、水管式和电测仪器。

气压式孔隙压力计是国内外较早使用的一种，测压头埋设在土中欲测孔隙水压力的某一点，土中孔隙水通过测压头的透水石后，其压力作用在薄膜上，使薄膜向上变形而与接触钮相接，于是电路接通，电珠发光。若压入压缩空气，使其压力与薄膜下孔隙水压力相平衡时，薄膜与接触钮脱离，电路切断，电珠熄灭，这时的压力表读数就代表孔隙水压力。

水管式孔隙压力计适用于长期观测，其中双管式孔隙压力计已有定型产品。

电测仪器与测土压力的传感器相似，只要加上透水石，就可测定孔隙水压力。

8.4.3 典型孔隙压力计及其应用

1. 双管式孔隙压力计

双管式孔隙压力计由测头、测量系统及排气系统三部分组成。

测头为一带有空心透水石的圆锥体。测头周围的孔隙水通过透水石进入导管。空心透水石长 10 cm，壁厚 1 cm，渗透系数约为 10^{-3}cm/s。测头上引出的双管为聚氯乙烯硬质塑料管，外径 6 cm，内径 3.5 cm，其作用为排除水中气泡和连通测头与测量系统。

排气系统包括水泵、水箱，排气系统的功用是将无气水充灌全部管路，并排除测头与管路内的气泡。

测头埋设：对软土地基，可用压入法，即先用钻机打孔至测点以上 50 cm 左右，再把测头压入至测点位置。对于硬土，可先钻孔，再将测头放在装有反滤砂料的麻布袋内，放入孔中测点上，再回填 50 cm 砂，上面再用粘土封孔。

现场观测：观测前应充分排除测头与管路内的气泡，再进行现场观测。

2. 电阻应变片式孔隙压力计

电阻应变式孔隙压力计传感器受压力面的前端设置透水石，变形膜为周遍固支的平膜板，在敏感薄板上粘贴圆形箔式应变花。这种传感器具有灵敏度高、反应迅速、易自动记录、传送距离长、易遥控、加工制造简单等特点，特别适宜动测。

3. 钢玄式孔隙压力计

钢玄式孔隙压力计是在一个竖式压力盒下装置一块透水石而成。其工作原理是：土孔隙水中的有压水通过透水石汇集到承压腔，作用于承压膜片上，膜片中心产生挠曲引起钢玄的应力发生变化，钢玄的自振频率随之发生变化，通过钢玄振动频率的量测可测知孔隙水压力。

8.5 位移量测

8.5.1 地表沉降与水平位移量测

观测地表水平位移的方法很多，根据现场条件及观测仪器而定，常用的方法有方向线法

(或称照准线法，或视准线法)、三角测量法、导线测量法、前方交会法等。

竖向位移的观测可在地表或周围建筑物上埋设沉降标点，用精密水准测量的方法进行观测。

根据位移观测的结果，可以绘出各种位移曲线，例如水平位移过程曲线、竖向位移过程曲线等。

8.5.2 深层竖向位移量测

1. 深层沉降观测标

为精确地直接在地表测得不同深度土层的压缩量或膨胀量，需在这些地层埋设深层沉降观测标（简称深标），并引出地面。深标由电标杆、保护管、扶正器、标头、标底等组成，如图 8-1。其测定原理：被观测地层的压缩或膨胀引起标底的上下运动，从而推动标杆在保护管内自由滑动，通过观测标头的上下位移量可知被观测层的竖向位移量。

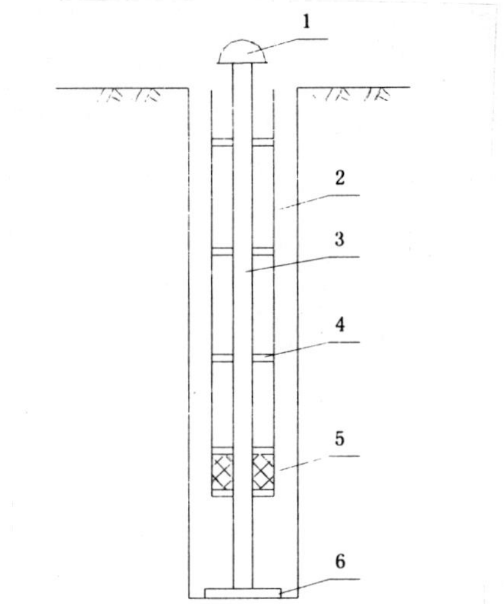

图 8-1 深标结构示意图

1—标头；2—108 保护管；3—50 标杆；4—扶正器；5—塞线；6—标底

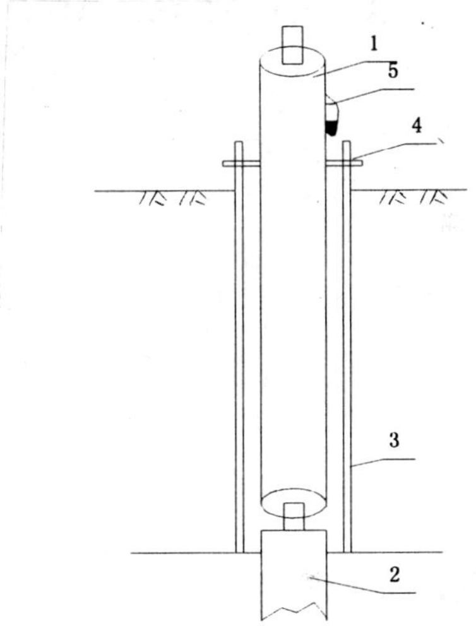

图 8-2 测杆式回弹标示意图

1—测杆；2—回弹标志；3—钻孔套管；4—固定螺丝；5—水准泡

2. 回弹观测标

回弹观测标是为了测定基坑开挖后，由于卸除了基坑土的自重而产生的基底土的隆起量所进行的观测。图 8-2 为测杆式回弹标结构示意图。

测杆式回弹标的埋设和观测步骤为：

(1) 用钻机在预定位置上钻孔，直至预计坑底标高；

(2) 将标志头放入孔内，压入坑底，一般应使其低于基坑底面 10～20 cm，以防开挖基坑时被铲除；

(3) 将测杆放入孔内，并使其底面与标志头顶部紧密接触，上部的水准气泡居中；

(4) 用三个定位螺丝将测杆固定在套管上；

(5) 在测杆上竖立铟钢尺，用水准仪观测高程。

基坑回弹观测对于一个工程不应少于三次，分别在基坑开挖前、开挖后和灌注基础混凝土之前。对于分阶段开挖的深基坑，可在中间增加观测次数。

3. 电测式分层沉降仪

电测式分层沉降仪通常需在土体中埋设一竖管（波纹管或硬塑料管），隔一定深度设置一沉降环（金属环或磁性环）。当土体发生沉降时，沉降环与土体同步沉降。利用电测探头测出发生沉降后的沉降环的位置，将其与初始位置比较，即可得到测点（沉降环）的沉降量。

8.5.3 深层水平位移量测

测斜仪是一种量测仪器轴线与铅垂线之间夹角的变化量，进而计算出土层各点水平位移大小的仪器。测斜仪可分四部分：测头、测斜管、电缆和测读仪。

用预埋或钻孔的方法在被测土体内部埋入测斜管，测斜管内部有互成90°的导向槽。固定在测斜仪上的两组导向轮沿测斜管导向槽上下移动，可逐段测出测斜管轴线与铅垂线所成的角度，从而可计算出测斜管轴线各测点的平面位置。如果测斜管与土体变形一致，则可知各层土体的水平位移。测斜仪的测试原理如图8-3所示。

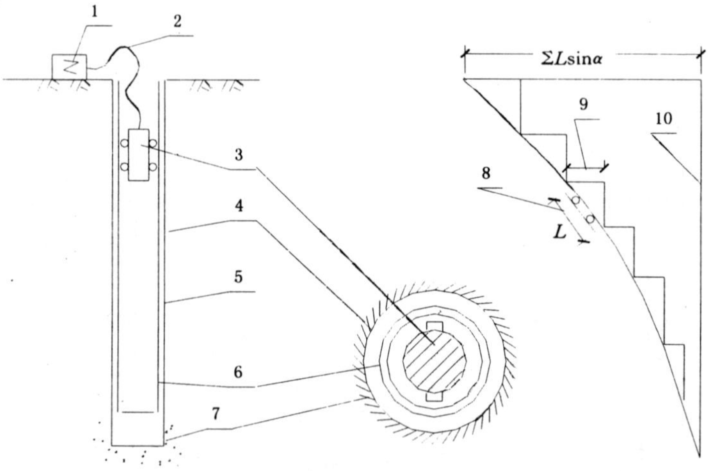

图8-3 测斜仪量测原理示意图

1—测读设备；2—电缆；3—测头；4—钻孔；5—接头；6—导管；7—回填；8—测读间距；9—位移；10—原准线

设测头上下两组滑轮间的间距为标距L，测头敏感元件测得的测头与垂线间的夹角为α，则两测点相应的水平位移为$L\sin\alpha$，用测头连续量测的总位移为$\sum L\sin\alpha$。应该指出的是，这样的测定是有一定基准的，实际水平位移应以起始值为准。为便于计算，目前测头两滑轮组间距为0.5 m。

常见的测斜仪有电阻应变片式、滑线电阻式、差动变压器式、伺服式及伺服加速度计式等。

附表 1　m 法计算系数表

换算深度 $\overline{h}=ay$	A_1	B_1	C_1	D_1	A_3	B_3	C_3	D_3	A_4	B_4	C_4	D_4
0	1.000 00	0.000 00	0.000 00	0.000 00	0.000 00	1.000 00	1.000 00	0.000 0	−0.000 0	0.000 0	1.000 00	1.000 00
0.1	1.000 00	0.100 00	0.005 00	0.000 17	−0.000 17	−0.000 01	1.000 00	0.100 00	−0.005 00	−0.000 33	−0.000 01	1.000 00
0.2	1.000 00	0.200 00	0.020 00	0.001 33	−0.001 33	−0.000 13	0.999 99	0.20000	−0.020 00	−0.002 67	−0.000 20	0.999 99
0.3	0.999 98	0.300 00	0.045 00	0.004 50	−0.004 50	−0.000 67	0.999 94	0.30000	−0.045 00	−0.009 00	−0.001 01	0.999 92
0.4	0.999 91	0.399 99	0.080 00	0.010 67	−0.010 67	−0.002 13	0.999 74	0.39998	−0.080 00	−0.021 33	−0.003 20	0.999 66
0.5	0.999 74	0.499 96	0.125 00	0.020 83	−0.020 83	−0.005 21	0.999 22	0.49991	−0.124 99	−0.041 67	−0.007 81	0.998 96
0.6	0.999 35	0.599 87	0.179 98	0.036 00	−0.036 00	−0.010 80	0.998 06	0.59974	−0.179 97	−0.071 99	−0.016 20	0.997 41
0.7	0.998 60	0.699 67	0.244 95	0.057 16	−0.057 16	−0.020 01	0.995 80	0.69935	−0.244 90	−0.114 33	−0.030 01	0.994 40
0.8	0.997 27	0.799 27	0.319 88	0.085 32	−0.085 32	−0.034 12	0.991 81	0.798 54	−0.319 75	−0.170 60	−0.051 20	0.989 08
0.9	0.995 08	0.898 52	0.404 72	0.121 46	−0.121 44	−0.054 66	0.985 24	0.89705	−0.404 43	−0.242 84	−0.081 98	0.980 32
1.0	0.991 67	0.997 92	0.499 41	0.166 57	−0.166 52	−0.083 29	0.975 01	0.994 45	−0.498 81	−0.332 98	−0.124 93	0.966 67
1.1	0.986 58	1.095 08	0.603 84	0.221 63	−0.221 52	−0.121 92	0.959 75	1.090 16	−0.602 68	−0.442 92	−0.182 85	0.946 34
1.2	0.979 27	1.191 71	0.717 87	0.287 58	−0.287 37	−0.172 60	0.937 83	1.18342	−0.715 73	−0.574 50	−0.258 86	0.917 12
1.3	0.969 08	1.286 60	0.841 27	0.365 36	−0.364 96	−0.237 60	0.907 27	1.273 20	−0.837 53	−0.729 50	−0.356 31	0.876 38
1.4	0.955 23	1.379 10	0.973 73	0.455 88	−0.455 15	−0.319 33	0.865 75	1.385 21	−0.967 46	−0.909 54	−0.478 83	0.821 02
1.5	0.936 81	1.468 39	1.114 84	0.559 97	−0.558 70	−0.420 39	0.810 54	1.436 80	−1.104 68	−1.116 09	−0.630 27	0.747 45
1.6	0.912 80	1.553 46	1.264 03	0.678 42	−0.676 29	−0.543 48	0.738 59	1.506 95	−1.240 80	−1.350 42	−0.814 66	1.651 56
1.7	0.882 01	1.633 07	1.420 61	0.811 93	−0.808 48	−0.691 44	0.646 37	1.566 21	−1.396 23	−1.613 46	−1.036 16	2.528 71
1.8	0.843 13	1.705 75	1.583 62	0.961 09	−0.955 64	−0.867 15	0.529 97	1.611 62	−1.547 28	−1.905 77	−1.299 09	4.373 68
1.9	0.794 67	1.769 72	1.751 90	1.126 37	−1.117 96	−1.073 57	0.385 03	1.639 69	−1.698 89	−2.227 45	−1.607 70	6.180 71
2.0	0.735 02	1.822 94	1.924 02	1.308 01	−1.295 35	−1.313 61	0.206 76	1.646 28	−1.848 18	−2.577 98	−1.966 20	−0.056 52
2.2	0.574 91	1.887 09	2.272 17	1.720 42	−1.693 34	−1.905 67	−0.270 87	1.575 38	−2.124 81	−3.359 52	−2.848 58	−0.691 58
2.4	0.346 91	1.874 50	2.608 82	2.195 35	−2.141 17	−2.663 29	−0.948 85	1.35 201	−2.339 01	−4.228 11	−3.973 23	−1.591 51
2.6	0.033 15	1.754 73	2.906 70	2.723 65	−2.621 26	−3.599 87	−1.877 34	0.916 79	−2.436 95	−5.140 23	−5.355 41	−2.821 06
2.8	−0.385 48	1.490 37	3.128 43	3.287 69	−3.103 41	−4.717 48	−3.107 91	0.197 29	−2.345 58	−6.022 99	−6.990 07	−4.444 91
3.0	−0.928 09	1.036 79	3.224 71	3.858 38	−3.540 58	−5.999 79	−4.687 88	−0.891 26	−1.969 28	−6.764 60	−8.840 29	−6.519 72
3.5	−2.927 99	−1.271 72	2.463 04	4.979 82	−3.919 21	−9.543 67	−10.340 40	−5.854 02	−1.074 08	−6.788 95	−13.692 40	−13.826 10
4.0	−5.853 33	−5.949 97	−0.926 77	4.547 80	−1.614 28	−11.730 70	−17.918 60	−15.075 50	−9.243 68	−0.357 62	−15.610 50	−23.140 40

附表 2　混凝土强度设计值　　单位：MPa

强度种类	符号	混凝土强度等级											
		C7.5	C10	C15	C20	C25	C30	C35	C40	C45	C50	C55	C60
轴心抗压	f_c	3.7	5	7.5	10	12.5	15	17.5	19.5	21.5	23.5	25	26.5
弯曲抗压	f_{cm}	4.1	5.5	8.5	11	13.5	16.5	19	21.5	23.5	26	27.5	29
抗　　拉	f_t	0.55	0.65	0.9	1.1	1.3	1.5	1.65	1.8	1.9	2	2.1	2.2

附表 3　钢筋强度设计值　　单位：MPa

种类		f_y 或 f_{py}（抗拉）	f'_y 或 f'_{py}（抗压）
热轧钢筋	Ⅰ级（A3，AY3）	210	210
	Ⅱ级（20MnSi，20MnNb（b））$d \leqslant 25$ $d=28 \sim 40$	310 290	310 290
	Ⅲ级（25MnSi） Ⅳ级（$40Si_2MnV$，45SiMnV，$45Si_2MnTi$）	340 500	340 400
冷拉钢筋	Ⅰ级（$d \leqslant 12$）	250	210
	Ⅱ级（$d \leqslant 25$） （$d=28 \sim 40$）	380 360	310 290
	Ⅲ级	420	340
	Ⅳ级	580	400
热处理钢筋	$40Si_2Mn$（$d=6$） $45Si_2Mn$（$d=8.2$） $45Si_2Cr$（$d=10$）	1 000	400

注：1. 在钢筋混凝土结构中，当轴心受拉和偏心受拉构件的钢筋抗拉强度设计值大于310MPa时，仍按310MPa取用；其他构件的钢筋抗拉强度设计值大于340MPa时，仍按340MPa取用；对于直径大于12 mm的Ⅰ级钢筋，如经冷拉，不得利用冷拉后的强度。

2. 当钢筋混凝土结构的混凝土强度等级为C10时，光面钢筋的强度设计值应按190MPa取用，变形钢筋（包括月牙纹钢筋和螺纹钢筋）的强度设计值应按230MPa取用。

3. 构件中配有不同种类的钢筋时，每种钢筋根据其受力情况应采用各自的强度设计值。

附表 4　钢丝、钢绞线强度设计值　　单位：MPa

种类		抗拉强度 f_y 或 f_{YP}	抗压强度 f'_y 或 f'_{py}
碳素钢丝	φ4 φ5	1 130 1 070	400
刻痕钢丝	φ5	1 000	360
冷拔低碳钢丝	甲级 φ4 φ5	Ⅰ组　Ⅱ组 460　430 430　400	400
	乙级 φ3～φ5 用于焊接骨架的焊接网时 用于绑扎骨架和绑扎网时	 320 250	 320 250
钢绞线	d=9.0（7φ3） d=12.0（7φ4） d=15.0（7φ5）	1 130 1 070 1 000	360

附表 5　钢筋弹性模量　　单位：MPa

种类	E_s
Ⅰ级钢筋、冷拉Ⅰ级钢筋	2.1×10^5
Ⅱ级钢筋、Ⅲ级钢筋、Ⅳ级钢筋、热处理钢筋、碳素钢丝、冷拔低碳钢丝	2.0×10^5
冷拉Ⅱ级钢筋、冷拉Ⅲ级钢筋、冷拉Ⅳ级钢筋、刻痕钢丝、钢绞线	1.8×10^5

附表 6　混凝土弹性模量 E_c　　单位：MPa

混凝土强度等级	C7.5	C10	C15	C20	C25	C30	C35	C40	C45	C50	C55	C60
弹性模量 E_c	1.45×10^4	1.75×10^4	2.20×10^4	2.55×10^4	2.80×10^4	3.00×10^4	3.15×10^4	3.25×10^4	3.35×10^4	3.45×10^4	3.55×10^4	3.60×10^4

附表 7　钢筋混凝土圆形截面受弯构件正截面受弯承载力计算系数表

m	ξ	m	ξ	m	ξ
0.01	0.010 1	0.35	0.460 3	0.69	0.939 6
0.02	0.020 4	0.36	0.474 1	0.70	0.953 6
0.03	0.031 3	0.37	0.488 2	0.71	0.967 7
0.04	0.042 5	0.38	0.502 2	0.72	0.981 9
0.05	0.054 2	0.39	0.516 3	0.73	0.996 0
0.06	0.066 1	0.40	0.530 4	0.74	1.010 0
0.07	0.078 4	0.41	0.544 4	0.75	1.024 3
0.08	0.090 9	0.42	0.558 5	0.76	1.038 4
0.09	0.103 8	0.43	0.572 6	0.77	1.052 6
0.10	0.116 7	0.44	0.586 6	0.78	1.066 7
0.11	0.129 8	0.45	0.600 7	0.79	1.080 9
0.12	0.142 9	0.46	0.614 7	0.80	1.095 0
0.13	0.156 2	0.47	0.628 8	0.81	1.109 1
0.14	0.169 6	0.48	0.643 1	0.82	1.137 4
0.15	0.183 1	0.49	0.657 1	0.83	1.151 7
0.16	0.196 6	0.50	0.672 1	0.84	1.165 7
0.17	0.210 3	0.51	0.685 3	0.85	1.180 0
0.18	0.223 9	0.52	0.699 3	0.86	1.194 0
0.19	0.237 6	0.53	0.713 6	0.87	1.208 3
0.20	0.251 3	0.54	0.727 6	0.88	1.222 3
0.21	0.265 1	0.55	0.741 7	0.89	1.236 4
0.22	0.278 8	0.56	0.755 8	0.90	1.250 7
0.23	0.292 7	0.57	0.770 0	0.91	1.264 7
0.24	0.306 5	0.58	0.784 1	0.92	1.279 0
0.25	0.320 4	0.59	0.798 1	0.93	1.293 1
0.26	0.334 5	0.60	0.812 2	0.94	1.307 3
0.27	0.348 3	0.61	0.826 5	0.95	1.321 4
0.28	0.362 2	0.62	0.840 6	0.96	1.335 6
0.29	0.376 3	0.63	0.854 6	0.97	1.349 7
0.30	0.390 1	0.64	0.868 8	0.98	1.364 0
0.31	0.404 2	0.65	0.882 9	0.99	1.378 0
0.32	0.418 1	0.66	0.897 0	1.00	
0.33	0.432 1	0.67	0.911 2		
0.34	0.446 2	0.68	0.925 3		

续附表 7

m	ξ	m	ξ	m	ξ
0.01	0.005 7	0.35	0.244 8	0.69	0.636 0
0.02	0.011 5	0.36	0.255 3	0.70	0.654 5
0.03	0.017 5	0.37	0.261 9	0.71	0.673 8
0.04	0.023 4	0.38	0.270 6	0.72	0.694 5
0.05	0.029 5	0.39	0.279 5	0.73	0.717 1
0.06	0.035 6	0.40	0.288 4	0.74	0.741 7
0.07	0.041 8	0.41	0.297 5	0.75	0.769 6
0.08	0.048 1	0.42	0.306 6	0.76	0.801 9
0.09	0.054 4	0.43	0.315 8	0.77	1.095 7
0.10	0.060 8	0.44	0.325 2	0.78	1.161 3
0.11	0.067 3	0.45	0.334 9	0.79	1.201 3
0.12	0.073 9	0.46	0.344 4	0.80	1.234 6
0.13	0.080 5	0.47	0.354 4	0.81	1.261 9
0.14	0.087 2	0.48	0.364 4	0.82	1.286 3
0.15	0.093 9	0.49	0.374 9	0.83	1.308 4
0.16	0.100 8	0.50	0.385 1	0.84	1.329 1
0.17	0.107 5	0.51	0.395 7	0.85	1.348 5
0.18	0.114 5	0.52	0.406 3	0.86	1.366 7
0.19	0.121 5	0.53	0.417 5	0.87	1.383 9
0.20	0.128 8	0.54	0.428 6	0.88	1.400 9
0.21	0.136 0	0.55	0.439 8	0.89	1.416 3
0.22	0.143 1	0.56	0.451 5	0.90	1.431 7
0.23	0.150 5	0.57	0.463 5	0.91	1.446 4
0.24	0.157 8	0.58	0.475 6	0.92	1.460 8
0.25	0.165 3	0.59	0.488 1	0.93	1.474 4
0.26	0.172 9	0.60	0.501 0	0.94	1.488 1
0.27	0.180 5	0.61	0.513 9	0.95	1.501 0
0.28	0.188 2	0.62	0.527 5	0.96	1.513 9
0.29	0.196 0	0.63	0.541 2	0.97	1.526 0
0.30	0.204 0	0.64	0.555 5	0.98	1.538 0
0.31	0.211 8	0.65	0.570 6	0.99	1.550 1
0.32	0.220 1	0.66	0.586 0	1.00	1.561 7
0.33	0.228 2	0.67	0.601 7		

参 考 文 献

[1] 陈仲颐等，1995，土力学，北京：清华大学出版社。
[2] 顾晓鲁等，1995，地基与基础，北京：中国建筑工业出版社。
[3] 广东省建筑支护工程技术规范（DBJ/T15-20-97），1998，广州。
[4] 广州地区建筑基坑支护技术规定（GJB02-98），1999，广州。
[5] 湖北省建设厅，1998，深基坑工程技术规定（DZ42/159-1998），武汉。
[6] 黄昌乾等，1999，边坡工程常用稳定性分析方法，北京：水电站设计，Vol.15，No.1。
[7] 黄翔等，1998，深基坑支护工程实例集，北京：中国建筑工业出版社。
[8] 蒋国盛等，1999，提高喷锚支护支护效果的技术措施，武汉：地质科技情报，Vol.18，增刊。
[9] 交通部第二公路勘察设计院，1997，路基，北京：人民交通出版社。
[10] 林宗元等，1996，岩土工程勘察设计手册，沈阳：辽宁科学技术出版社。
[11] 林宗元等，1993，岩土工程治理手册，沈阳：辽宁科学技术出版社。
[12] 上海市第二建筑工程公司，1998，高层建筑多层地下室结构逆作法施工方法（YJG02-96），上海：施工技术，No.2。
[13] 上海市勘察设计协会，1997，基坑工程设计规程（DBJ08-61-97），上海。
[14] 上海市民用建筑设计院，1989，地基基础设计规范（DBJ 08-11-89），上海。
[15] 史佩栋，1998，深基坑工程技术现状，乌鲁木齐：西部探矿工程，Vol.10，No.2。
[16] 史佩栋，1997，国外高层建筑深基础及基坑工程技术发展概况，上海：建筑施工，Vol.19，No.2。
[17] 孙福等，1998，岩土工程勘察设计与施工，北京：地质出版社。
[18] 孙更生等，1987，软土地基与地下工程，北京：中国建筑工业出版社。
[19] 汤凤林等，1997，岩心钻探工程学，武汉：中国地质大学出版社。
[20] 屠厚泽等，1987，钻探工程学（下册），武汉：中国地质大学出版社。
[21] 王吉望，1999，今日基坑工程，北京：施工技术，Vol.28，No.1。
[22] 王旭东等，1998，基坑工程中地基土水平抗力比例系数m值的反分析，南京：南京建筑工程学院学报，No.2。
[23] 武汉基础工程协会，1995，武汉地区深基坑工程技术指南（WBJ 1-7-95），武汉。
[24] 尉希成，1997，支挡结构设计手册，北京：中国建筑工业出版社。
[25] 杨敏等，1998，基坑工程中的位移反分析技术与应用，北京：工业建筑，Vol.28，No.9。
[26] 姚爱国，1999，多层土中深基坑桩锚支护的计算机算法，广州：第六届全国岩土力学数值分析与解析方法讨论会论文集。
[27] 余志成等，1998，深基坑支护设计与施工，北京：中国建筑工业出版社。
[28] 张钦喜等，1998，深基坑锚拉支护体系变形控制设计理论与应用，北京：岩土工程学报，Vol.21，No.2。
[29] 赵锡宏等，1996，高层建筑深基坑围护工程实践与分析，上海：同济大学出版社。
[30] 赵志缙等，1994，高层建筑基础工程施工，北京：中国建筑工业出版社。
[31] 中国建筑科学研究院，1999，建筑基坑支护技术规程（JGJ120-99），北京：中国建筑工业出版社。
[32] 中国建筑科学研究院，1995，建筑桩基技术规范（JGJ 94-94），北京：中国建筑工业出版社。
[33] 中国建筑科学研究院，1990，建筑地基基础设计规范（GBJ 7-89），沈阳：辽宁科学技术出版社。
[34] 中国建筑科学研究院，1992，建筑地基处理技术规范（JGJ 79-91），北京：中国计划出版社。
[35] 中华人民共和国建设部，1995，岩土工程勘察规范（GB 50021-94），北京：中国建筑工业出版社。
[36] 中国建筑科学研究院，1989，混凝土结构设计规范（GBJ 10-89），北京：中国建筑工业出版社。
[37] 中国建筑科学研究院，1990，建筑抗震设计规范（GBJ 11-89），北京：中国建筑工业出版社。
[38] 朱百里等，1990，计算土力学，上海：上海科学技术出版社。